国家自然科学基金重点项目（41430317）
国家自然科学基金面上项目（51874122）
河南省重点研发与推广专项项目（202102310223）
河南理工大学博士基金项目（B2020-8）



# 不同变质程度煤高温高压条件下甲烷扩散动力学特性研究

王　林 / 著

中国矿业大学出版社
·徐州·

## 内 容 提 要

本书针对深部煤层气开发面临的高温、高地应力、高孔隙压力等问题，从深部煤层的赋存条件出发，通过针对性实验装置的研发，系统开展了低变质程度的长焰煤、中等变质程度的气煤和焦煤、高变质程度的无烟煤高温高压扩散特性实验，研究了粒径、气体压力、温度、变质程度对甲烷扩散的影响，建立了煤粒甲烷高温高压扩散模型，并推导出新模型的简化算法，进一步探讨了煤粒甲烷扩散的控制机理。

本书可供安全工程及相关专业的科研人员参考使用。

**图书在版编目(CIP)数据**

不同变质程度煤高温高压条件下甲烷扩散动力学特性研究/王林著. —徐州：中国矿业大学出版社，2020.7

ISBN 978-7-5646-4784-1

Ⅰ. ①不… Ⅱ. ①王… Ⅲ. ①煤层瓦斯—扩散性—研究 Ⅳ. ①TD712

中国版本图书馆 CIP 数据核字(2020)第 138166 号

**书　　名** 不同变质程度煤高温高压条件下甲烷扩散动力学特性研究
**著　　者** 王　林
**责任编辑** 王美柱
**出版发行** 中国矿业大学出版社有限责任公司
（江苏省徐州市解放南路　邮编 221008）
**营销热线** (0516)83884103　83885105
**出版服务** (0516)83995789　83884920
**网　　址** http://www.cumtp.com　**E-mail**：cumtpvip@cumtp.com
**印　　刷** 徐州中矿大印发科技有限公司
**开　　本** 787 mm×1092 mm　1/16　**印张** 9.75　**字数** 243 千字
**版次印次** 2020 年 7 月第 1 版　2020 年 7 月第 1 次印刷
**定　　价** 48.00 元
（图书出现印装质量问题，本社负责调换）

# 前　言

我国煤炭及煤层气资源十分丰富，2018 年原煤产量 36.8 亿 t，42 个主要含气盆地(群)埋深 2 000 m 以浅，煤层气地质资源总量约 $3.681\times10^{13}$ $m^3$，可采资源量 $1.087\times10^{13}$ $m^3$。2018 年我国煤炭消费量约 39.5 亿 t；《能源发展战略行动计划(2014—2020 年)》预计到 2020 年，我国煤炭消费量约 42 亿 t。煤炭工业的健康、稳定和可持续发展与国家能源安全直接相关。

2018 年我国煤层气产量约 $7.26\times10^{9}$ $m^3$，同比增长 5.8%，但用气缺口仍超过 $2.0\times10^{10}$ $m^3$。现有煤层气开采主要集中在埋深 1 500 m 以浅的区域，初步形成了比较成熟的技术、装备和工艺，实现了稳步的开发。但是对于埋深 1 500 m 以深的煤层气，尤其是 2 000 m 以深，资源开发力度远远不够，这就迫切需要加快深部煤层气勘探开发步伐，增加煤层气产量以保障我国用气量对外依存度低于 50% 的警戒线，这对于我国能源安全具有重要的战略意义。

前人开展的相关研究大多是在常温、低孔隙压力条件下进行的，但进入深部以后，随着埋藏深度的增加，煤层环境温度、孔隙压力等急剧增大，且煤层气赖以赋存的煤层物性特征、孔隙结构等参数也将发生较大变化。浅部煤层赋存环境条件下获得的扩散特性、物性特征和孔隙结构特性是否能够准确描述深部环境下的煤层及煤层气特性值得商榷。

该书凝聚了作者十多年来在煤粒解吸-扩散甲烷影响特性方面的研究成果，共分为 6 章。其中，第 1 章为绪论；第 2 章为地质背景与实验样品；第 3 章为实验样品物性参数特征；第 4 章为高温高压甲烷扩散规律实验研究；第 5 章为煤对甲烷吸附与扩散的分子模拟；第 6 章为高温高压甲烷扩散模型及控制机理。

笔者多年来的科研工作，得到了姜波教授、王兆丰研究员、陈向军教授、刘军副教授、袁军伟副教授、杨宏民教授、李志强副教授、许彦鹏副教授、陈立伟博士等的指导和帮助，向他们表示衷心的感谢！感谢中国矿业大学出版社对本书出版的大力支持和帮助！

由于笔者水平所限，书中缺点和不足之处在所难免，恳切希望读者批评指正。

王　林

2020 年 3 月于河南理工大学

# 目　录

# 1 绪 论

## 1.1 研究背景及意义

我国煤炭及煤层气资源十分丰富，2018 年原煤产量 36.8 亿 t，进口量 2.81 亿 t；张宁等预测 42 个主要含气盆地(群)埋深 2 000 m 以浅，煤层气地质资源总量约 $3.681\times10^{13}$ m³，可采资源量 $1.087\times10^{13}$ m³。《能源发展战略行动计划(2014—2020 年)》预计到 2020 年，我国煤炭消费量约 42 亿 t。煤炭工业的健康、稳定和可持续发展与国家能源安全直接相关。

我国煤层气资源地质条件复杂，开采难度大。刘成林、张道勇、秦勇等研究认为埋深在 1 000～2 000 m 的煤层气资源量约为 $1.89\times10^{13}$ m³，约占煤层气地质储量的 62.8%；赵庆波等预测埋深在 2 000～3 000 m 的煤层气资源量约为 $1.85\times10^{13}$ m³，深部煤层气资源开采潜力巨大。经过 20 多年的探索和发展，我国在中浅部煤层气区域已初步形成了较为成熟的技术、装备和工艺，实现了稳步的开发。据国家统计局发布的数据，2018 年我国煤层气产量约 $7.26\times10^{9}$ m³，同比增长 5.8%，但用气缺口仍超过 $2.0\times10^{10}$ m³。天然气发展“十三五”规划要求，2020 年我国天然气保供能力将达 $3.6\times10^{11}$ m³，需要煤层气等增产以保障我国用气量对外依存度低于 50% 的警戒线。因此，加快深部煤层气勘探开发步伐，对于我国能源安全具有重要的战略意义。

我国煤矿 90% 以上是地下开采，根据王海宁的预测结果，煤炭在埋深 2 000 m 以浅区域资源总量为 $5.9\times10^{12}$ t，其中大于 1 000 m 埋深的资源量为 $2.95\times10^{12}$ t。蓝航、谢和平等研究得出，随着煤炭开采逐渐向深部延伸，浅部煤炭资源已趋于枯竭，煤炭消耗量巨大的华中、华东和东北地区主要煤矿的采深已达到 800 m 以上，47 对矿井采深超过 1 000 m，且开采深度以每年 10～25 m 的速度递增，在未来 20 年内，我国深部煤炭资源将全面进入 1 000～2 000 m 阶段开采，千米深矿井将成为未来煤炭开采的主战场。

Chen 等分析认为煤矿开采深度的增加势必会带来更严峻的安全生产形势。我国政府对煤矿安全工作高度重视，在《煤炭工业“十三五”科技发展规划》和《煤层气(煤矿瓦斯)开发利用“十三五”规划》中，都将煤层气抽采与利用列为重点研究领域，这有助于减少煤矿开采安全事故、降低温室气体排放和优化能源产业结构，这些政策的制定为下一步深部煤层气的勘探与开发奠定了夯实的基础。

由于以往的矿井开采大部分都是在埋深 1 000 m 以浅的区域，煤层气开采也主要集中在埋深 1 500 m 以浅的区域，先前对煤层气赋存地质、赋存规律和煤层气开发等的研究工作大多都是在低温、低压条件下进行的，随着国家能源结果调整、煤层气勘探工作的不断深入和煤层气开采技术与装备的发展，深部煤层气开发势在必行。深部煤层具有高温、高地应力、高孔隙压力、低渗透率等特殊的地质条件和储层物性；与浅部煤层相比，特殊的地质条件使得适用于浅部煤层煤层气的开发技术和含气量预测模型能否直接用于深部煤层开发值得商榷。因此研究深部煤层高温高压下煤层气扩散特性,为煤层气增温促产、深部煤层气开发利用和矿井瓦斯灾害防治提供理论基础和技术支撑。

本书依托国家自然科学基金重点项目"矿井瓦斯运移与富集的动力学过程及地球物理探测基础(41430317)",基于煤层气地质学、煤岩学、统计热动力学、物理化学、分子模拟等学科理论,结合前人的研究基础,选择有代表性的矿区,采集不同变质程度的煤样,综合采用基础测试、微观结构分析和孔隙结构测试等手段,对不同粒径、不同变质程度煤进行高温高压甲烷扩散特性实验,建立高温高压煤粒甲烷扩散模型,探寻高温高压条件下煤中甲烷扩散的机理。此项研究对深部煤层气资源勘探与开发和矿井瓦斯灾害防治有着重要的理论意义。

## 1.2 国内外研究现状及存在问题

### 1.2.1 深部煤层赋存环境研究

煤层压力和温度是控制煤层甲烷扩散特性最为关键的因素。深部煤层的力学性质与浅部明显不同,为了能够较为真实地模拟深部煤层的赋存条件,从而开展实验室等温吸附扩散实验,最为关键的是确定深部煤层合理的储层压力和温度。

(1) 深部煤储层温度变化特征

研究表明,一般情况下埋藏深度越深,煤层温度就越高。但是煤储层地处的岩石导热性、区域构造位置、地下水富含程度、区域基底起伏与褶曲构造、局部热源等的影响,也会引起煤层温度异常。

李红阳等分析了淮南矿区主要矿井的地温变化规律,得到顾桥矿地温梯度为 3.1 ℃/100 m,谢桥矿为 2.8～3.0 ℃/100 m,潘一矿为 3.6～3.8 ℃/100 m,张集矿为3.5 ℃/100 m,新庄矿为 1.4～1.6 ℃/100 m。刘瑞安等通过对陕西大佛寺井田 43 个低温勘探钻孔的温度曲线分析得出,该区域的地热约每 31 m 增加 1 ℃,平均地温梯度为 3.19 ℃/100 m,含煤地层平均为 4.49 ℃/100 m,非含煤地层平均为 2.93 ℃/100 m。刘文宝等在山东济宁唐口井田实测了煤层相关热环境参数,获得了该地区平均地温梯度为 2.0 ℃/100 m,属于地温梯度正常区域。谭静强等收集了淮北煤田宿临矿区主要井田的 111 个测温钻孔数据,分析了该矿区现今地温场的分布规律,并绘制了埋深与现今地温梯度的分布图,最终得到宿临矿区地温梯度为 1.5～3.8 ℃/100 m,平均 2.65 ℃/100 m。肖永洲等对贵州省金沙县的凤龙井田 7 个测温钻孔数据进行了分析,结果表明该井田钻孔地温平均为 3.22 ℃/100 m,年恒温带埋深为50 m,温度为 18.2 ℃。解有波统计了龙永井田 7 个测温钻孔资料,采用多元线性函数算法获得了煤层地温梯度 1.85～3.81 ℃/100 m,平均 3.25 ℃/100 m。樊九林等详细统计了徐州矿区的钻孔资料,研究发现随着开采深度的增加,地温也随之增高,矿区西部地温梯度 1.8～4.1 ℃/100 m,矿区东部地温梯度 1.5～1.8 ℃/100 m。史政通过统计松辽盆地 150 口气井的温度数据,得到该盆地地温梯度呈环状分布的趋势,总体上中央区域温度高于四周,地温梯度 1.5～5.0 ℃/100 m,平均 3.7 ℃/100 m。Liu 等在收集温度测井数据和钻杆测试温度数据的基础上,估算了埋深 1 000～5 000 m 范围内的地层温度。结果表明,埋深 1 000 m 处的地层温度为 29～41 ℃,平均 35 ℃;3 000 m 处的地层温度为 63～100 ℃,平均 82 ℃；5 000 m 处的地层温度为 97～160 ℃，平均 129 ℃。认为塔里木盆地现今地热相对较低，烃源岩埋藏深度较大，有利于油气的生成和保存。Guo 等收集了贵州比德-三塘盆地施工的 135 个地温钻孔数据，采用灰色序列模型分别对该盆地埋深为 500 m、1 000 m、1 500 m 的 6 号、16 号、27 号煤层进行了地温预测，结果表明埋深 500 m 的地温为 21～30 ℃，1 000 m 的地温为 29.4～44.7 ℃，1 500 m 的地温为 35.6～63.4 ℃，得到了煤层气含量与煤层地温呈正相关关系，并确定了煤层气开发的目标区域。

(2) 深部煤储层压力变化特征

一般情况下，煤储层压力与地应力、埋藏深度、区域水文地质条件、含气量等因素有关，不同区域的原始煤层压力差别较大。煤储层压力通常用压力梯度 kPa/m 或 MPa/100 m 表示，煤层压力常分为正常储层压力(介于 9.5～100 kPa/m 之间)、高储层压力(大于 100 kPa/m)、低储层压力(小于 9.5 kPa/m)。

叶建平等通过分析研究区域的煤层气井资料，认为我国华北地区煤储层平均压力梯度为 0.72 MPa/100 m，多数处于欠压状态。张新民收集了我国多个矿区的煤储层压力资料，研究得出我国多数煤储层处于欠压区，阳泉、鹤岗、焦作等 10 个矿区为低压异常储层，离柳、红阳等 5 个矿区为高压储层，研究区域储层压力梯度为 2.3～17.31 kPa/m。钟玲文统计研究了分布全国的 66 口煤层气井(109 个煤储层压力数据)发现，煤层压力梯度为 2.3～17.3 kPa/m，变化范围较大。其中，开滦、鹤壁、淮北、晋城、阳泉、屯留等矿区属于低压储层，松藻、铁法和沈北矿区属于正常压力储层，红阳、焦作、韩城、离柳、淮南、盘江等矿区属于高压储层。储层压力梯度在同一矿区内差别也较大，比如红阳矿区储层压力梯度为 9.22～17.31 kPa/m，晋城矿区储层压力梯度为 3.79～12.01 kPa/m。苏现波等研究得到，黑龙江省双鸭山煤田压力梯度平均为 7.5 kPa/m；鹤岗煤田侏罗纪储层压力梯度为 6.8～9.4 kPa/m，平均 8.6 kPa/m。车长波等通过对陕西省煤田调研得到，韩城矿区 11 号煤层压力梯度为 9.13～12.1 kPa/m，3 号煤层压力梯度为 10.87～15.68 kPa/m；渭北煤田石炭、二叠系压力梯度为 6.0～16.5 kPa/m。张培河对辽宁铁法煤田主要储层参数进行了分析，得到下白垩统平均压力梯度为 10.1 kPa/m。刘丽民等通过对河南省主要矿区煤层气储层压力的研究发现，安阳矿区压力梯度为 6.3～9.6 kPa/m，属于欠压-常压储层；焦作九里山井田压力梯度为 5.01～9.49 kPa/m，属于欠压-常压储层；古汉山井田压力梯度为 5.09～6.66 kPa/m，属于欠压储层；恩村井田压力梯度为 10.12～10.88 kPa/m，属于常压-高压储层；永城矿区平均压力梯度为9.9 kPa/m，属于常压储层；平顶山和新安矿区平均压力梯度为 11 kPa/m，属于高压储层。Thakur 等通过收集大量的钻孔等相关资料，分析了美国煤储层赋存特征，得到煤储层平均压力梯度为 6.85 kPa/m，或是静水头压力的 70％ 。刘小辉通过对西山窑组煤储层压裂参数的测试发现，阜康矿区煤储层压力梯度为 0.5～0.9 MPa/100 m，变化范围较大；吐哈盆地西山窑组煤储层压力梯度为 0.7～0.89 MPa/100 m，变化范围相对较小。分析其原因是阜康矿区西山窑组 14—21 号煤层埋藏较浅，分布有大量的火烧岩。曹运兴等通过对潞安矿区 3 号煤层 34 口煤层气井的储层参数测试得出，埋深在 800 m 以浅的区域，平均煤储层压力梯度为 4.2 kPa/m，属于低压储层，而高河、余吾、常村井田为超低压储层。

### 1.2.2　煤中甲烷扩散模式研究

扩散是自然界广泛存在的一种现象，胡赓祥等认为扩散的本质就是通过质点无规则的运动进行传质的过程，物质分子从高浓度区域向低浓度区域转移，直到均匀分布的现象。众多学者对煤粒中甲烷扩散过程进行了研究，聂百胜、何学秋等学者探讨了气体在多孔介质中的扩散模式，认为甲烷在煤体中的扩散存在晶体扩散、表面扩散和细孔扩散多种模式；由于多孔介质孔隙分布极其不均衡，扩散模式也不尽相同。

（1）晶体扩散

晶体扩散发生需要同时具备两个条件，即扩散介质的孔隙半径与扩散相的气体分子尺寸近似相等，且外界环境气压较高、扩散介质周边的各种原子基团存在缺陷或空位，气体分子就能进入微孔孔隙，从而发生晶体扩散。煤的大分子结构显示，多种原子基团的氢化芳香稠环和缩聚芳香稠环通过各种桥键联结，内部含有多种缺陷和空位，当甲烷气压较高时，就会发生晶体扩散。

叶振华认为晶体扩散通量与甲烷分子化学位梯度具有如下关系，即

$$J = -BC\frac{\partial u}{\partial x} = -BRT\frac{\mathrm{dln}\,P}{\mathrm{dln}\,C}\cdot\frac{\partial C}{\partial x} \tag{1-1}$$

化学位梯度可使用甲烷的分压 $P$ 或活度 $a$ 取代，表示为：

$$D(C) = D_0(C)\frac{\partial \ln P}{\partial \ln C} = D_0(C)\frac{\partial \ln a}{\partial \ln C} \tag{1-2}$$

式中 $J$——流体通过单位面积的扩散速度，$\mathrm{g/(s \cdot m^2)}$；

$B$——迁移率；

$C$——扩散流体的浓度，$\mathrm{g/cm^3}$；

$\frac{\partial C}{\partial x}$——沿扩散方向的浓度梯度；

$R$——普适气体常数，8.31 (N·m)/(mol·K)；

$T$——绝对温度，K；

$P$——甲烷气体压力，MPa；

$D$——自扩散系数，$\mathrm{cm^2/s}$；

$D_0$——甲烷在煤中的扩散系数，$\mathrm{cm^2/s}$。

在煤粒-甲烷体系中，气压较高时甲烷分子以固溶体的形式进入微孔隙；研究表明，这种赋存在晶体的芳香层缺陷内的瓦斯量不足5%，可忽略不计。

（2）表面扩散

表面扩散是指原子、离子、分子等沿固体表面方向的运动。当固体表面存在化学势梯度场或扩散物质的浓度梯度场时，就会发生表面扩散。表面扩散过程不仅与外界环境温度、气压、湿度等有关，还受到表面化学成分、晶面取向和表面势等因素的影响。对于煤粒这种扩散介质来说，其表面存在浓度梯度时，即在煤粒表面产生吸附态，表面空位也被当作一个吸附的扩散缺陷，这种在吸附作用下的扩散即煤粒表面扩散。甲烷气体分子在煤粒表面扩散的有效系数为：

$$D_{se} = D_{so}\exp\left(-\frac{E_a}{RT}\right) \tag{1-3}$$

式中 $D_{se}$——有效表面扩散系数，$\mathrm{cm^2/s}$；

$D_{so}$——气体与多孔介质本身的常数；

$E_a$——表面吸附势阱深度。

由式(1-3)可知,煤粒表面扩散系数与煤基质表面粗糙度、表面特征、吸附势阱深度和温度有关。近藤精一等研究得到,甲烷分子在煤粒的表面扩散可以采用细孔扩散方式研究。

(3) 细孔扩散

细孔扩散是指扩散相气体(甲烷)由于浓度梯度的作用在扩散介质(煤粒)孔隙中的扩散。聂百胜等根据扩散阻力的不同,将细孔扩散分为菲克(Fick)型扩散、克努森(Kundsen)型扩散和过渡型扩散三种模式,通过确定克努森数(孔隙直径和气体分子平均自由程的比值)的范围来划分扩散模式,如图 1-1 所示。

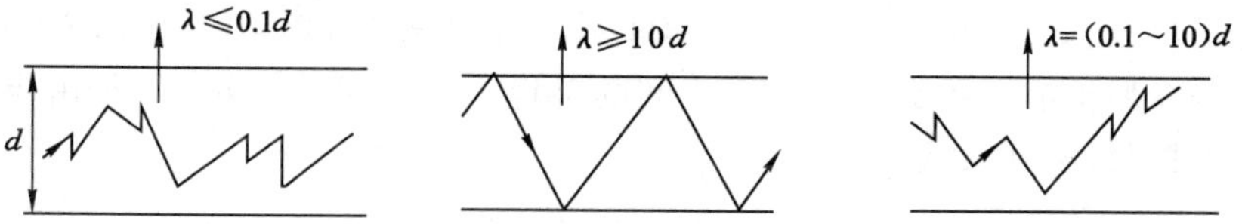


图 1-1 煤粒中甲烷扩散模式

克努森数计算公式:

$$K_n = \frac{d}{\lambda} \tag{1-4}$$

式中 $K_n$——克努森数;

$d$——孔隙平均直径,m;

$\lambda$——气体分子平均自由程,m。

由分子运动理论可知,气体分子平均自由程可由式(1-5)得到:

$$\lambda = \frac{k_B T}{\sqrt{2}\pi d_0^2 P} \tag{1-5}$$

式中 $k_B$——玻尔兹曼常数,$1.38\times10^{-23}$ J/K;

$d_0$——分子直径,nm;

$P$——气体压力,Pa。

① 菲克型扩散

在 $P=0.1$ MPa,$T=20$ ℃条件下,计算得到的甲烷分子平均自由程为 53.1 nm。当克努森数 $K_n\geqslant10$ 时,孔径远大于甲烷分子平均自由程,分子可自由地在孔隙内部运动,扩散类型为菲克型扩散。气体分子做无规则运动,此种类型的扩散称作分子扩散,符合菲克第一定律。其有效扩散系数为:

$$D_{fe} = D_f \frac{\varphi}{\tau} \tag{1-6}$$

式中 $D_{fe}$——菲克型扩散有效扩散系数,$m^2/s$;

$\tau$——曲折因子;

$\varphi$——有效表面孔隙率;

$D_f$——自由扩散系数,$m^2/s$,可由式(1-7)得到:

$$D_f = \frac{\bar{u}_A}{3}\lambda \tag{1-7}$$

式中 $\bar{u}_A$——甲烷均方根速度，m/s；

$$\bar{u}_A = \sqrt{\frac{8RT}{\pi M}} \tag{1-8}$$

式中 $M$——甲烷摩尔质量，kg/mol。

菲克型扩散类型中的扩散系数主要受煤基质本身孔隙结构影响。由式(1-5)、式(1-7)和式(1-8)可以看出，甲烷在煤粒孔隙中的扩散主要受压力和温度控制。

② 克努森型扩散

当克努森数 $K_n \leqslant 0.1$ 时，甲烷分子平均自由程大于孔径，将不能在孔隙内自由运动，这时转变为克努森型扩散。孔隙内的分子之间的碰撞不再是镜像反射，而是由煤壁面的散射进行甲烷分子扩散，扩散系数为：

$$D_K = \frac{2}{3}\sqrt{\frac{8RT}{\pi M}} \tag{1-9}$$

有效扩散系数可以根据曲折因子 $\tau$ 等因素计算得到：

$$D_{Ke} = \frac{D_K}{\tau} = \frac{8\theta^2}{3\tau s\rho}\sqrt{\frac{2RT}{\pi M}} \tag{1-10}$$

式中 $D_{Ke}$——克努森型扩散有效扩散系数，$m^2/s$；

$\rho$——煤的密度，$kg/m^3$。

从式(1-10)中可以看出，克努森型扩散主要与煤体结构和温度等因素有关，与气体压力无关。

③ 过渡型扩散

当 $0.1 \leqslant K_n \leqslant 10$ 时，甲烷分子平均自由程与孔径较为接近，此时的扩散类型介于菲克型扩散和克努森型扩散之间，属于过渡型扩散。这时甲烷分子之间的碰撞与分子和孔隙壁的碰撞概率基本相当，扩散将受菲克型扩散与克努森型扩散同时制约，其有效扩散系数为：

$$\frac{1}{D_{Pe}} = \frac{1}{D_{fe}} + \frac{1}{D_{Ke}} \tag{1-11}$$

式中 $D_{Pe}$——过渡型扩散有效扩散系数，$m^2/s$。

④ 复合型扩散

对于煤这种多孔介质来说，孔隙系统发达且复杂，各种类型的孔隙结构决定甲烷在扩散的过程中不可能仅仅存在上述的一种扩散模式，实际扩散将是三种扩散模式复合作用的过程。Houst、刘志勇等学者研究了多孔介质的复合扩散系数模型，如式(1-12)：

$$D_H\varphi = \varphi_1 D_f + \varphi_2 D_K + \varphi_3 D_{Pe} \tag{1-12}$$

式中 $\varphi_1$——菲克型扩散孔隙率；

$\varphi_2$——克努森型扩散孔隙率；

$\varphi_3$——过渡区扩散孔隙率；

$\varphi$——多孔介质总孔隙率，可表示为：

$$\varphi = \varphi_1 + \varphi_2 + \varphi_3 \tag{1-13}$$

煤粒孔隙结构复杂，甲烷气体在孔隙内的扩散距离远大于煤壁间的垂直距离，并且扩散路径曲折。因此，甲烷在煤粒中的扩散系数不仅与扩散模式有关，还与多孔介质的孔分布、孔连通性和孔隙率等有关，其有效扩散系数可表示为：

$$D_e = \frac{D_h \varphi}{\tau} \tag{1-14}$$

式中 $D_e$——甲烷在煤粒中有效扩散系数。

综上所述，甲烷在煤粒中的扩散影响因素很多，诸如煤的大分子结构、煤孔隙结构、煤的表面粗糙度及吸附势阱深度、甲烷的物理化学性质、煤体温度、气体压力和浓度等，很难采用某种扩散模式进行描述。因此，在煤粒甲烷扩散的过程中，影响因素不断发生变化，导致甲烷的扩散模式和扩散系数随之发生改变。

### 1.2.3 煤中甲烷扩散影响因素研究

顾惕人、马东民、Dutta、Yu 等研究人员对煤中甲烷扩散的影响因素进行了大量的实验和理论探讨，认为影响煤中甲烷扩散过程的因素众多，包括煤变质程度、孔隙结构特征、压力、温度、粒径、水分等。

(1) 煤变质程度

煤变质程度是控制甲烷生成、储存和运移的重要因素。Milewska-DuDa、赵兴龙、Gensterblum、杨涛等研究表明，随着煤变质程度的增高，碳含量增大，吸附能力逐渐增强(图 1-2)。这主要是因为煤的分子结构发生了变化，从而改变了煤基质的吸附位密度和甲烷分子与煤表面之间的吸附势阱。低变质程度的煤空间结构比较松散，侧链长，芳香片层间距大；随着煤变质程度增高，煤大分子结构中缩合环逐渐变大，官能团和侧链逐渐减少，促使芳香片层排列更加紧密，煤大分子的各向异性减弱、定向排列显著，孔隙率逐渐减小，到达高变质程度时，煤体内小孔和微孔发育迅速，从而呈现孔隙率先减小后增大的现象。

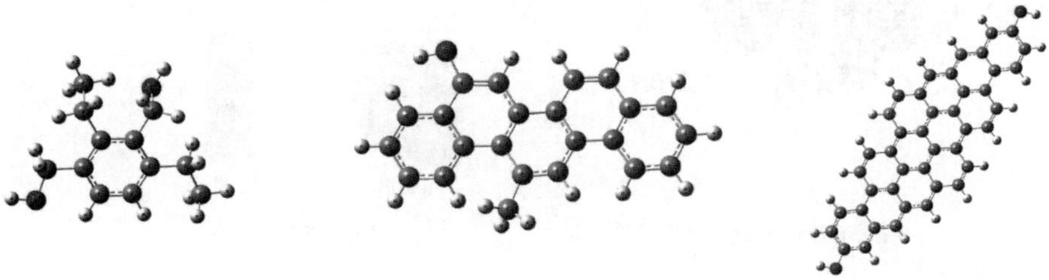

(a) 低煤阶煤 (b) 中煤阶煤 (c) 高煤阶煤

图 1-2 不同变质程度煤的结构模型

国内外学者对煤变质程度与气体扩散规律的研究发现，气体的扩散系数并不随着煤变质程度的增高而单调增大，但是扩散量和扩散速度是逐渐变大的。Saghafi 等通过对Sydney 盆地的中低煤阶样品实验发现，二氧化碳气体在煤中的扩散系数并没有与煤阶呈现规律性的变化关系。徐乐华等研究发现，煤变质程度与甲烷扩散初速度正相关，即煤变质程度越高，甲烷扩散初速度越大。张登峰等研究发现，气体的扩散系数随镜质组最大反射率增大呈现先增大后减小的关系，整体上出现 U 形关系，相同实验条件下，二氧化碳气体的扩散系数高于甲烷气体。简星等通过对河北和山西的低、中、高三种变质程度煤样进行等温扩散实验，发现随着二氧化碳质量分数的降低其在煤中的扩散系数逐渐减小，在特定范围内与二氧化碳质量分数呈现线性关系，二氧化碳气体在煤中的扩散系数并不是恒定值，最终确定了二氧化碳在煤中扩散系数模型。刘军等通过对不同变质程度煤样开展甲烷解吸扩散实验得出，甲烷扩散初速度随煤样变质程度的升高而增大，并且甲烷扩散初速度与挥发分和孔隙率呈二阶多项式的函数关系。袁军伟研究认为，中等变质程度煤的甲烷扩散系数均低于高变质程度煤和低变质程度煤，甲烷扩散系数与煤变质程度整体上呈现 V 形关系。赵俊龙等通过实验得到，随着变质程度的升高，甲烷扩散系数先减小后增大，实验采用的高变质程度的晋城煤样甲烷扩散系数最大，低变质程度的伊敏煤样甲烷扩散系数次之，中等变质程度的韩城煤样甲烷扩散系数最低。

（2）孔隙结构特征

煤是一种多孔性且孔隙系统发达的有机岩石，Ju、Melnichenko 等认为煤体内的孔隙不仅是气体吸附储存的主要场所，也是煤体内气体运移扩散的主要通道。受成煤环境过程的影响，煤中孔隙结构复杂多样。Zhong、Zhao、Rani 等研究得出，煤基质内的孔隙有大孔、可见孔和裂隙，这为气体在煤中的运移提供了通道；也有大量的微孔及小孔，这为气体吸附提供了大量的表面积。成煤过程的环境存在差别，直接影响煤体孔隙连通性、孔隙形状和孔隙分布等方面的差异。根据孔隙连通性，可将煤孔隙划分为贯通孔、交联孔、半封闭孔和封闭孔，如图 1-3(a)所示；依据孔隙形状，可将其划分为间隙孔、墨水瓶孔、柱状孔、层状孔和锥形孔，如图 1-3(b)所示。这些孔隙的差异在宏观上表现为气体扩散速率和扩散系数的不同。

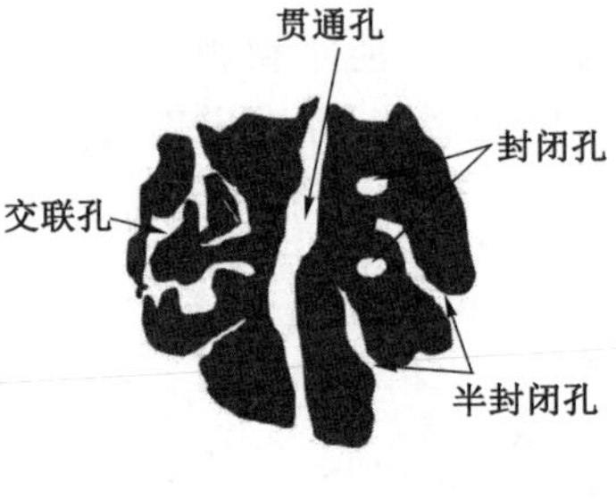

（a）孔隙的连通性分类

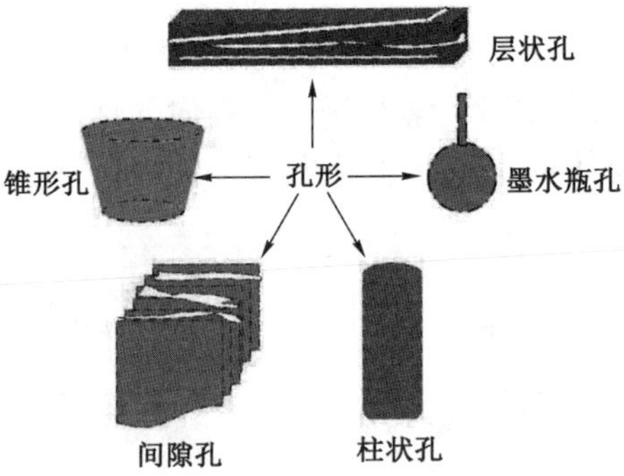

（b）孔隙的形状分类

图 1-3　煤的孔隙类型

煤的孔隙结构是影响气体扩散特性的重要因素。Schueller 等通过实验发现，超声波可以影响多孔介质中气体的扩散特性，并分析了温度和气体压力对其的影响，得到气体微观结构等参数是控制宏观扩散模式差异的根本。李小彦等研究认为，孔隙系统为原生成因，其主要作用是把煤层气从微孔扩散到裂隙中；裂隙系统为后生成因，其主要起到煤层气渗流作用。煤的孔隙-裂隙双重孔隙结构控制着煤层气的运移。霍永忠通过对 8 个中高煤阶煤样的实验提出，煤的孔隙结构是决定压差能否在储层中有效传递的关键因素，小孔和微孔的孔容、比表面积分布影响着气体解吸过程，解吸效率取决于孔隙的连通性。郭立稳等通过实验发现，煤孔隙中微孔和过渡孔是影响一氧化碳气体扩散的主要原因，微孔数量的增加不利于气体扩散，过渡孔数量的增则有利于气体的扩散，随着煤中孔隙内比表面积的增加，一氧化碳扩散量呈现先减小后增加的趋势。张时音等研究发现，孔隙结构的变化是影响吸附扩散系数的主要因素，随着煤阶的增高，煤孔隙总孔容呈现先急剧减小，随后缓慢减小，最后开始增大的实验现象，宏观表现为大孔和中孔发育的煤种扩散系数高于微孔发育的煤种。胡彪等研究了构造煤和原生结构煤孔隙结构与甲烷扩散特性关系，发现构造煤实验煤样微孔孔长小于原生结构煤微孔孔长，并且随着实验煤样微孔孔长的减小，初期甲烷吸附量逐渐增大，甲烷的扩散路径越来越短，运移时间越来越少。

（3）压力

关于压力对煤体甲烷扩散的影响，周世宁、迟雷雷、李云波等研究认为，气体压力与初始有效扩散系数、甲烷扩散率正相关，气体压力越大，煤体扩散初始时刻的速度快且扩散量大。

杨其銮等研究发现，随着甲烷气体压力的增大，甲烷的解吸速度增大，而气体压力对甲烷扩散系数的影响不大。林柏泉等认为，甲烷气体压力越大，煤体透气性越差，越不利于煤层气的扩散。刘彦伟、戚灵灵等认为，在煤体中注入甲烷气体达到吸附平衡之后，将气体压力释放，吸附在煤样中的甲烷迅速扩散，初期扩散速度极快，之后随着时间的延长，扩散速度逐渐减慢，并且实验气体压力越大，初期扩散速度越快。Winter、卢平等研究认为，甲烷扩散过程中，扩散速度与时间符合幂函数关系。林晨等对气煤煤粒进行了等温吸附扩散实验，发现气体压力对煤粒甲烷扩散特性影响显著。扩散系数和累计扩散量均随着压力的升高而增大，实验前 500 s 衰减幅度明显，扩散系数与扩散时间呈负相关关系。

气体压力是影响扩散特性的一个重要因素，其对甲烷扩散系数的影响效应目前仍然存在较大的分歧。杨其銮、刘彦伟等通过实验得出，甲烷扩散系数受气体压力影响较小；Nandi、Bielicki、Cui、袁军伟等研究得出，甲烷扩散系数随气体压力的增加而增大，这主要是煤样对甲烷的吸附非线性造成的；Pandey、Pillalamarry、Kim、Meng 等认为甲烷扩散系数随气体压力的增加而减小。

（4）温度

温度是影响甲烷扩散特性的重要因素，Moffat、Do、马东民、曾社教等研究成果表明，随温度增高，煤对甲烷的吸附能力减弱，吸附量减少，同时有利于甲烷从煤基质中加速扩散，扩散速率加快，相同时间内甲烷扩散量增大。

Nandi 等研究得出，煤体温度的升高会导致扩散系数的增大，从活化能的角度分析了温度、气压、煤阶和半径对煤粒甲烷扩散系数的影响效应。易俊等发现，对煤样进行超声波实验能够显著提高煤体的温度，从而使甲烷的扩散系数增大。李晓伟等开展了不同环境温度条件下煤样的甲烷解吸扩散实验，研究发现温度越高甲烷解吸初速度越小，且温度差值与甲烷解吸初速度存在二次项函数关系。刘彦伟等研究发现，扩散量和扩散系数随着温度的升高而增大，扩散量与温度呈指数函数关系，扩散系数与温度呈幂函数关系，升高温度可以促使原有孔隙周边的有机质发生热膨胀，孔隙逐渐变大，从而提高瓦斯的扩散能力。聂百胜、杨涛等研究发现，扩散动力学参数和初始有效扩散系数均随着煤体温度的升高而增大，实验煤样粒径愈大，动力学扩散参数逐渐减小，而初始有效扩散系数开始增大，同等时间内甲烷扩散率减小。岳高伟等在 243.15～303.15 K 实验条件下，系统研究了煤粒甲烷解吸扩散规律，研究发现低温对煤的扩散具有抑制作用，温度越低，扩散量和扩散速度越小，并且扩散系数越小。李志强等发现，同温同压条件下，煤粒甲烷扩散系数随着温度的升高而增大，同压不同温条件下，煤粒甲烷扩散系数随温度的升高呈现先增大后减小的变化规律。

（5）粒径

粒径对甲烷扩散特性影响主要是通过煤粒的总表面积和进入煤基质内部的路径实现

的。Han 等研究表明,由于煤孔隙结构复杂,甲烷分子需要从煤体微孔内表面脱附,然后经过渡孔、中孔、大孔、可见孔及裂隙直到外表面。因此,粒径越大的煤,甲烷分子扩散路径就越长,将煤孔隙的曲折度考虑进去时,扩散路径会呈现几何级的增长。

杨其銮、曹垚林等研究发现,煤粒在甲烷解吸扩散时存在一个极限粒径,当煤粒粒径小于极限粒径时,甲烷解吸扩散速度随粒径的增大而减小,当煤粒粒径大于极限粒径时,甲烷解吸扩散速度不再减小。袁军伟、陈向军等通过实验发现,煤粒粒径对甲烷解吸扩散量的影响存在极限值,超过极限粒径后,甲烷解吸扩散量不再增加。李一波等研究发现,煤中甲烷解吸初速度与粒径呈现的变化规律符合对数函数。刘炎杰等通过实验证明,实验干燥煤样在恒温条件下,随着煤粒粒径的增大,甲烷扩散速度和扩散量均呈现减小的趋势,粒径超过 6 mm后,粒径不再对甲烷扩散速度和扩散量产生影响。程小庆等通过对不同粒径煤样进行等温扩散实验发现,在相同实验条件下,随着煤粒粒径减小甲烷扩散速度逐渐增大,而初始扩散系数随着粒径的增大逐渐增大。

(6) 水分

水分对煤粒甲烷扩散的影响主要分为:煤基质内部水分和外部环境水分。Li、Pan、Wang、张占存等研究发现,煤基质内部水分会降低煤对甲烷的吸附能力。当煤体破碎时,外部环境和孔裂隙的水分会湿润煤粒,从而进入煤粒表面孔隙,进入的水分会在孔喉位置发生阻塞(图 1-4),导致煤体甲烷扩散能力减弱。

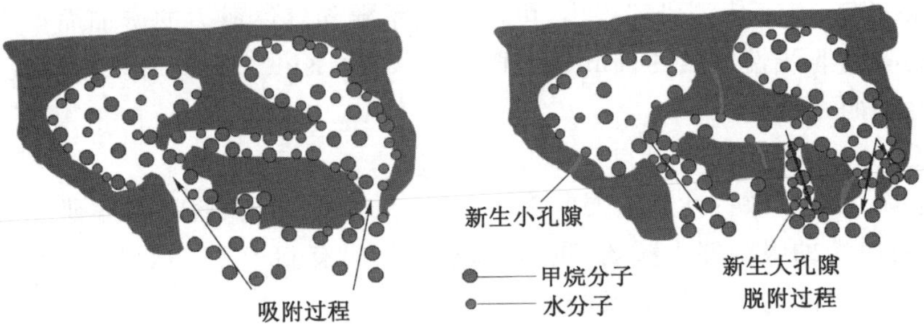


图 1-4　水分阻塞孔喉示意

Clarkson 等通过实验研究了不同含水率煤样的扩散特性,发现含水率对气体在煤中的扩散影响显著,干燥煤样的甲烷气体扩散系数明显高于含水煤样。周健等采用分子动力学方法计算了不同温度条件下甲烷在水中的扩散系数和自扩散系数,模拟结果与实验结果较为吻合。张时音等对四种不同变质程度煤样在环境温度 30 ℃条件下进行等温吸附扩散实验,发现平衡水煤样明显低于注水煤样的水分含量和润湿程度,而平衡水煤样的甲烷扩散系数明显高于注水煤样。肖知国通过对实验煤样注入外加水分后发现,随着水分含量的增加,甲烷的初始扩散速度会逐渐减慢,衰减速度具有同样的规律,得出外加水分对甲烷扩散具有抑制作用。张国华等在实验中将渗透剂溶液注入煤样,研究发现渗透剂溶液可降低甲烷的扩散速度,随气体压力的降低,水分含量对甲烷扩散的抑制作用不断增强。牟俊惠等考察了不同含水率与甲烷扩散初速度的变化规律,研究发现,随着水分的增加,煤样甲烷扩散初速度逐渐减小,两者呈对数函数关系,当水分含量增大到 10%后,实验煤样的甲烷扩散初速度基本不再受水分的影响。陈向军等在实验室先对干燥煤样进行吸附平衡,再向系统注入不同水分,搅拌测试发现,水分对煤粒甲烷扩散量影响显著,随着水分含量增加,扩散量逐渐减小，而抑制甲烷扩散作用逐渐增强，理论计算得到的水分对甲烷扩散最大抑制率为42.48%。Wang 等研究发现，静态水侵入煤体后，测试系统内气体压力升高，吸附态甲烷被水置换为游离态。随着气体压力和吸水率的升高，采气量逐渐增大，扩散速度先急剧增长到最大值，随后转入衰减阶段，衰减趋势符合对数函数规律。张庆浩等通过实验研究了含水率与煤粒甲烷扩散的关系，研究发现含水率增加，实验煤样的甲烷扩散量减小；采用幂函数关系的扩散模型对 4 种不同含水率煤样扩散系数进行了计算，得到扩散系数随着含水率的增加先快速减小而后缓慢减小的结论。

### 1.2.4 煤中甲烷扩散物理模型研究

国内外学者做了大量的工作，提出并建立了多种煤粒甲烷扩散理论模型。目前所建的煤粒甲烷扩散物理模型主要依据菲克定律，描述扩散过程的模型主要有单一孔隙扩散模型和双孔隙扩散模型。

煤中甲烷的扩散研究在矿业领域最早始于 20 世纪 60 年代。Nandi 等沿用了巴雷尔经典扩散模型，采用$\sqrt{t}$法计算初始时间内的扩散系数，研究甲烷在煤中的扩散特性。1973 年，Kissell 等深入煤矿现场，对甲烷在煤中的扩散特性进行了工业性试验。1981 年，Smith 等提出了经典的 Smith-Williams 解吸扩散计算方法。该方法主要用于含泥浆煤介质，一般针对样品质量少或甲烷压力低的条件进行计算，是对美国矿业局提出的直接法的改进。国内学者杨其銮、王佑安最早开展了煤体甲烷扩散模型的研究工作，根据传热学理论重新推导了巴雷尔的经典扩散模型，并提出了计算扩散系数的方法。随后，聂百胜、吴世跃等学者通过大量实验，并引入第三类边界条件，推导出甲烷在煤粒中的扩散率模型，将公式中的 $\beta_n$ 用 $n\pi$ 代替后即可得到杨其銮的结果。

分形理论使用分数维度的数学方法研究客观事物。Pfeifer 等把分形理论引入多孔材料研究中，用来定量研究多孔材料表面的能量不均匀性和复杂结构。煤体是典型的多孔岩石，孔隙系统发达，扩散的实质就是研究其孔隙结构。O′shaughnessy、Metzler、蒋晓芸等学者根据分形理论对气体在多孔介质中的扩散进行了大量的研究，在此基础上，Jiang 借助反常扩散的分数阶微分方程，建立了煤粒甲烷扩散物理模型，得到了较好的拟合精度，但该模型不能适应构造煤的甲烷扩散过程。该模型存在 4 个独立的待定参数，计算比较复杂。

学者们研究发现，常系数扩散模型的煤体颗粒为均质的基本假设存在问题，与煤体的实际孔隙结构严重不符，使实验结果产生较大差异，并不能够准确反映气体扩散的全过程。张志刚研究发现，由于煤基质的弯曲因子和孔隙率随甲烷浓度的变化而发生变化，因此，甲烷扩散系数在整个扩散过程中也是变化的，于是提出了煤粒甲烷动扩散系数模型。岳高伟、袁军伟、李志强、Zhao、史广山等相继提出了以单孔隙 Fick 扩散模型为基础的动态扩散系数模型。

Ruckenstein、Smith、Gray、Liu、Cai 等学者认为煤体内甲烷运移可以概括为两个阶段，即甲烷在煤基质孔隙内的运移，由煤基质表面进入裂隙空间，以及在裂隙系统中的运移。基于甲烷在煤基质内微孔和裂隙系统中的运移方式，分别采用不同的双重孔隙扩散模型进行描述。Clarkson 等提出了改进的双重孔隙模型，但是双重孔隙模型主要缺陷是计算复杂，难以推广应用。Fletcher、Pan 等为了建立方便可用的模型，也进行了大量的工作，并相继提出了线性驱动模型、简化双重孔隙模型、菲克放散模型等模型。秦跃平等认为煤粒甲烷放散过程属于压力驱动，提出使用 Fick 扩散模型和达西模型模拟粒煤甲烷扩散过程，模型拟合精度较高。刘彦伟提出了三孔隙模型，用来计算煤粒甲烷扩散系数。但是该模型中待定参数达到 7 个，测试工作量大，随机性强，计算极为复杂。刘鹏基于煤基质和裂隙系统中甲烷的运移模式，即甲烷从多种尺度孔隙中流入裂隙系统，最后由裂隙流出，将煤体看作双重孔隙结构，分别建立基质内和裂隙内的甲烷流动模型，模型通过裂隙与基质的质量交换项耦合关联。

### 1.2.5 煤的高温高压甲烷扩散研究

张群、Pini、刘高峰、赵丽娟、陈刚、俞凌杰、王玲玲、李希建等学者针对煤的等温吸附扩散做了大量的研究工作，尤其是在高温高压条件下；但是针对煤中甲烷的扩散研究主要集中在高温方面，对高压（>5 MPa）条件下的扩散实验研究鲜有报道。

甲烷扩散对降压升温比较敏感，升高温度能够降低甲烷吸附煤基质的能力，促使甲烷快速扩散，可有效解决甲烷驱动力不足的难题。Nandi 等将实验煤样在 50～350 ℃时进行不同压力下的甲烷吸附平衡，然后进行恒温扩散，采用$\sqrt{t}$模型计算，得到有效扩散系数随着温度的升高而逐渐增大的结论。赵东等进行了含甲烷煤样随温度上升（30～110 ℃）的解吸扩散实验，研究发现随着温度的升高，注水后甲烷的解吸扩散能力增强。当温度达到 90 ℃时，未注水含甲烷煤的解吸扩散率低于注水后的煤样；当温度超过水的沸点后，会发生突变。李志强等进行了更广温区（30～100 ℃）的恒压（4 MPa）扩散实验，研究发现同温同压条件下，煤粒甲烷扩散系数随着温度的升高而增大，同压不同温条件下，煤粒甲烷扩散系数随温度的升高呈现先增大后减小的变化规律。

### 1.2.6 存在的问题

综上所述，目前国内外研究人员在甲烷解吸规律和高温高压条件下煤对甲烷的扩散特性等方面进行了大量的研究，并取得了丰硕的成果，但仍有如下问题需进一步进行探索：

(1) 有关煤中甲烷的扩散特性研究主要通过实验手段进行，目前这方面研究主要集中在高温实验方面，对高压（>5 MPa）条件下的扩散实验研究鲜有报道。

(2) 前人对甲烷扩散动力学规律的影响因素研究主要侧重温度和压力方面的实验，进行的煤种不够全面，缺乏对不同变质程度煤扩散特性系统的研究。

(3) 均质煤粒表面甲烷扩散模型与煤中甲烷扩散实际过程不符，以往虽建立了甲烷扩散系数与时间的函数关系，但是缺乏严格的理论证明，并且得到的时效扩散模型带有无穷级数项，在扩散系数计算和现场应用方面受到较大的限制。

## 1.3 研究内容及研究方案

针对上述存在的问题，在前人研究成果和资料调研的基础上，基于煤层气地质学、煤岩学、统计热动力学、物理化学、分子模拟等学科理论，采用理论分析、实验研究、分子模拟相结合的研究方法，开发一套高温高压甲烷扩散模拟实验装置，利用该实验装置在不同温压下对不同变质程度煤的甲烷扩散特性进行测试，结合孔隙结构测试和微观结构分析等手段，比较不同煤阶煤之间扩散特征的差异，揭示高温高压下煤体扩散特性的影响特征与控制机理，为深部煤层气资源勘探与开发提供理论依据。

### 1.3.1 主要研究内容

(1) 煤粒甲烷扩散规律实验研究

利用自行开发的高温高压甲烷扩散模拟实验装置，对神府矿区的长焰煤、宿州矿区的气煤、西山矿区的焦煤、晋城矿区的无烟煤 4 种不同变质程度煤样进行不同温度(30 ℃、50 ℃、70 ℃、90 ℃)和压力(2 MPa、6 MPa、12 MPa 和 20 MPa)条件下的扩散特性实验测试，系统研究粒径、气体压力、温度、变质程度条件的变化对煤粒甲烷扩散量、扩散速度和扩散系数的影响，获得实验煤样甲烷扩散过程的关键参数变化规律，并分析温度和压力对煤粒甲烷扩散的敏感性。

(2) 煤对甲烷吸附与扩散的分子模拟

将煤的大分子平面结构模型进行分子力学和分子动力学优化，运用巨正则蒙特卡罗(GCMC)方法对甲烷在煤中的吸附和扩散进行分子模拟，获得甲烷的吸附等温线和扩散系数，分析压力和温度对甲烷吸附和扩散的影响。

(3) 高温高压甲烷扩散模型构建与解算

在 Fick 扩散定律的基础上，采用相似理论证明甲烷扩散系数与时间之间的函数关系。基于甲烷扩散系数与时间的关系和煤粒甲烷扩散实验数据，构建基于扩散系数动态变化的高温高压甲烷扩散模型，准确描述高、中、低各煤阶煤的甲烷扩散全过程；并通过对该模型解算获取简化算法，验证简化算法的稳定性和准确性。

(4) 煤粒甲烷扩散控制机理

基于实验煤样的孔容、比表面积、孔径分布和微观结构等测试结果，并结合前人的研究成果，探讨孔隙结构、压力、温度和甲烷扩散系数衰减对煤粒甲烷扩散的控制机理。

### 1.3.2 研究流程与技术路线

本书的研究工作可分为五个阶段，技术路线如图 1-5 所示，具体研究流程如下。

第一阶段：文献综述、资料收集、现场考察和样品采集

(1) 查阅国内外相关研究文献，总结研究现状和分析存在的问题。整理和收集研究区的煤田地质勘探资料、钻孔柱状、赋存条件、化学组成等成果，对矿区的地质背景初步进行分析。

(2) 依据研究内容，分别选取神府矿区榆家梁煤矿的长焰煤、宿州矿区朱仙庄煤矿的气煤、西山矿区原相煤矿的焦煤、晋城矿区端氏煤矿的无烟煤作为实验煤种。

第二阶段：实验煤样物性参数测试

借助实验煤样的真密度、视密度、工业分析、显微组分、镜质组反射率、微观结构等参数测试，分析不同变质程度煤的孔容、孔径分布、比表面积等参数，研究四种煤样在压汞实验和液氮吸附实验中的分形特征。

第三阶段：煤粒高温高压甲烷扩散特性实验研究

开发一套高压(60 MPa)、高温(150 ℃)扩散自动测试装置，对不同煤种(长焰煤、气煤、焦煤和无烟煤)分别进行 30 ℃、50 ℃、70 ℃、90 ℃和 2 MPa、6 MPa、12 MPa、20 MPa 条件下的甲烷扩散特性实验，系统研究粒径、气体压力、温度、变质程度等条件的变化对甲烷扩散特性的影响，分析实验煤样甲烷扩散过程的关键参数变化规律。

第四阶段:煤对甲烷吸附与扩散的分子模拟

根据分子力学和分子动力学理论优化煤的大分子平面结构模型,利用分子力学软件Materials Studio,采用巨正则蒙特卡罗方法对甲烷在煤中的吸附和扩散进行分子模拟,研究温度和压力对甲烷吸附和扩散规律的影响。

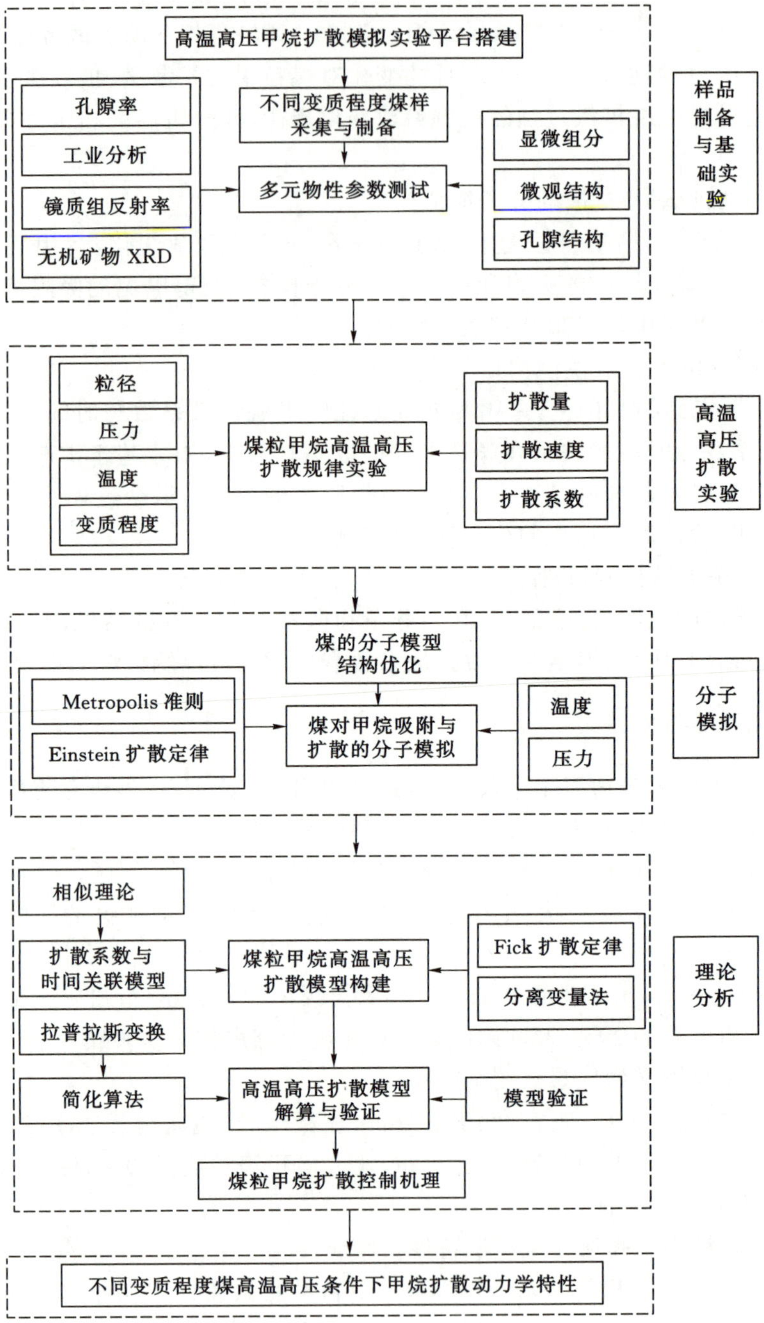


图 1-5　技术路线

第五阶段:煤粒高温高压甲烷扩散模型与控制机理研究

基于甲烷扩散系数与时间的函数关系,在煤粒甲烷扩散实验的基础上,构建扩散系数动态变化的高温高压甲烷扩散模型,并对该模型进行解算,获取简化算法。结合实验煤样的孔容、比表面积、孔径分布和微观结构等测试结果,并根据前人的研究成果,探讨孔隙结构、压力、温度和甲烷扩散系数衰减对煤粒甲烷扩散的控制机理。

# 2 地质背景与实验样品

根据本书研究需要，针对神府、宿州、西山和晋城四个矿区进行地质背景分析，采集低变质程度的长焰煤、中等变质程度的气煤、焦煤和高变质程度的无烟煤煤样，按照相关标准要求制备了不同规格的样品，为煤样基础参数测试、孔隙结构分析和高温高压扩散实验奠定了基础。

## 2.1 地质概况

### 2.1.1 神府矿区榆家梁煤矿

(1) 区域地质

神府矿区位于鄂尔多斯地台向斜东翼——陕北斜坡上，基底主要在吴堡—靖边 EW 向、保德—吴旗 NE 向、榆林西及神木西 NE 向构造带上，总体上为一倾角小于 1°的单斜，矿区北部构造相对集中，主要以断层为主，褶皱次之，南部构造简单(图 2-1)。矿区内断层主要为张性正断层，走向 NW-NNW，NE 向断层还没有揭露。断层多呈雁行排列，倾角 60°～80°，断距 20～150 m。区域地层由老到新发育三叠系上统永坪组、侏罗系中统安定组、侏罗系下统延安组、白垩系下统洛河组、新近系上新统、第四系更新统及全新统。主要含煤地层为延安组，为井田内唯一的含煤地层，其岩性由浅灰色至灰色砂岩、灰色至白色砂岩、灰色至深灰色粉砂岩、泥岩及煤层组成。

(2) 矿井地质

榆家梁煤矿位于神府矿区南部，总体上为一地层走向 NE，倾向 NW 的单斜构造，倾角平缓，一般 1°～2°。在井田中部有一小断层，断距 1.50 m，走向 295°，倾向 205°，倾角 73°，为一高角度张性正断层。井田内无岩浆活动，未发现较大的断裂和褶曲，构造简单。

榆家梁井田含煤 7～9 层，可采煤层 4 层，由上至下依次为 $4^{-2}$ 号、$4^{-3}$ 号、$4^{-4}$ 号、$5^{-2}$ 号煤层，其中 $4^{-2}$ 号和 $5^{-2}$ 号煤层是矿井目前主采煤层，煤种以长焰煤和不黏煤为主。$5^{-2}$ 号煤层位于延安组第一段的顶部，属稳定全区可采煤层，煤厚 0.83～5.18 m，平均厚度 3.93 m，煤层结构简单，一般不含夹矸。煤层顶板主要为中-粗粒砂岩；底板为细砂岩，局部为泥岩。榆家梁煤矿属于神东煤炭集团下属的主力生产矿井，年设计生产能力 1 300 万 t，矿井瓦斯等级鉴定结果为低瓦斯矿井。

### 2.1.2 宿州矿区朱仙庄煤矿

(1) 区域地质

宿州矿区位于华北古大陆板块东南缘，徐宿弧形推覆构造南段、豫淮坳褶带东部，属于淮北煤田东南部。东邻宿东向斜，西邻童亭背斜，南接光武-固镇断裂，北邻宿北断裂。区域

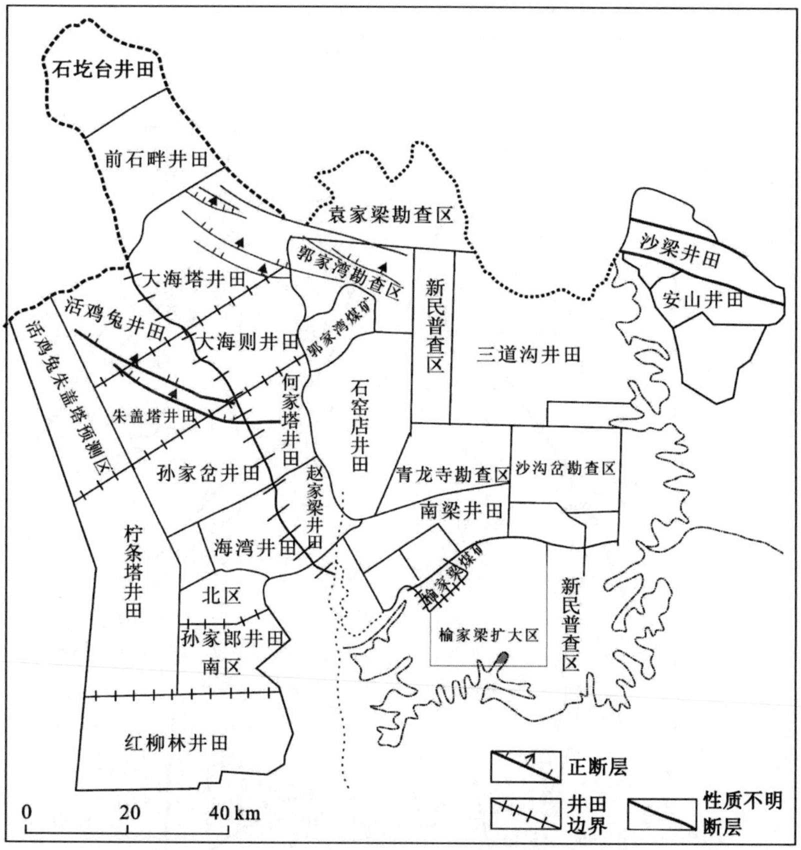


图 2-1　神府矿区构造纲要图(据韦忙忙)

总体为受郯庐断裂控制的近 NS 向褶皱断裂,低序次的 NW 向和 NE 向构造分布于断块内,随着徐宿弧形推覆构造的形成和发展,由 SEE 向 NWW 推掩的断片及伴生的线形褶皱形成(图 2-2)。区域地层由老到新发育奥陶系中下统、石炭系上统本溪组、石炭系上统-二叠系下统太原组、二叠系下统山西组、二叠系中统下石盒子组、二叠系上统上石盒子组、侏罗系上统泗县组、古近系始新统-渐新统、新近系中新统-上新统及第四系下更新统、中更新统、上更新统、全新统。主要含煤地层为太原组、山西组、下石盒子组和上石盒子组。

(2) 矿井地质

朱仙庄煤矿位于宿东向斜的北段,矿井东翼倾角 30°～45°,受 $F_4$ 逆断层、$F_{22}$ 断层影响,在逆断层上、下盘发育褶曲,地层倾角 45°～90°;矿井西翼平缓,地层倾角 15°～25°,具次一级平缓褶曲。一、三采区煤层走向呈弧形,地层倾角 30°～45°,向斜长约 8 km,宽 0.4～5.8 km,轴部由 NNW 向 SSE 倾斜,南北发育两组断层,断层交角 90°～105°。矿井断层走向以 NW、NS 和 NNE 向为主,倾向以 NEE、E 和 SEE 向为主。西侧由石灰岩的反作用力向东挤压,造成挤压剪切性质的正断层(图 2-3)。

朱仙庄井田含煤 10 层,可采煤层 5 层,由上至下依次为 3 号、6 号、7 号、8 号、10 号煤层,其中 8 号煤层为主采煤层,煤种以气煤为主。8 号煤层位于下石盒子组下部,属稳定全区可采煤层,煤厚 7～13 m,平均厚度 10.03 m,局部含 1～3 层夹矸。煤层直接顶为深灰色

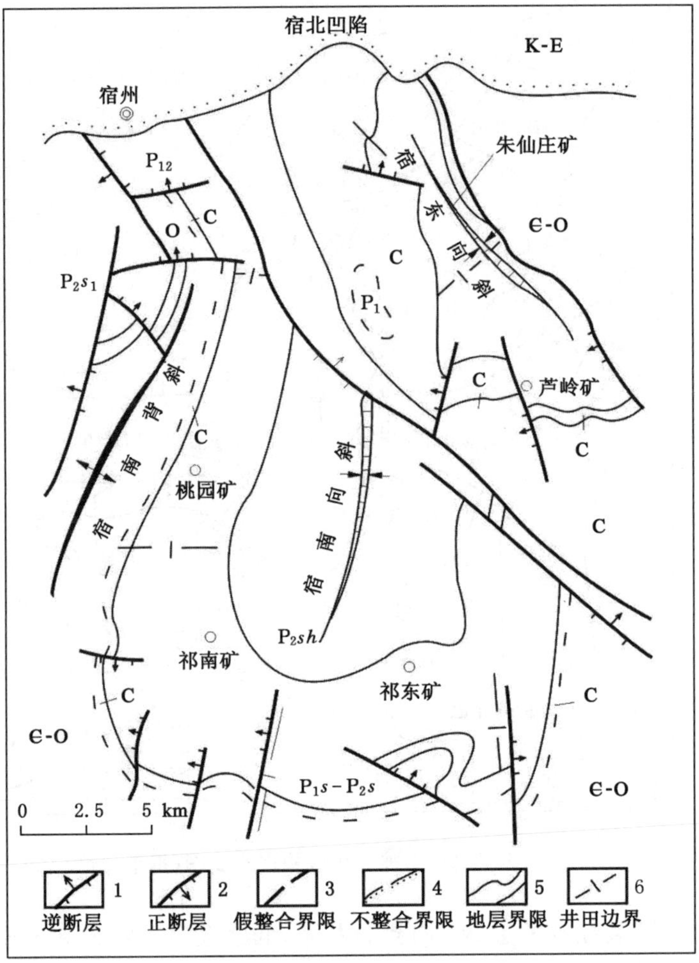


图 2-2　宿州矿区构造纲要图(据朱冠宇)

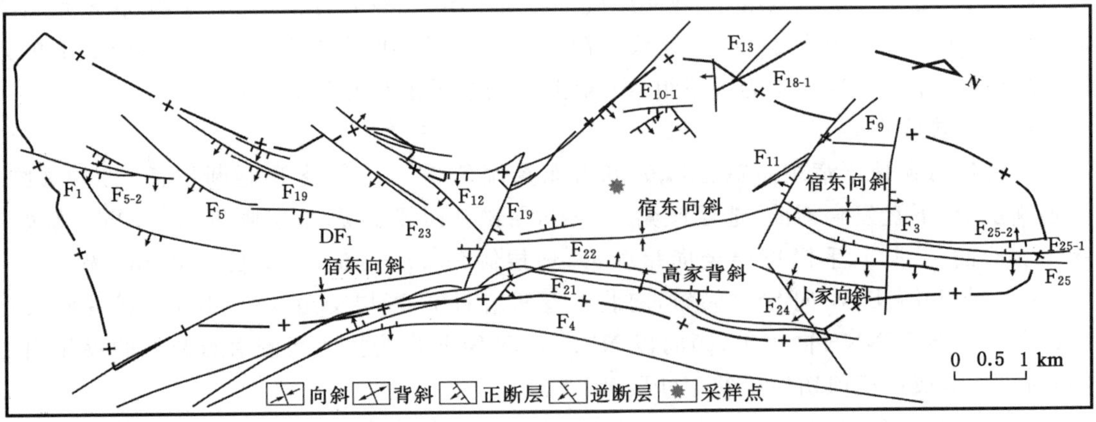


图 2-3　朱仙庄煤矿构造纲要及采样位置图

泥岩，基本顶为砂岩、粉砂岩，底板为粉砂岩。朱仙庄煤矿属于淮北矿业集团下属的主力生产矿井，年设计生产能力 240 万 t，矿井瓦斯等级鉴定结果为煤与瓦斯突出矿井。

### 2.1.3 西山矿区原相煤矿

(1) 区域地质

西山矿区位于吕梁—太行断块五台山块隆的南部，东部为太原—晋中盆地，西部为吕梁山复式背斜。西山向斜为一轴向近南北，两翼不对称，向南倾的梨形向斜，东西宽约40 km，南北长约 75 km。向斜内发育有东社向斜、陈台—水峪贯向斜、石千峰向斜和狮子河—马兰向斜四个主要次级褶曲，延伸长度为 15～40 km。西山向斜内发育有 NE、NEE 向延伸的一系列正断层，地层倾角 65°～80°，自北向南组成 4 个断裂带，即梭峪断裂带、李家社—王封断裂带、杜儿坪断裂带和碾底—平地窑断裂带。断裂带以地垒形式产出，具有等间距性，间距约为 20 km(图 2-4)。区域地层由老到新发育奥陶系中统、石炭系上统本溪组、石炭系上统—二叠系下统太原组、二叠系下统山西组、二叠系中统下石盒子组、二叠系上统上石盒子

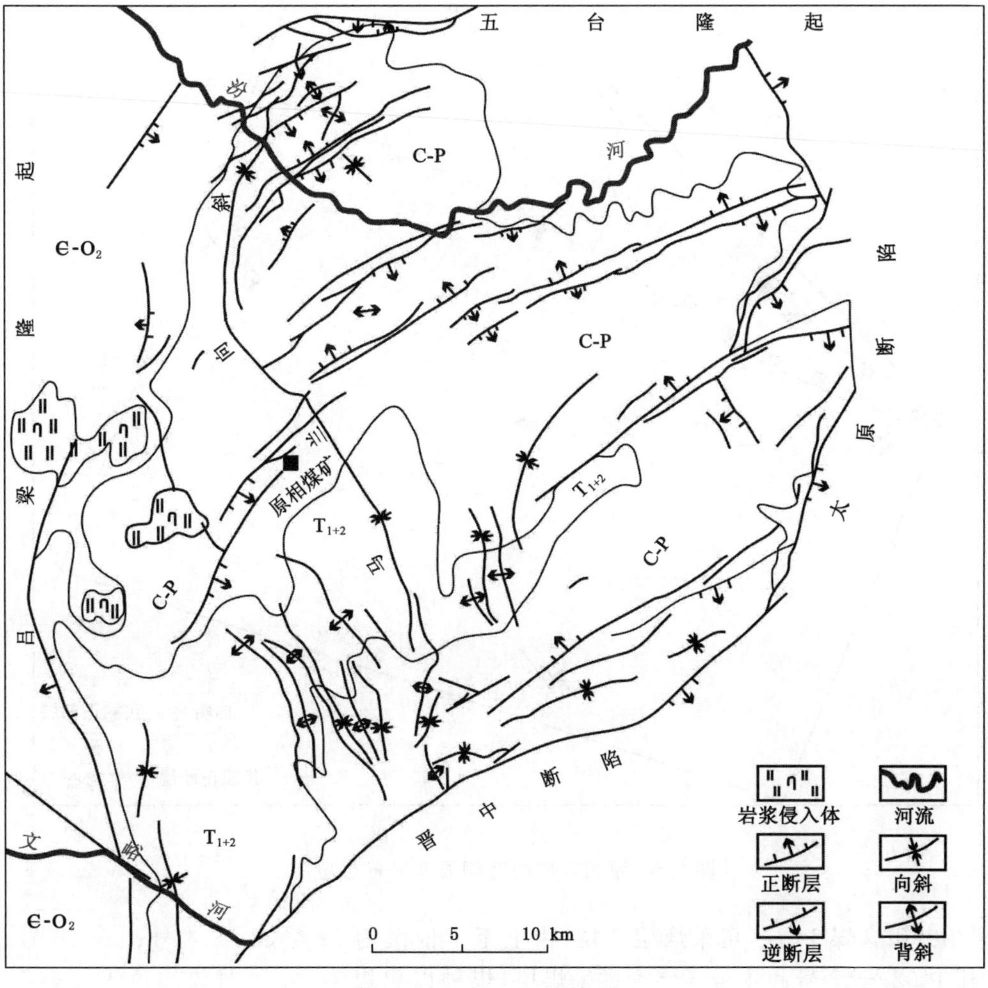


图 2-4 西山矿区构造纲要图

组、二叠系上统石千峰组、三叠系下统、新近系上新统、第四系更新统。主要含煤地层为太原组和山西组。

（2）矿井地质

原相煤矿位于西山矿区西部，主要褶曲为深且沟背斜和马兰向斜，地层走向 NNW-NWW，倾角平缓，一般小于 10°。井田北部发育地表断裂沟，为高角度正断层，北部以原相北断层为边界，走向北东，倾向北西，倾角 70°～80°，落差 50～150 m，延伸约 6 000 m；南部以原相南正断层为边界，走向北东，倾向南东，倾角 60°～75°，落差 10～80 m，井田内延伸约 3 500 m。在 $F_{168}$ 与 $F_{165}$ 断层附近发育有 $FM_{13}$、$FM_{14}$、$FM_{15}$ 等 8 条小型正断层，落差 4～8 m，走向基本平行于 $F_{168}$ 及 $F_{165}$ 断层。无岩浆活动，未发现陷落柱，构造简单(图 2-5)。

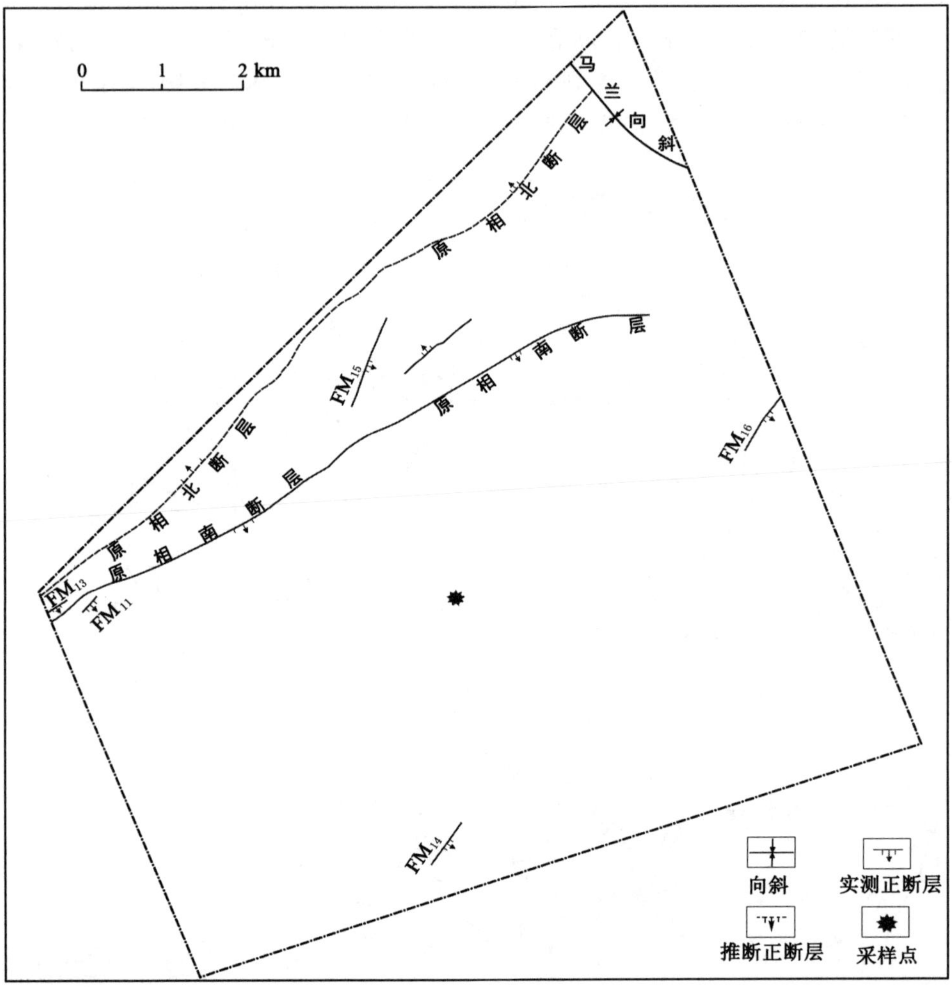


图 2-5　原相煤矿构造纲要及采样位置图

原相井田含煤 14 层，可采煤层 6 层，由上至下依次为 02 号、2 号、4 号、6 号、8 号、9 号煤层，其中 02 号、2 号和 4 号煤层为主采煤层，煤种以焦煤为主。2 号煤层位于二叠系下统山西组，属稳定全区可采煤层，煤厚 1.40～2.11 m，平均厚度 1.83 m，一般不含矸石，结构简单。煤层顶板为粉砂岩和砂质泥岩，底板为砂质泥岩和粉砂岩。原相煤矿属于太原华润煤业有限公司下属的主力生产矿井，年设计生产能力 90 万 t，矿井瓦斯等级鉴定结果为煤与瓦斯突出矿井。

### 2.1.4　晋城矿区端氏煤矿

(1) 区域地质

晋城矿区位于沁水复向斜盆地南端，西部分布 NWW-NE-NNE 向的土沃—寺头弧形断裂带，东部分布 NNE 向的白马断层、伊侯山断层和陈沟断层。地层走向 NWW，地层倾角 5°～15°。主体为 NNE 向、近 NS 向的背、向斜和断裂构造，其次为近 EW 向、NE 向、NWW 向的断裂和褶曲构造，局部发育有 NNW 向的小褶曲。区域地层由老到新发育奥陶系中统、石炭系上统本溪组、石炭系上统-二叠系下统太原组、二叠系下统山西组、二叠系中统下石盒子组、二叠系上统上石盒子组、二叠系上统石千峰组、第四系更新统和全新统。主要含煤地层为太原组和山西组。

(2) 矿井地质

端氏煤矿位于沁水复式向斜轴部南端、晋—获褶断带西部、沁水盆地南缘 EW-NE 向断裂带的北部，受区域构造的影响，井田内构造总体为一组宽缓的背向斜。潘河向斜轴部走向 N15°E，两翼地层倾角 5°～10°，东陡西缓；柿沟背斜轴部走向 N15°E，两翼地层倾角 5°～10°，东缓西陡；霍家山向斜两翼地层倾角 5°～10°，东缓陡西陡；马山村背斜轴向近 SN，两翼地层倾角 5°～14°，东陡西缓(图 2-6)。

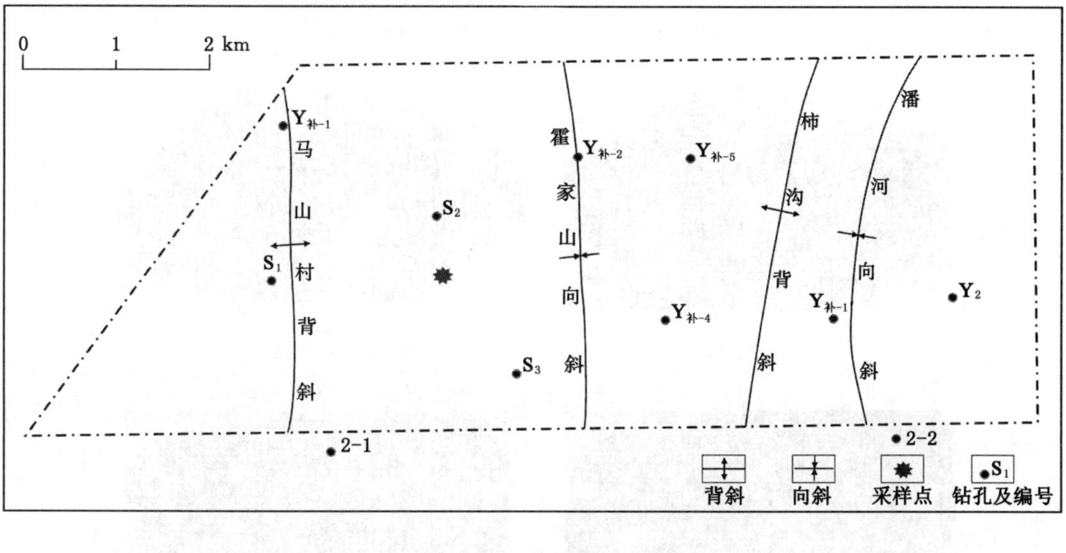


图 2-6　端氏煤矿构造纲要及采样位置图

端氏井田含煤 8～14 层，可采煤层 3 层，由上至下依次为 3 号、9 号、15 号煤层，其中 3 号和 15 号煤层为主采煤层，煤种以无烟煤为主。3 号煤层位于二叠系下统山西组，属稳定全区可采煤层，煤厚 4.72～6.00 m，平均厚度 5.33 m，含 1～4 层泥岩或碳质泥岩夹矸，结构简单至复杂。煤层顶板为粉砂岩、砂质泥岩、泥岩，局部为细砂岩；底板为砂质泥岩、泥岩，局部为粉砂岩。端氏煤矿属于沁和能源集团下属的主力生产矿井,年设计生产能力 120 万 t,矿井瓦斯等级鉴定结果为煤与瓦斯突出矿井。

## 2.2 样品特征

### 2.2.1 煤样的采集

为了研究煤粒甲烷高温高压扩散特性,实验选用四种不同变质程度的煤种,分别为来自榆家梁煤矿的长焰煤、朱仙庄煤矿的气煤、原相煤矿的焦煤、端氏煤矿的无烟煤,依次编号为 YJL 煤、ZXZ 煤、YX 煤、DS 煤。实验所用煤样按照《煤层煤样采取方法》(GB/T 482—2008)进行采集,均采自新鲜裸露的采掘工作面,煤样被装入密闭的容器内带回实验室。

样品照片如图 2-7 所示。

(a) YJL 煤 1 号

(b) YJL 煤 2 号

(c) ZXZ 煤 1 号

(d) ZXZ 煤 2 号

(e) YX 煤 1 号

(f) YX 煤 2 号

图 2-7 煤样照片

(g) DS 煤 1 号

(h) DS 煤 2 号

图 2-7(续)

分别从采集煤样的颜色、断口、肉眼可见矿物、裂隙发育程度、光泽等方面进行宏观描述，具体分析见表 2-1。

**表 2-1　煤样宏观描述结果**

| 样品名称 | 描　述　内　容 | 宏观煤岩类型 |
|---|---|---|
| YJL 煤 1 号 | 褐黑色，裂隙不发育，块状，易碎，层理不明显 | 暗淡煤 |
| YJL 煤 2 号 | 褐色，含黄褐色氧化铁透镜体，厚 1～5 mm，质地较硬 | 暗淡煤 |
| ZXZ 煤 1 号 | 褐黑色，棱角状断口，有一条主要裂隙，煤质坚硬 | 暗淡煤 |
| ZXZ 煤 2 号 | 灰褐色，参差状断口，有两条主要裂隙，层面有 1～2 条割理 | 半暗煤 |
| YX 煤 1 号 | 黑灰色，阶梯状断口，条带状结构，有一条主要裂隙 | 半亮煤 |
| YX 煤 2 号 | 黑灰色，裂隙不发育，阶梯状断口，质地较硬 | 半暗煤 |
| DS 煤 1 号 | 深黑色，阶梯状断口，煤质坚硬，裂隙发育，斜波状层理 | 半亮煤 |
| DS 煤 2 号 | 黑色，贝壳状断口，裂隙发育，质地较硬 | 亮煤 |

### 2.2.2　煤样的制备

(1) 煤的密度和工业分析实验煤样制备

按照《煤的真相对密度测定方法》(GB/T 217—2008)、《煤的视相对密度测定方法》(GB/T 6949—2010)、《煤的工业分析方法》(GB/T 212—2008)相关标准要求进行煤样制备，制备方法参照《煤炭筛分试验方法》(GB/T 477—2008)，筛分粒径小于 0.2 mm 的样品，每种变质程度煤制备 6 份并密封，每个样品不少于 200 g。

(2) 煤的显微组分实验煤样制备

按照《煤岩分析样品制备方法》(GB/T 16773—2008)标准要求进行煤样光片制备，经过破碎煤和筛分、制作粉煤煤砖、研磨、抛光、表面检查五个步骤完成。每种变质程度煤制备光片 2 组；将样品在高温(105 ℃)烘箱中进行干燥，时间不少于 2 h；取出样品冷却并密封保存。

(3) 煤的孔隙结构实验煤样制备

将采集的块煤粉碎后，参照《煤炭筛分试验方法》(GB/T 477—2008)，分别筛分 0.17～0.25 mm、3～6 mm 粒径的样品。每种变质程度煤各制备 2 份，每个样品要求 50 g；将样品在高温(105 ℃)烘箱中进行干燥，时间不少于 2 h；取出样品冷却并密封保存。

(4) 高温高压甲烷扩散实验煤样制备

根据实验需要，将采集来的块煤粉碎到约 6 mm 的粒状；参照《煤炭筛分试验方法》(GB/T 477—2008)，分别筛分 0.17～0.25 mm、0.5～1 mm 和 1～3 mm 粒径的样品。每种变质程度煤制备 10 份，每个样品要求 200 g；将样品在高温(105 ℃)烘箱中进行干燥，时间不少于 2 h；取出样品冷却并密封保存。部分样品如图 2-8 所示。

图 2-8　部分制备完成的煤样

# 3 实验样品物性参数特征

## 3.1 煤样基础参数测试

煤样的基础参数测试实验主要有煤的真密度及视密度测试、工业分析测试、显微组分测试、镜质组反射率测试、扫描电镜测试、压汞和低温液氮测试。其中,真密度及视密度测试、工业分析测试实验在河南理工大学煤矿灾害预防与抢险救灾教育部工程研究中心进行,显微组分测试、镜质组反射率测试、扫描电镜测试实验在河南省生物遗迹与成矿过程重点实验室进行,压汞和低温液氮测试实验在中国矿业大学煤层气资源与成藏过程教育部重点实验室进行。

### 3.1.1 煤样真密度、视密度及工业分析测试

按照煤的真密度、视密度和工业分析测试标准,利用 UltraPYC 1200e 型真密度分析仪、5E-MAG 6600 型全自动工业分析仪分别对实验样品进行测试,测试结果如表 3-1 所示。

表 3-1 真密度、视密度和工业分析结果

| 煤样 | 煤层 | $M_{ad}$/% | $A_{ad}$/% | $V_{daf}$/% | $FC_{ad}$/% | ARD/(g/m$^3$) | TRD/(g/m$^3$) | 孔隙率 $\varphi$/% |
|---|---|---|---|---|---|---|---|---|
| YJL 煤 | $5^{-2}$号煤层 | 8.72 | 11.35 | 39.71 | 44.87 | 1.38 | 1.27 | 7.97 |
| ZXZ 煤 | 8 号煤层 | 1.94 | 13.43 | 33.45 | 55.52 | 1.49 | 1.42 | 4.70 |
| YX 煤 | 2 号煤层 | 0.96 | 14.17 | 22.32 | 72.35 | 1.60 | 1.51 | 5.63 |
| DS 煤 | 3 号煤层 | 1.37 | 13.46 | 7.24 | 80.13 | 1.53 | 1.45 | 5.23 |

注:$M_{ad}$——水分;$A_{ad}$——空气干燥基灰分;$V_{daf}$——干燥无灰基挥发分;$FC_{ad}$——固定碳含量;ARD——真密度;TRD——视密度;$\varphi=[(ARD-TRD)/ARD]\times 100\%$。

### 3.1.2 煤样显微组分测试

谢克昌、Sun 等认为显微组分测试主要是指利用光学显微镜在镜下对煤体进行区分和辨识显微组分的定量统计。按照煤的性质和组成成分,将煤的显微组分具体划分为有机显微组分和无机显微组分。

(1) 有机显微组分

煤的有机显微组分是在光学显微镜下观测到的,由植物有机质转化形成的组分。国际上根据煤形成的成因环境、原始物质、显微镜下的性质和特征等标准,将煤的有机显微组分

分为镜质组、惰质组和壳质组，如下所述。

① 镜质组

镜质组是煤体中最主要也是最常见的显微组分，它由植物体内的纤维素和木质素经过凝胶化的作用最终形成。在煤的镜质组各项显微组分中，碳含量较低，具有较好的黏结性，氧含量较高，氢含量和挥发分处于惰质组和壳质组之间，且其裂隙较为发育，尤其是中孔和微孔发育，孔径一般为 50 nm～2 μm，密度为 1.27～1.80 g/cm$^3$。镜质组在煤化过程中可以生成较多的甲烷和少量的油。

② 惰质组

惰质组是指植物残骸经过丝炭化作用转化而成的煤岩显微组分，在光学显微镜的透射光下不透明且呈黑色；而在油浸反射光下，其有不同程度凸起，呈白色或黄白色。惰质组的氢含量和氧含量低，芳构化程度和碳含量高。惰质组主要包括微粒体、丝质体、半丝质体和碎屑等惰质体。

③ 壳质组

壳质组主要由高等植物的树皮、藻类、分泌物和繁殖器官等具有较强化学稳定性的组分形成。在光学显微镜的透射光下低阶煤的壳质组一般为透明黄色，轮廓较为清楚；在油浸反射光下一般为黑灰色或灰黑，有低-中等显微凸起。随着煤化程度的升高，壳质组的凸起和轮廓等逐渐模糊，荧光强度逐渐减弱。壳质组的氢含量、产烃率和挥发分一般较高，密度较小。壳质组主要包括角质体、木栓质体、孢粉体、树脂体、荧光体、碎屑壳质体和渗出沥青体等组分。

(2) 无机显微组分

煤岩中观测到的矿物质称为无机显微组分。按来源不同，可将煤中矿物质分为原生矿物、后生矿物和同生矿物，煤中矿物质具体包括碳酸盐矿物、硫化物、氢氧化物、氧化物、黏土矿物、盐类等。

按照《煤的显微组分组与矿物测定方法》(GB/T 8899—2013)及《中国煤岩学图鉴》，利用 Axioskop 40 型显微镜(图 3-1)进行镜下显微组分分析，观测的四种实验煤样图像如图 3-2所示，显微组分测试结果如表 3-2 所示。

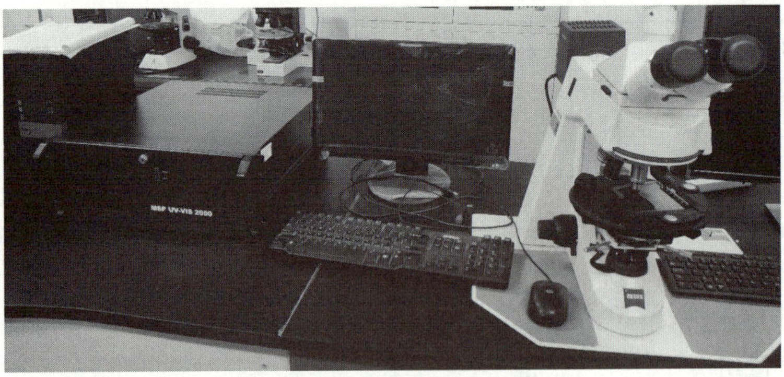

图 3-1　煤岩显微组分测试仪器

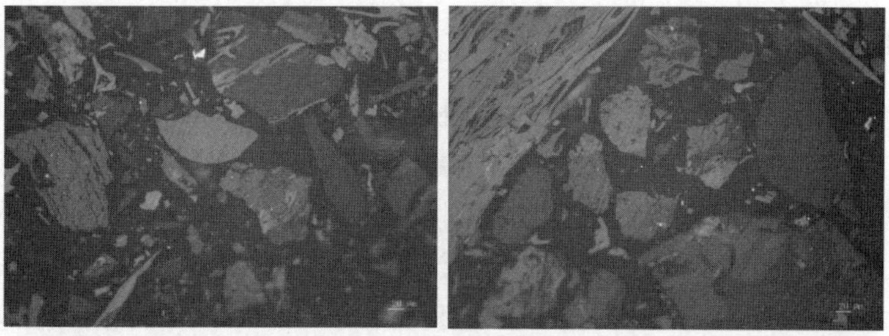

(a) YJL 煤

(b) ZXZ 煤

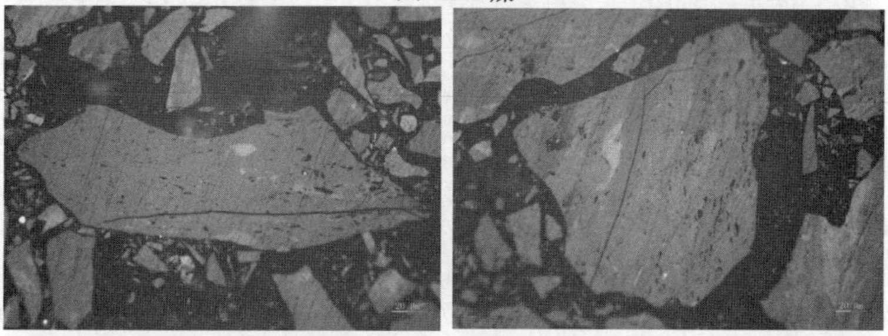

(c) YX 煤

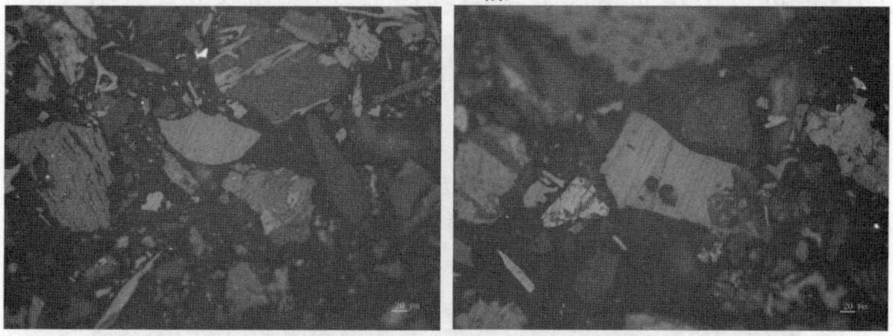

(d) DS 煤

图 3-2　煤样显微组分图像

**表 3-2　显微组分及镜质组反射率测试结果**

| 煤样 | 煤层 | 镜质组含量 /% | 惰质组含量 /% | 壳质组含量 /% | 矿物质含量 /% | 镜质组最大反射率 $R_{o,max}$/% |
|---|---|---|---|---|---|---|
| YJL 煤 | $5^{-2}$ 号煤层 | 60.51 | 23.22 | 1.40 | 20.67 | 0.56 |
| ZXZ 煤 | 8 号煤层 | 71.06 | 21.57 | 5.65 | 3.35 | 0.89 |
| YX 煤 | 2 号煤层 | 68.38 | 27.54 | 0 | 4.02 | 1.68 |
| DS 煤 | 3 号煤层 | 88.69 | 7.12 | 0 | 2.76 | 2.93 |

### 3.1.3 煤样镜质组反射率测试

有学者认为煤的镜质组反射率是煤岩分析的一个重要指标，它是研究煤岩分类、煤变质作用、煤深加工利用、油气成熟度等的基础参数。煤的镜质组反射率指标不受岩相量变化的影响，可以快速确定煤牌号。煤的镜质组反射率通过测试在抛光表面垂直入射光与反射光的比例确定，通常用百分比表示。煤体内的反射光微弱，而光电倍增管能够将其准确地转化为电信号并放大输出，油浸反射率测试精度控制在 0.01%，因此，国内目前使用显微分光光度计测试煤的反射率。

镜质组油浸吸收介质的反射率通常用波尔方程表示，如式(3-1)所示：

$$\gamma_0 = \frac{(\mu - \mu_0)^2 + \mu^2 K^2}{(\mu + \mu_0)^2 + \mu^2 K^2} \tag{3-1}$$

式中 $\mu$——镜质组的折射率；

$\mu_0$——油浸折射指数；

$K$——镜质组系数。

煤的镜质组反射率根据式(3-2)得到：

$$R_0 = \frac{I_0}{I} R \tag{3-2}$$

式中 $R_0$——煤的镜质组反射率；

$I_0$——煤的光电流强度；

$I$——标准光片的光电流强度；

$R$——标准光片反射率。

根据上述测试方法，利用 MSP UV-VIS 2000 型显微分光光度计(图 3-3)对采集的四种不同变质程度的煤样进行了镜质组反射率测试，测试结果如表 3-2 所示。

图 3-3 显微分光光度计

### 3.1.4 煤样的微观结构分析

通常采用扫描电子显微镜观测煤样的微观孔隙结构，其具有制样方便、成像立体感强和分辨率高等优点，因而在不同领域得到了广泛的应用。利用扫描电子显微镜，可以直观地看到多孔介质中的孔隙形态、孔隙的连通性和孔隙分布等特点。

将采集的煤样折断，形成自然断面并制作成粒径约 1 cm 的块煤；将自然断面朝上固定于铁片上，然后利用 FEI Quanta 250 型场发射环境扫描电子显微镜在低真空环境下对四种不同变质程度的煤样进行观测，观测图像如图 3-4 所示。

(a) YJL 煤

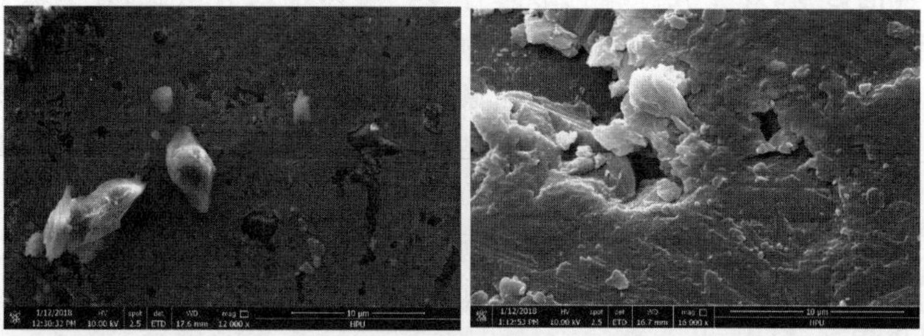

(b) ZXZ 煤

(c) YX 煤

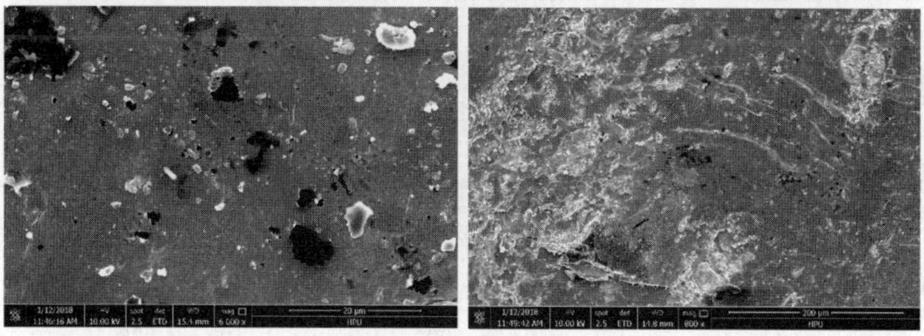

(d) DS 煤

图 3-4　煤样扫描电镜图像

由图 3-4 可以看出，YJL 煤、ZXZ 煤、YX 煤和 DS 煤中的大孔均较发育。从四种煤样的孔隙形态看，YJL 煤大孔、中孔分布密度较高且分布均匀，主要为晶间孔，有裂纹且孔隙间连通性好，从部分孔中可以看到填充的黏土矿物和碳酸盐类矿物；ZXZ 煤整体形貌平滑，有较多的矿物结晶颗粒，局部放大后孔间裂隙初级发育，存在未完全剥离的碎片和少量孔洞；YX 煤中夹杂分布颗粒矿物质，裂纹切割面较大，可见到丝质体或半丝质体，孔隙较为发育；DS 煤孔隙较多且分布连续，孔洞形态各异，属于成煤过程中溢出气体形成的气孔，说明煤化过程成气作用较强，这为甲烷储集提供了丰富的空间，通过不断放大倍率可以看到更多的孔隙，微孔较为发育。

## 3.2 煤样孔隙结构特征

煤是一种多孔性且孔隙系统发达的有机岩石，是天然的吸附剂。Meyers、Amarasekera、Mcmahon、Sakurovs、陈萍、秦勇等认为煤体内发育有大量的孔隙，并且孔隙结构较为复杂。受成煤过程环境的影响，煤中孔隙结构形态各异。煤体不仅有微孔，还有大孔、可见孔和裂隙，这为气体吸附储存提供了场所和在煤中的运移提供了通道。

成煤过程环境的差别，直接造成煤体孔隙连通性、孔隙形状和孔隙分布等方面的差异。根据孔隙的成因，Can 等将孔隙具体划分为热成因孔、煤植体孔、分子间孔和裂缝孔。郝琦将孔隙具体划分为铸模孔、晶间孔、气孔、溶蚀孔、植物组织孔、粒间孔等。朱兴珊将孔隙具体划分为植物组织孔、层间孔、矿物溶蚀孔、颗粒间孔、变质气孔、胶体收缩孔。张慧通过分析煤样品测试的大量扫描电镜图像，并结合煤的显微组分和相关理论，将煤体孔隙具体划分为四大类十小类。

煤的孔隙直径范围很大，最小的孔径仅有 $10^{-9}$ m，为纳米级，而大孔孔径可以达到 $10^{-3}$ m，为毫米级。经过多年的孔隙结构研究，霍多特、吴俊、俞启香、秦勇、姜波、琚宜文等学者定义的煤体孔隙分类最具有代表性，如表 3-3 所示。

**表 3-3　孔隙大小分类**

| 分类方案 | 微孔孔径/nm | 过渡孔或小孔孔径/nm | 中孔孔径/nm | 大孔孔径/nm |
|---|---|---|---|---|
| 霍多特(1961) | <10 | 10～100 | 100～1 000 | >1 000 |
| Dubinin(1966) | <2 | 2～20 | — | >20 |
| Can 等(1972) | <1.2 | 1.2～30 | — | >30 |
| IUPAC(1978) | <2 | 2～50 | — | >50 |
| 朱之培(1982) | <12 | 12～30 | — | >30 |
| 抚顺所(1985) | <8 | 8～100 | — | >100 |
| 吴俊(1991) | <10 | 10～100 | 100～1 000 | 1 000～15 000 |
| 杨思敬(1991) | <10 | 10～50 | 50～750 | >750 |
| 俞启香(1992) | <10 | 10～100 | 100～1 000 | >1 000 |
| 秦勇(1995) | <10 | 10～50 | 50～400 | >400 |
| 琚宜文(2005) | 5～15<br>亚微孔<5 | 15～100 | 100～5 000 | 5 000～20 000 |

在表 3-3 所示的众多孔隙分类方法中，我国学者普遍认可霍多特于 1961 年根据固气作用效应提出的煤孔隙大小分类标准。目前，孔隙特征的测定方法主要有压汞法和低温氮吸附法。Mastalerz、Okolo 等认为压汞法主要适用于研究孔径较大的孔隙分布，孔径测定范围为 5.5 nm 以上；低温氮吸附法主要适用于研究孔径较小的孔隙分布，孔径测定范围为 2～300 nm。因此，本书采用压汞法和低温氮吸附法相结合的手段，研究煤体的孔隙特征。

### 3.2.1 压汞实验

压汞实验方法是测试煤体孔径分布较常用的方法之一。近藤精一等研究表明，汞难以润湿固体，且表面张力最大。随着压力不断增加，汞被不断压入固体孔隙内，进入的汞体积是外加压力的函数，孔径分布可以通过外加压力下的进汞量进行测试。

(1) 实验原理

作以下假设：① 汞的表面张力恒定，并且煤基质孔隙形状为圆柱形；② 汞对样品的接触角恒定，且不能润湿试样孔隙；③ 试样强度大并且不易破碎，高压汞不能使其发生变形；④ 试样不可压缩。Toda 等基于上述假设，提出了注入汞的压力与煤的孔隙半径符合方程(3-3)：

$$r = \frac{-2\gamma\cos\theta}{P} \tag{3-3}$$

式中 $r$——孔隙半径，nm；

$\theta$——汞与煤的接触角，(°)；

$\gamma$——汞的表面张力，N/nm²；

$P$——注入压力，MPa。

半径 $r$ 和 $r+\mathrm{d}r$ 之间的孔隙容积 $\mathrm{d}V$ 可表示为：

$$\mathrm{d}V = -Dv(r)\mathrm{d}r \tag{3-4}$$

式中 $Dv(r)$——孔径分布函数。

设 $\gamma$ 和 $\theta$ 保持恒定，对 $\mathrm{d}V$ 进行全微分可得：

$$P\mathrm{d}r + r\mathrm{d}P = 0 \tag{3-5}$$

联立式(3-3)和式(3-5)，可求得孔径分布函数：

$$Dv(r) = \frac{P}{r}\frac{\mathrm{d}V}{\mathrm{d}P} \tag{3-6}$$

根据式(3-6)所示外加压力与进入煤体孔隙内的汞体积函数关系，即可得到孔径分布曲线。

在最大外加压力范围内进行积分，可以得到各个孔径范围的比表面积 $A$，即

$$A = -\frac{1}{r\cos\theta}\int_0^P P\mathrm{d}V \tag{3-7}$$

根据式(3-7)可近似计算出煤体孔隙各孔径段的比表面积。

(2) 实验结果分析

利用 AutoPore 9500 型压汞仪(图 3-5)对四种不同变质程度煤样的孔径进行测试，仪器测量孔径范围为 5.5～360 000 nm，工作压力范围为 0～228 MPa。实验煤样粒径为 3～6 mm，预先进行干燥处理。测试结果如表 3-4 和表 3-5 所示，四组煤样的压汞实验进退汞曲线如图 3-6 所示。

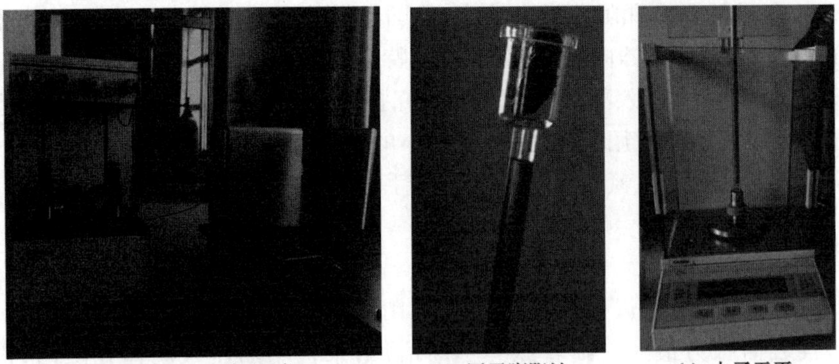

(a) AutoPore 9500型压汞仪　　(b) 压汞膨胀计　　(c) 电子天平

图 3-5　压汞法实验装置

**表 3-4　压汞实验孔容分布**

| 煤样 | 孔容及比例 | 总孔容 | 大孔<br>(>1 000 nm) | 中孔<br>(100～1 000 nm) | 小孔<br>(10～100 nm) | 微孔<br>(<10 nm) |
|---|---|---|---|---|---|---|
| YJL 煤 | 孔容/(mL/g) | 0.091 2 | 0.058 7 | 0.016 2 | 0.009 8 | 0.006 5 |
| | 比例/% | 100 | 64.36 | 17.76 | 10.75 | 7.13 |
| ZXZ 煤 | 孔容/(mL/g) | 0.036 6 | 0.021 6 | 0.001 6 | 0.007 1 | 0.006 3 |
| | 比例/% | 100 | 59.02 | 4.37 | 19.40 | 17.21 |
| YX 煤 | 孔容/(mL/g) | 0.045 0 | 0.026 7 | 0.005 4 | 0.008 2 | 0.004 7 |
| | 比例/% | 100 | 59.33 | 12.00 | 18.22 | 10.44 |
| DS 煤 | 孔容/(mL/g) | 0.082 2 | 0.021 9 | 0.014 2 | 0.026 1 | 0.020 0 |
| | 比例/% | 100 | 26.64 | 17.27 | 31.75 | 24.33 |

**表 3-5　压汞实验比表面积分布**

| 煤样 | 比表面积及比例 | 总比表面积 | 大孔<br>(>1 000 nm) | 中孔<br>(100～1 000 nm) | 小孔<br>(10～100 nm) | 微孔<br>(<10 nm) |
|---|---|---|---|---|---|---|
| YJL 煤 | 比表面积/($m^2$/g) | 5.221 3 | 0.022 6 | 0.145 8 | 1.619 5 | 3.433 4 |
| | 比例/% | 100 | 0.43 | 2.79 | 31.02 | 65.76 |
| ZXZ 煤 | 比表面积/($m^2$/g) | 4.366 1 | 0.003 4 | 0.022 8 | 1.187 7 | 3.152 2 |
| | 比例/% | 100 | 0.08 | 0.52 | 27.20 | 72.20 |
| YX 煤 | 比表面积/($m^2$/g) | 3.943 9 | 0.005 7 | 0.078 2 | 1.365 1 | 2.494 9 |
| | 比例/% | 100 | 0.14 | 1.98 | 34.61 | 63.26 |
| DS 煤 | 比表面积/($m^2$/g) | 15.422 5 | 0.007 7 | 0.232 4 | 4.307 6 | 10.874 8 |
| | 比例/% | 100 | 0.05 | 1.51 | 27.93 | 70.51 |

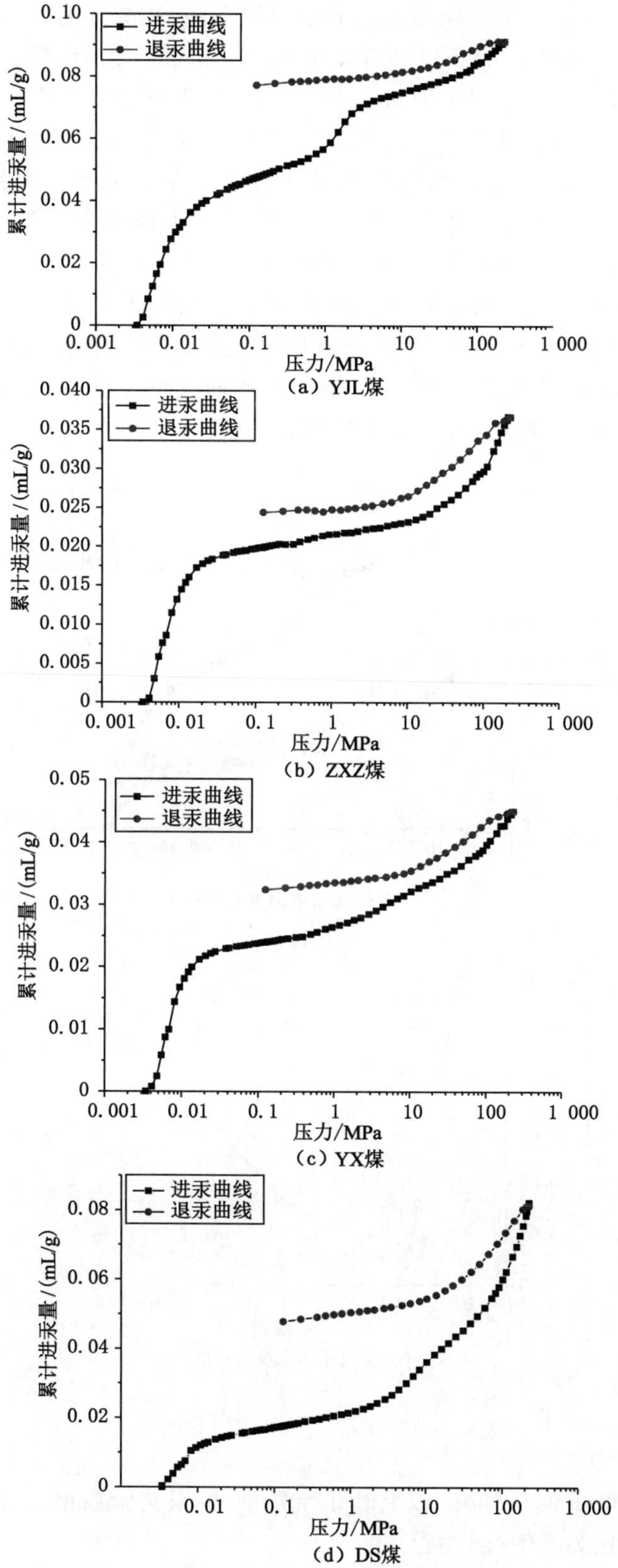


图 3-6　四组煤样的进退汞曲线

从图 3-6 中可以看出，四组煤样的进退汞曲线不同，孔隙连通性也不同，但是总体上都存在不同程度的滞后现象。ZXZ 煤和 YX 煤的进退汞曲线相似，滞后环相对较小，说明这两组煤样以半封闭孔为主，有利于汞从孔隙中退出；YJL 煤和 DS 煤的进退汞曲线相似，滞后环相对较大，说明这两组煤样以开放孔为主，连通性较好，不利于汞从孔隙中退出。

图 3-7 为四种煤样的累计孔容曲线和累计孔容与煤变质程度的关系。从图中可以看出，YJL 煤和 DS 煤的累计孔容明显大于 YX 煤和 ZXZ 煤的累计孔容，累计孔容总体规律为 YJL 煤＞DS 煤＞YX 煤＞ZXZ 煤，累计孔容随着煤变质程度的增高呈现先减小再增大的趋势。究其原因，低变质程度的煤空间结构松散，芳香片层间距大，侧链长；随着变质程度的增高，煤大分子结构中缩合环逐渐变大，官能团和侧链逐渐减少，促使芳香片层排列更加紧密，煤大分子的各向异性减弱、定向排列显著，孔隙率逐渐减小，到达高变质程度时，煤体内小孔和微孔发育迅速，从而呈现孔隙率先减小后增大的现象。

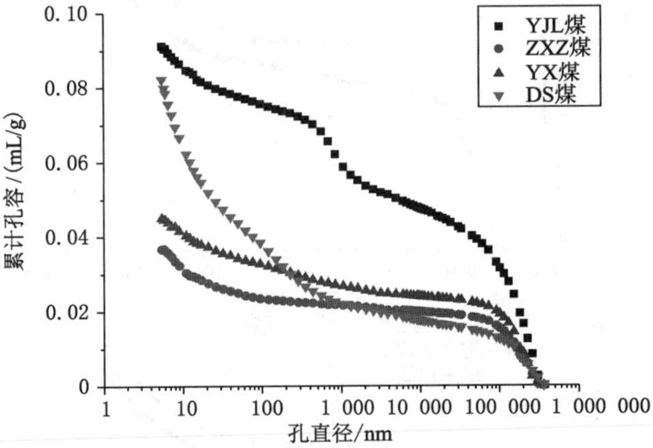


(a) 累计孔容变化曲线

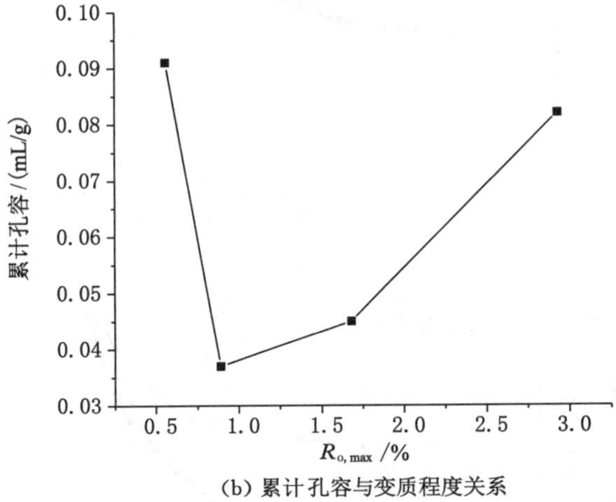


(b) 累计孔容与变质程度关系

图 3-7 压汞实验孔容变化曲线

压汞实验可以测试到 5.5 nm 以上的孔径分布，根据实验数据，绘制了四种煤样各孔径段的孔容和孔容占比关系图(图 3-8)。

从图 3-8 中可以看出，YJL 煤孔隙以大孔为主，占总孔容的 64.36%，其次为中孔和小

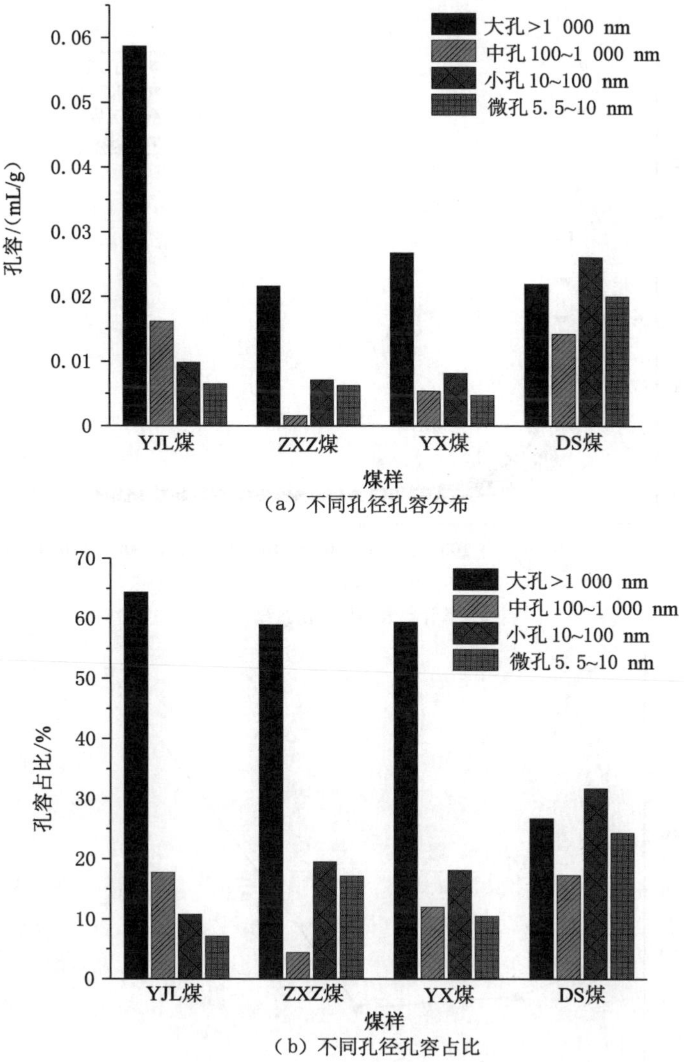


图 3-8 四种煤样孔径分布图

孔,微孔最少(仅占 7.13%)。ZXZ 煤孔隙以大孔为主,占总孔容的 59.02%,其次为小孔和微孔,中孔最少(仅占 4.37%)。YX 煤孔隙以大孔为主,占总孔容的 59.33%,其次为小孔和中孔,微孔最少(仅占 10.44%)。DS 煤孔隙以小孔和大孔为主,两者共占总孔容的 58.39%,其次为微孔和中孔。由此可见,四种不同变质程度的煤样,孔隙以大孔为主。

根据压汞实验数据,分别绘制了四种煤样的累计比表面积曲线和累计比表面积与煤变质程度的关系图(图 3-9),同时绘制了四种煤样各孔径段的比表面积和各孔径段的比表面积占比关系图(图 3-10)。

从图 3-9 中可以看出,DS 煤的累计比表面积明显大于 YJL 煤、YX 煤和 ZXZ 煤的累计比表面积,累计比表面积总体规律为 DS 煤>YJL 煤>ZXZ 煤>YX 煤,累计比表面积随着煤变质程度的增高呈现先减小再增大的趋势。从图 3-10 中可以看出,四种不同变质程度的煤样总孔比表面积位于 3.94～15.42 $m^2/g$ 之间,比表面积主要集中在微孔段和小孔段,占

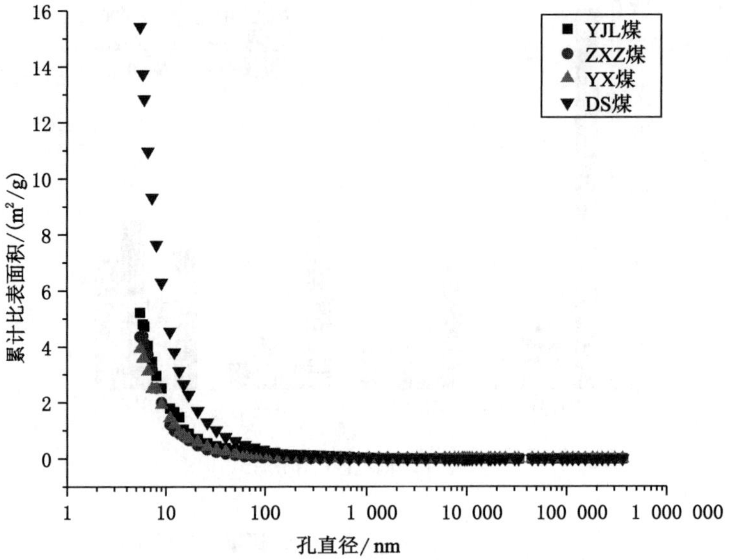

(a) 累计比表面积变化曲线

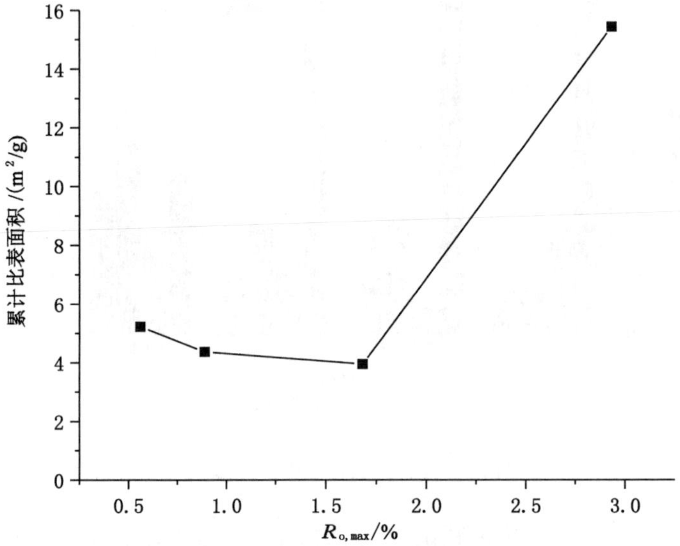

(b) 累计比表面积与变质程度关系

图 3-9　压汞实验比表面积变化曲线

96%以上，而中孔和大孔的比表面积占比甚微。由比表面积与孔径的分布数据可知，微孔和小孔是煤层气吸附的主要场所。

### 3.2.2　液氮吸附实验

为了弥补压汞实验在孔隙区间测试的不足，根据 Yao、Duda、Wang 等的研究成果，采用液氮吸附实验进行补充。

(1) 实验原理

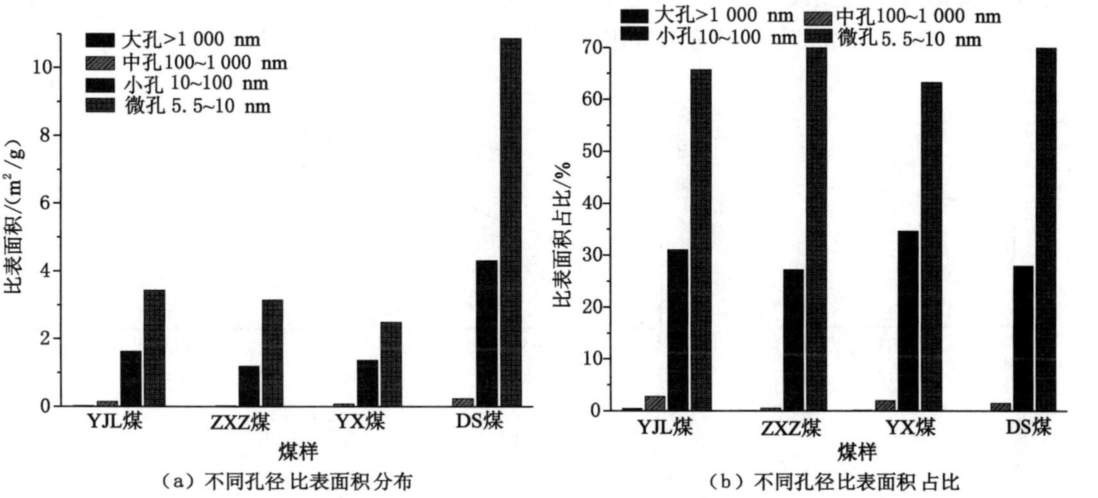


图 3-10　比表面积与孔径分布关系图

在恒温条件下，增加氮气压力，测定其吸附量，可得煤样的吸附等温线；逐步降低氮气压力，测定对应的脱附量，即可得到煤样的脱附等温线；之后采用孔径分布(BJH)模型计算孔体积，采用多分子层表面吸附(BET)模型计算煤样的比表面积。

多分子层表面吸附模型(BET)为：

$$\frac{P/P_0}{V(1-P/P_0)}=\frac{C-1}{V_m C}\frac{P}{P_0}+\frac{1}{V_m C} \tag{3-8}$$

式中　$P$——吸附质压力，MPa；

$P_0$——吸附质饱和蒸气压，MPa；

$V$——气体吸附量，mL；

$C$——常数；

$V_m$——单分子层饱和吸附量，mL。

由式(3-8)可以求出单分子层饱和吸附量，然后根据实际测定的数据，用$\frac{P/P_0}{V(1-P/P_0)}$对 $P/P_0$ 作一直线图，即可求得该直线的斜率 $A$ 和截距 $B$，从而计算 $V_m$ 和 $C$。

$$V_m=\frac{1}{A+B}, C=\frac{A}{B}+1 \tag{3-9}$$

因此，标准状态下的比表面积 S 可由式(3-10)计算：

$$S=\frac{V_m}{22\ 400}N\sigma_m \tag{3-10}$$

式中　$S$——标准状态下比表面积，$m^2/g$；

$N$——阿伏伽德罗常数，$6.02\times10^{23}$；

$\sigma_m$——氮气分子的截面积，$1.62\times10^{-19}\ m^2$。

(2) 吸附等温线的分类

赵振国认为，在恒温条件下，当吸附质气体在固体吸附剂环境下达到吸附平衡后，测定平衡压力下的吸附量，根据横坐标相对压力 $P/P_0$ 与纵坐标吸附量绘制而成的曲线即吸附等温线。根据吸附等温线的形状与样品的孔结构有关，按照 IUPAC（国际纯粹与应用化学联合会）分类标准，雷特、李晓泉等将吸附等温线分为 6 种不同的类型，如图 3-11 所示。

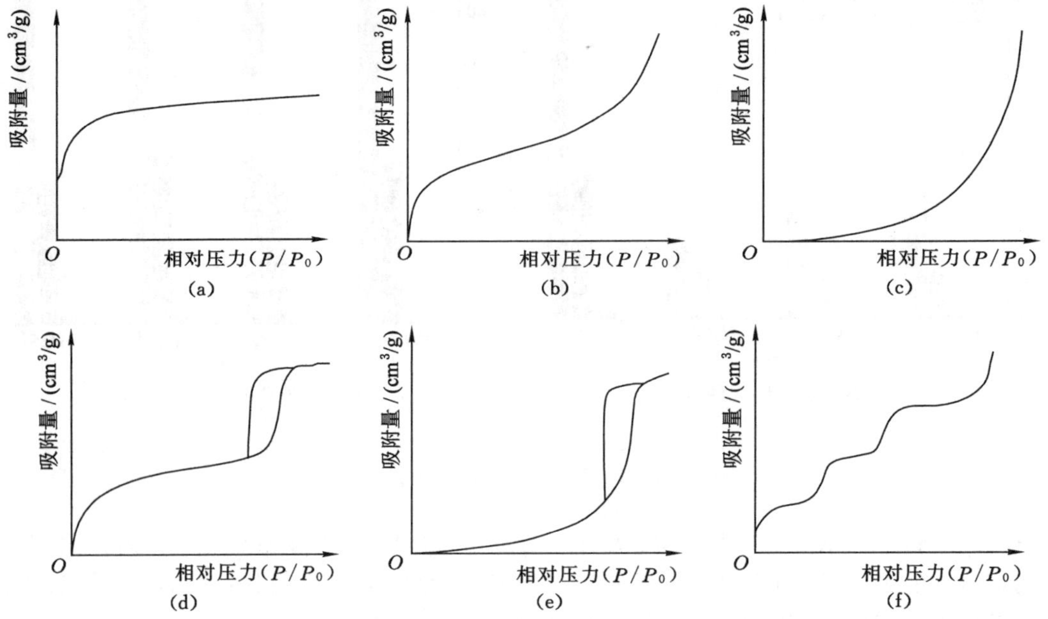


图 3-11　吸附等温线的分类

（3）测试结果分析

利用 ASAP 2020 型比表面积与孔隙率分析仪（图 3-12）对四种不同变质程度煤样进行液氮吸附测试，仪器测量孔径范围 1.9～300 nm，比表面积 $5\times10^{-4}$ $m^2/g$ 以上，孔体积测试精度为 $1\times10^{-4}$ mL/g，液氮温度为 −195 ℃，且纯度大于 99.99%。实验煤样粒径为 0.17～0.25 mm，预先进行干燥处理。测试结果如表 3-6 和表 3-7 所示，绘制了四组煤样的液氮实验吸附等温线曲线（图 3-13）。

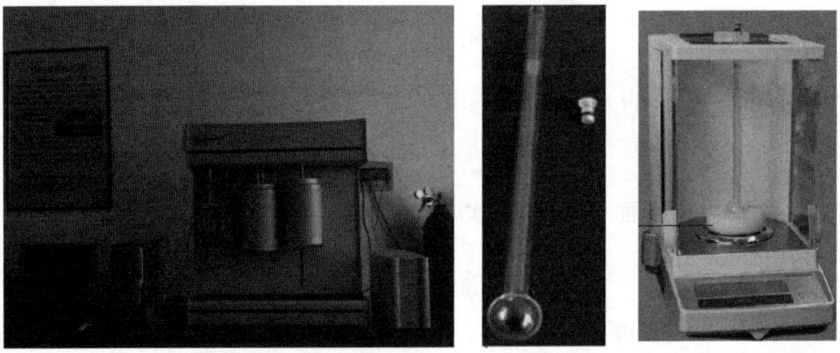

(a) ASAP 2020 型比表面积与孔隙率分析仪　　(b) 样品管　　(c) 电子天平

图 3-12　液氮吸附实验装置

**表 3-6　液氮吸附实验孔容分布**

| 煤样 | 孔容及比例 | 总孔容 | 中孔（100～1 000 nm） | 小孔（10～100 nm） | 微孔（<10 nm） |
|---|---|---|---|---|---|
| YJL 煤 | 孔容/(mL/g) | 0.028 2 | 0.011 1 | 0.005 8 | 0.011 3 |
| | 比例/% | 100 | 39.36 | 20.57 | 40.07 |
| ZXZ 煤 | 孔容/(mL/g) | 0.001 8 | 0.000 7 | 0.001 0 | 0.000 1 |
| | 比例/% | 100 | 38.89 | 55.56 | 5.56 |
| YX 煤 | 孔容/(mL/g) | 0.001 0 | 0.000 4 | 0.000 5 | 0.000 1 |
| | 比例/% | 100 | 40.00 | 50.00 | 10.00 |
| DS 煤 | 孔容/(mL/g) | 0.011 1 | 0.003 0 | 0.004 9 | 0.003 2 |
| | 比例/% | 100 | 27.03 | 44.14 | 28.83 |

**表 3-7　液氮吸附实验比表面积分布**

| 煤样 | 比表面积及比例 | 总比表面积 | 中孔（100～1 000 nm） | 小孔（10～100 nm） | 微孔（<10 nm） |
|---|---|---|---|---|---|
| YJL 煤 | 比表面积/($m^2$/g) | 13.515 0 | 0.255 8 | 0.855 6 | 12.403 6 |
| | 比例/% | 100 | 1.89 | 6.33 | 91.78 |
| ZXZ 煤 | 比表面积/($m^2$/g) | 0.241 0 | 0.017 0 | 0.136 0 | 0.088 0 |
| | 比例/% | 100 | 7.05 | 56.43 | 36.51 |
| YX 煤 | 比表面积/($m^2$/g) | 0.129 0 | 0.011 0 | 0.064 0 | 0.054 0 |
| | 比例/% | 100 | 8.53 | 49.61 | 41.86 |
| DS 煤 | 比表面积/($m^2$/g) | 4.684 5 | 0.069 1 | 0.712 1 | 3.903 3 |
| | 比例/% | 100 | 1.48 | 15.20 | 83.32 |

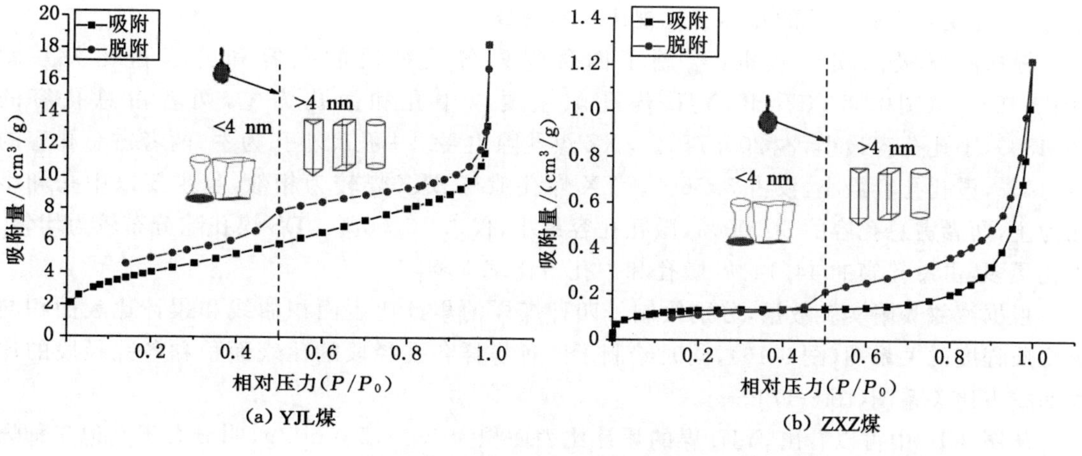


图 3-13　四组煤样的吸附等温线

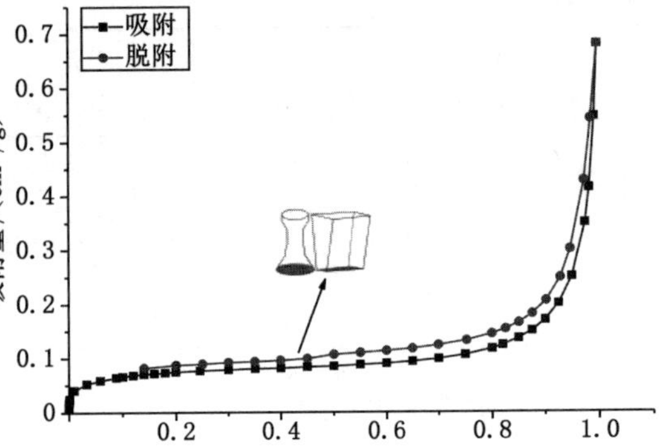

(c) YX煤

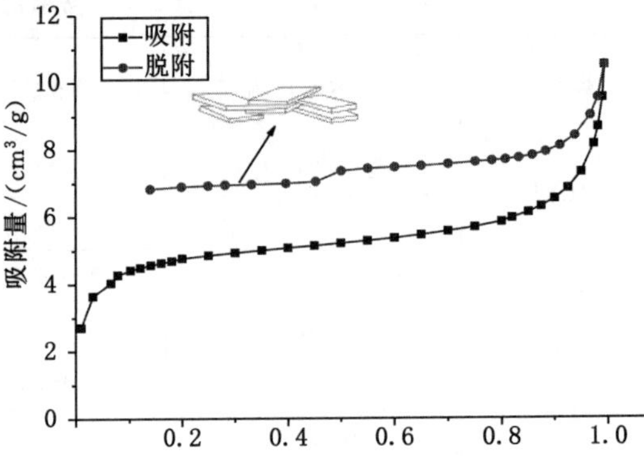

(d) DS煤

图 3-13(续)

由图 3-13 可以看出,四种煤样的吸附等温线大致可以分为三个类型(A 类、B 类和 C 类)。A 类曲线主要为 YJL 煤和 ZXZ 煤,孔隙类型大致以 $P/P_0=0.5$(孔隙半径 $d=4$ nm)为界,此时吸附回线出现明显拐点,说明此处的孔隙以墨水瓶孔为主。当 $P/P_0<0.5$(孔隙半径<4 nm)时吸附回线较窄,微孔孔隙以一端闭合的封闭孔为主,孔隙连通性较差;当 $P/P_0>0.5$(孔隙半径>4 nm)时,吸附回线稍微变宽,孔隙以两端开口的开放孔为主,孔隙连通性相对较好。孔隙体积主要由连通性较好的开放性孔隙和墨水瓶孔组成,封闭微孔提供了该煤样主要比表面积。随着相对压力增大($P/P_0>0.8$),吸附曲线迅速升高。B 类曲线为 YX 煤,整个吸附/脱附曲线近于重合,表明孔隙以一端闭合的封闭孔为主,该区段范围内孔隙连通性较差。C 类曲线为 DS 煤,高煤阶煤典型特征为整个压力范围内均存在吸附回线,滞后环宽大。孔隙类型主要为两端开口的圆筒状和平板形开放性孔,孔隙连通性好。

图 3-14 为四种煤样的累计孔容曲线和累计孔容与煤变质程度的关系。从图中可以看出,YJL 煤和 DS 煤的累计孔容明显大于 YX 煤和 ZXZ 煤的累计孔容,累计孔容总体规律为 YJL 煤>DS 煤> ZXZ 煤>YX 煤,累计孔容随着煤变质程度的增高呈现先减小再增大的趋势,这与压汞实验测试的孔容变化规律基本一致。

根据液氮吸附实验数据,绘制了四种煤样各孔径段的孔容和孔容占比关系图(图 3-15)。从图中可以看出,YJL 煤孔隙主要以中孔和微孔为主,两者占总孔容的 79.43%,小孔孔容最小,占 20.57%。ZXZ 煤孔隙主要以中孔和小孔为主,两者占总孔容的 94.44%,微孔孔容最小,仅占 5.56%。YX 煤孔隙与 ZXZ 煤较为相似,也主要以中孔和小孔为主,两者占总孔容的 90.00%,微孔孔容最小,仅占 10.00%。DS 煤孔隙分布较为均匀,小孔最多,占总孔容的 44.14%,微孔和中孔占比基本相等。

根据液氮吸附实验数据,分别绘制了四种煤样的累计比表面积曲线和累计比表面积与煤变质程度的关系图(图 3-16),同时绘制了四种煤样各孔径段的比表面积和各孔径段的比表面积占比关系图(图 3-17)。

从图 3-16 中可以看出,YJL 煤的累计比表面积为 13.515 0 $m^2/g$,明显大于其他三种煤样的累计比表面积,累计比表面积总体规律为 YJL 煤>DS 煤>ZXZ 煤>YX 煤,累计比表面积随着煤变质程度的增高呈现先减小再增大的趋势,这与压汞实验测试的比表面积变化

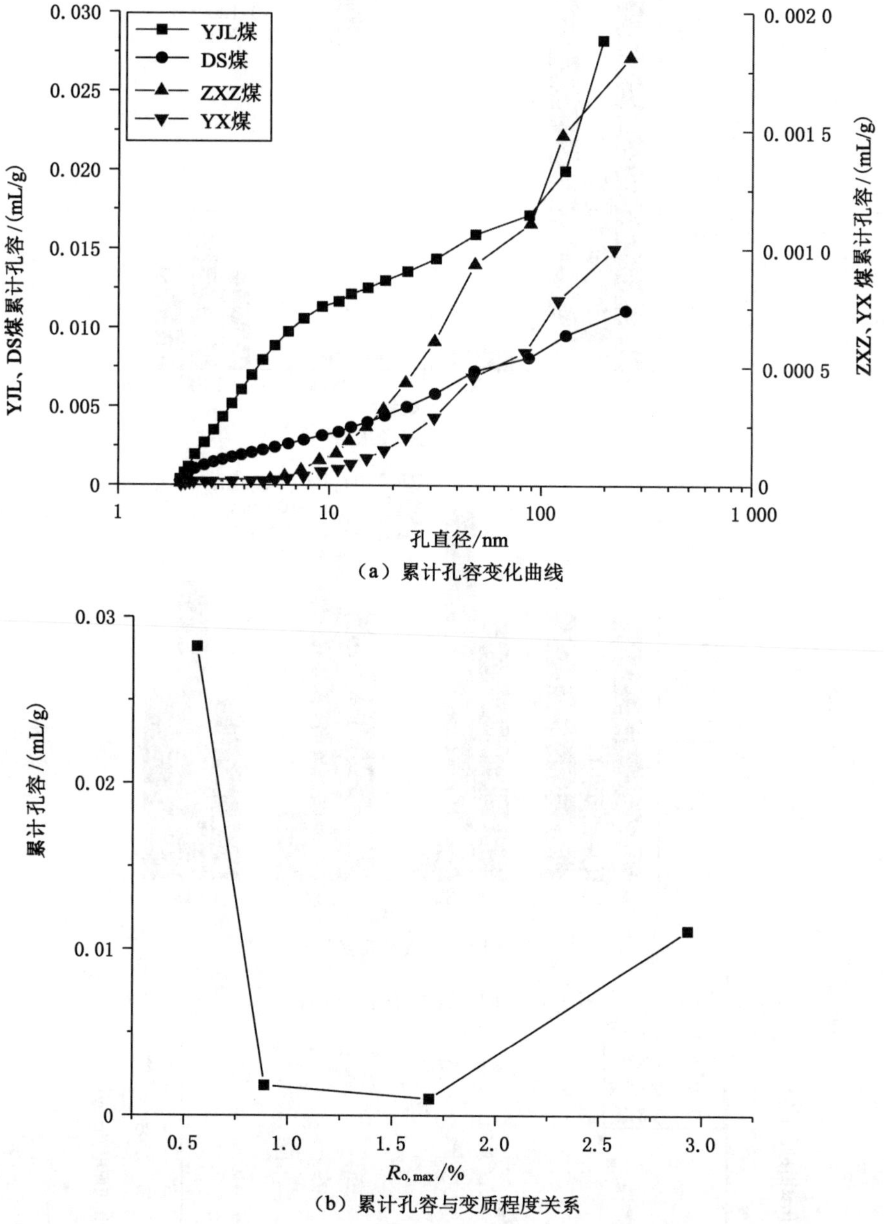

(a) 累计孔容变化曲线


(b) 累计孔容与变质程度关系

图 3-14 液氮吸附实验孔容变化曲线

规律一致。从图 3-17 中可以看出，四种不同变质程度的煤样总孔比表面积位于 0.129 0～13.515 0 m²/g 之间，比表面积主要集中在微孔段和小孔段，中孔段的比表面积占比较小。其中，YJL 煤和 DS 煤的微孔段比表面积占比最大，各自分别占总比表面积的 91.78% 和 83.32%；ZXZ 煤和 YX 煤的小孔段比表面积占比最大，各自分别占总比表面积的 56.43% 和 49.61%。从比表面积与孔径的分布数据可知，微孔和小孔是煤层气吸附的主要场所。

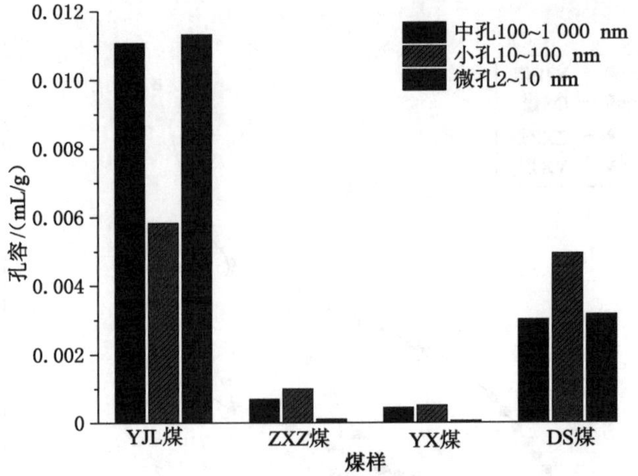


(a) 不同孔径孔容分布

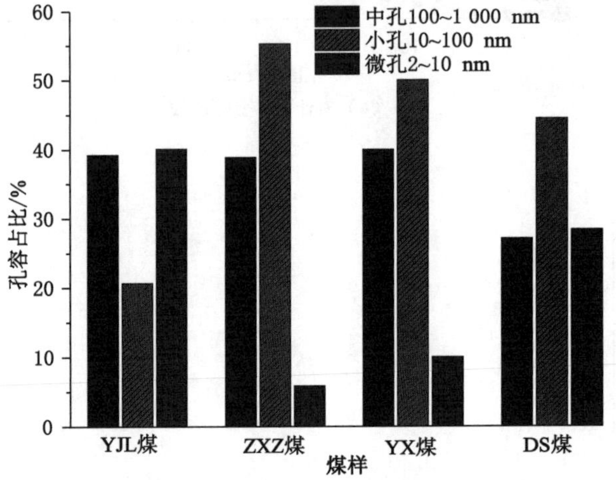


(b) 不同孔径孔容占比

图 3-15　四种煤样孔径分布图

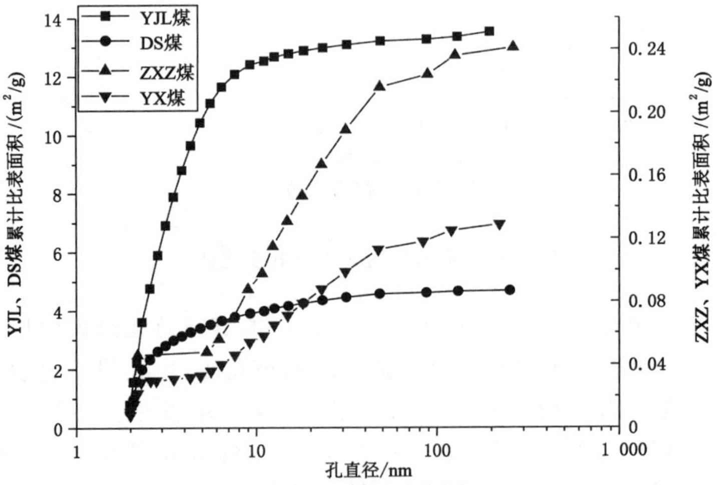


(a) 累计比表面积变化曲线

图 3-16　液氮吸附实验比表面积变化曲线

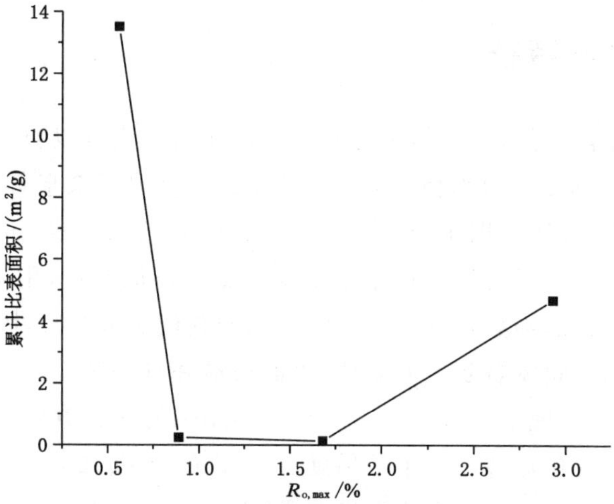

(b) 累计比表面积与变质程度关系

图 3-16(续)

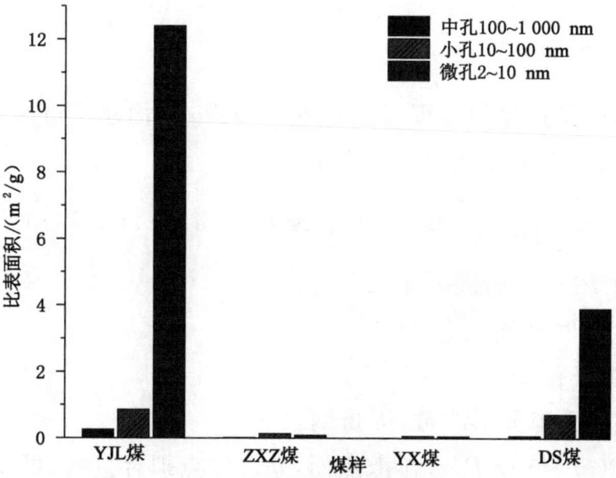

(a) 不同孔径比表面积分布

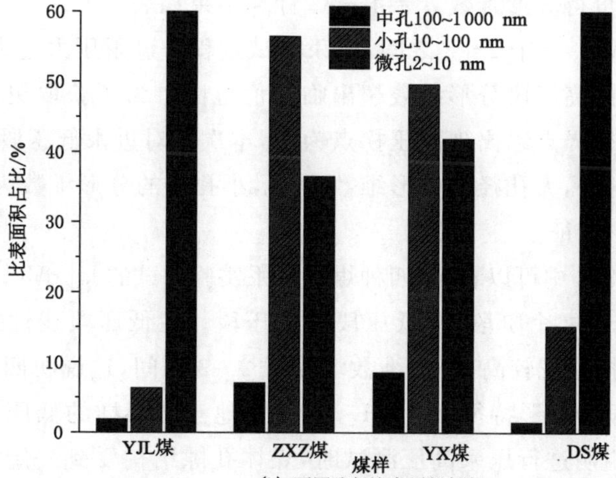

(b) 不同孔径比表面积占比

图 3-17 比表面积与孔径分布图

## 3.3 煤的孔隙分形特征

煤的孔隙系统发育且极其复杂，传统的欧几里得几何理论难以对其进行描述。1975 年 Mandelbort 首次提出几何学的分形概念，用分形维数来反映复杂形体占有空间的有效性，描述自然界不规则的物体，从而揭示自然界中“自相似性”现象，Neimark、Wang 等学者做了大量的研究。分形维数 $d$ 是分形理论中最基本的定量特征参数，用来描述自然界事物的不规则性和复杂程度。分形维数 $d$ 介于 2～3 之间，当其值靠近 2 时，固体表面近似平面，完全平滑；当其值趋于 3 时，固体表面近似立体，表面粗糙并且复杂。20 世纪 90 年代，学者谢和平、赵爱红等先后将分形理论引入煤岩多孔介质中用来表征裂隙局部分形特征，后来逐渐开始运用此理论研究煤的孔隙特征。本节借助分形理论，根据 3.2 节中的压汞实验和液氮吸附实验数据，并结合两种实验方法的测量范围，对四种不同变质程度煤的分形维数进行计算。

### 3.3.1 压汞实验孔隙分形分析

对于压汞实验测试煤孔隙的过程，Ehrburger-Dolle 等构建了进汞体积对数和进汞压力对数之间的函数关系，通常采用式(3-11)表示：

$$\lg\left[\frac{\mathrm{d}V_{P(r)}}{\mathrm{d}P(r)}\right] \propto (4-d_{\mathrm{f}})\lg r \propto (d_{\mathrm{f}}-4)\lg P(r) \tag{3-11}$$

式中 $V_{P(r)}$——压力 $P(r)$下的进汞体积，mL；

$P(r)$——孔径 $r$ 时外加压力，MPa；

$r$——煤的孔隙半径，nm；

$d_{\mathrm{f}}$——压汞实验孔隙分形维数，无量纲。

对 $\lg[\mathrm{d}V_{P(r)}/\mathrm{d}P(r)]$与 $\lg P(r)$作散点图，并对散点拟合直线，可以得到直线斜率 $K$，如图 3-18 所示。由此可得分形维数 $d_{\mathrm{f}}=4+K$，计算结果如表 3-8 所示。根据分形理论可知，多孔介质的分形维数 $d_{\mathrm{f}}$ 介于 2～3 之间；压汞测试过程中进汞压力过大，容易造成实验煤体结构遭受破坏，计算的高压段分形维数超出临界值范围。为了获取更宽范围孔径的分形维数，图中分形维数的分界点以出现高压拐点为准，本次仅对进汞低压段的数据进行分析。将孔隙直径大小进行划分，大孔径的分形维数为 $d_1$，小孔径的分形维数为 $d_2$，通过孔径来分析煤体孔隙结构的分形特征。

从图 3-18 和表 3-8 中可以看出，四种煤样压汞实验测试的 $\lg[\mathrm{d}V_{P(r)}/\mathrm{d}P(r)]$与 $\lg P(r)$的拟合关系明显可以分为 2 个阶段，即低压段和高压段。在低压段线性拟合关系相关系数平方 $R^2$ 均大于 96%，拟合度较高，分形维数均介于 2～3 之间，这说明四种不同变质程度的煤样在低压段具有明显的分形特征；除 YJL 煤外，其他三种煤样的低压段和高压段的压力分界点在 13 MPa，这说明进行压汞高压测试时，煤体孔隙结构受到一定程度的破坏。在高压段线性拟合关系相关系数平方 $R^2$ 较小，呈聚集状分布，四个煤样的分形维数均大于 3，不具有明显的分形特征。因此，压汞实验孔隙分形特征以低压段为准。

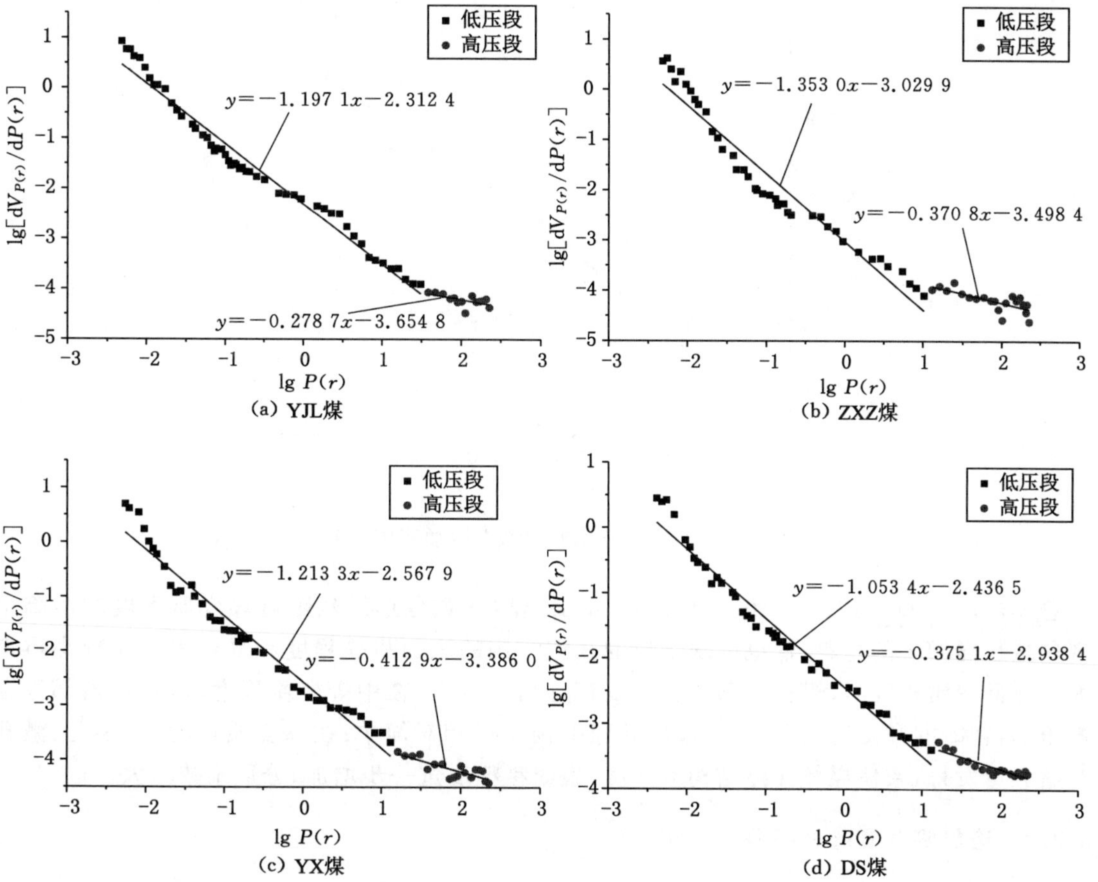


图 3-18　压汞实验孔隙分形维数

**表 3-8　压汞实验孔隙分形维数**

| 压力分段 | 煤样 | $R_{o,max}$/% | 压力范围/MPa | 孔径范围/nm | 斜率 $K$ | 分形维数 $d_f$ | $R^2$ |
|---|---|---|---|---|---|---|---|
| 低压段 | YJL 煤 | 0.56 | 0～38 | 32～303 799 | −1.197 1 | 2.802 9 | 0.972 8 |
| | ZXZ 煤 | 0.89 | 0～13 | 95～303 799 | −1.353 0 | 2.647 0 | 0.969 8 |
| | YX 煤 | 1.68 | 0～13 | 95～303 799 | −1.213 3 | 2.786 7 | 0.963 8 |
| | DS 煤 | 2.93 | 0～13 | 95～303 799 | −1.053 4 | 2.946 6 | 0.973 7 |
| 高压段 | YJL 煤 | 0.56 | 38～227 | 5.5～32 | −0.278 7 | 3.721 3 | 0.358 2 |
| | ZXZ 煤 | 0.89 | 13～227 | 5.5～95 | −0.370 8 | 3.629 2 | 0.542 3 |
| | YX 煤 | 1.68 | 13～227 | 5.5～95 | −0.412 9 | 3.587 1 | 0.703 1 |
| | DS 煤 | 2.93 | 13～227 | 5.5～95 | −0.375 1 | 3.624 9 | 0.814 1 |

根据表 3-8 中的数据，绘制了四种煤样的孔隙分形维数与变质程度的关系曲线（图 3-19）。由图 3-19 可以看出，DS 煤的孔隙分形维数明显大于 YJL 煤、YX 煤和 ZXZ 煤，分形维

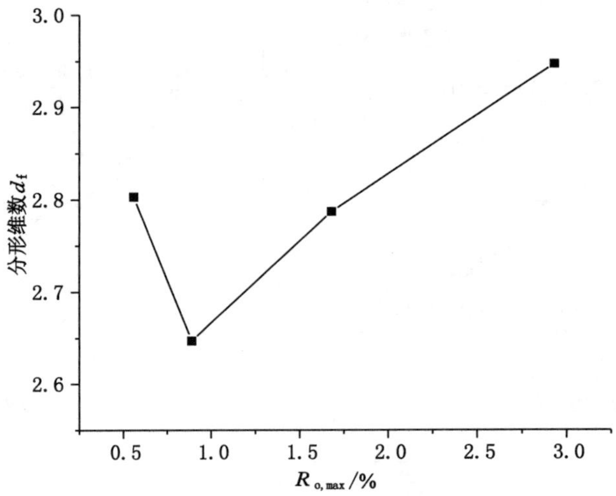


图 3-19　压汞实验分形维数与变质程度的关系

数总体规律为 DS 煤＞YJL 煤＞YX 煤＞ZXZ 煤，孔隙分形维数随着煤变质程度的增高呈现先减小再增大的趋势，这也反映了煤的孔隙结构的表面粗糙程度和复杂程度先减小再增大。在低变质程度时，煤孔隙系统较为发育且结构复杂；在中等变质程度时，孔隙内部逐渐被压缩，官能团和侧链逐渐减少，煤的孔隙结构变得相对简单；在高变质程度时，小孔、微孔开始大量发育，致使煤体孔隙结构复杂度、表面粗糙度进一步增加，分形维数增大。

### 3.3.2　液氮吸附实验孔隙分形分析

本小节基于液氮吸附实验数据对孔隙的分形维数进行分析。煤体的吸附孔分形维数计算模型主要有朗缪尔(Langmuir)模型、多分子层表面吸附(BET)模型、孔径分布(BJH)模型等，液氮吸附主要以多层吸附为主，因此，选用孔径分布(BJH)模型进行计算，如式(3-12)所示。

$$\ln\left(\frac{V}{V_0}\right) = \mathrm{cons\ tan}\ t + (d_f - 3)\ln\left[\ln\left(\frac{P_0}{P}\right)\right] \tag{3-12}$$

式中　$V$——气体吸附平衡压力为 $P$ 时的吸附体积，mL/g；

$V_0$——气体单分子层吸附体积，mL/g；

$d_f$——液氮吸附实验孔隙分形维数，无量纲；

$P_0$——气体吸附饱和蒸气压，MPa；

$P$——气体吸附平衡压力，MPa。

对 $\ln[\ln(P_0/P)]$ 与 $\ln V$ 作散点图，并对散点拟合直线，可以得到直线斜率 $K$，如图 3-20 所示。由此可得分形维数 $d_f=3+K$，计算结果如表 3-9 所示。根据分形理论可知，多孔介质的分形维数 $d_f$ 介于 2～3 之间；液氮吸附测试过程中部分微孔被填充，容易造成低压段的测试数据急剧增高，计算的低压段分形维数超出临界值范围，图中分形维数的分界点以出现拐点为准，对高压段的数据进行分析。同样将孔隙直径大小进行划分，高压段的分形维数为 $d_3$，低压段的分形维数为 $d_4$，分析煤体孔隙结构的分形特征。

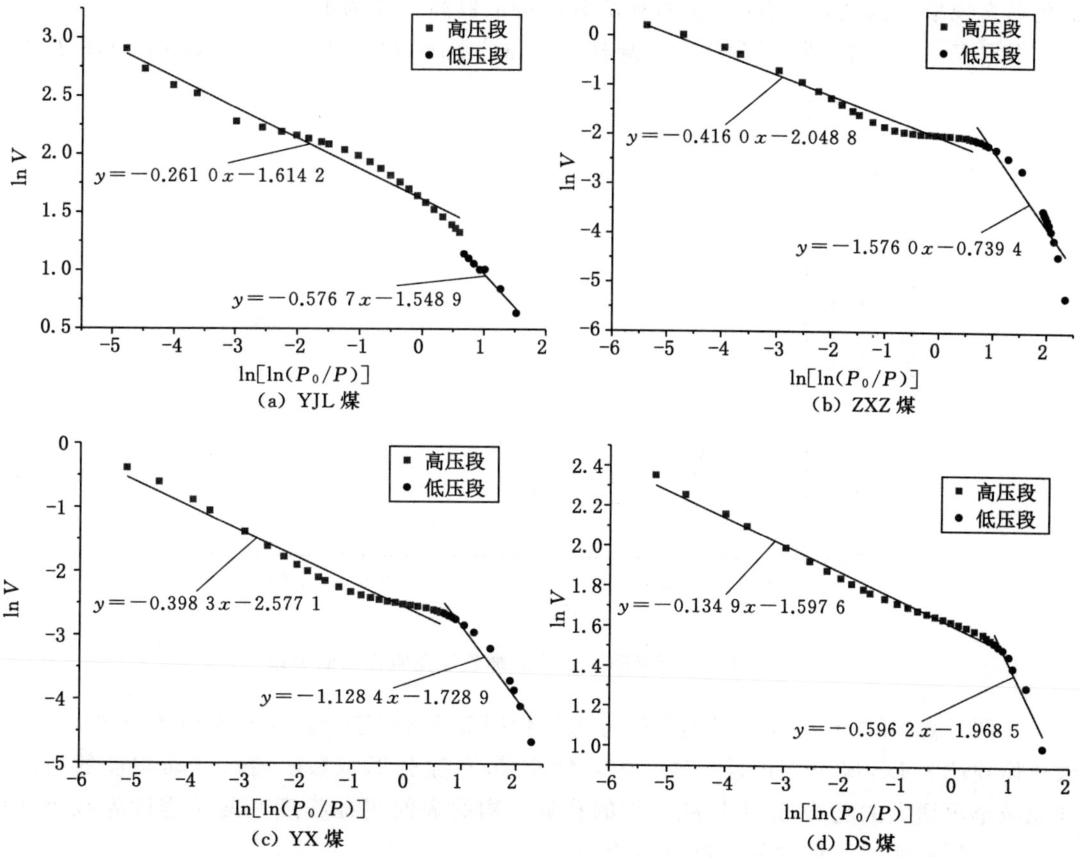


图 3-20 液氮吸附实验孔隙分形维数

**表 3-9 液氮吸附实验孔隙分形维数**

| 压力分段 | 煤样 | $R_{o,max}$/% | 相对压力 $P/P_0$ 范围 | 斜率 $K$ | 分形维数 $d_f$ | $R^2$ |
|---|---|---|---|---|---|---|
| 高压段 | YJL 煤 | 0.56 | 0.16～1.00 | −0.261 0 | 2.739 0 | 0.970 6 |
| | ZXZ 煤 | 0.89 | 0.16～1.00 | −0.416 0 | 2.584 0 | 0.960 7 |
| | YX 煤 | 1.68 | 0.16～1.00 | −0.398 3 | 2.601 7 | 0.964 0 |
| | DS 煤 | 2.93 | 0.16～1.00 | −0.134 9 | 2.865 1 | 0.988 8 |
| 低压段 | YJL 煤 | 0.56 | 0～0.16 | −0.576 7 | 2.423 3 | 0.976 4 |
| | ZXZ 煤 | 0.89 | 0～0.16 | −1.576 0 | 1.424 0 | 0.892 8 |
| | YX 煤 | 1.68 | 0～0.16 | −1.128 4 | 1.871 6 | 0.938 8 |
| | DS 煤 | 2.93 | 0～0.16 | −0.596 2 | 2.403 8 | 0.935 7 |

从图 3-20 和表 3-9 中可以看出，四种煤样液氮吸附实验高压段测试的 $\ln[\ln(P_0/P)]$ 与 $\ln V$ 的拟合关系相关系数平方 $R^2$ 均大于 96%，拟合度较高，分形维数均介于 2～3 之间，这说明四种不同变质程度的煤样在高压段具有明显的分形特征，四种煤样的低压段和高压段的相对压力分界点为 0.16。在低压段分形维数出现小于 2 的情况(ZXZ 煤和 YX 煤)，并且数据点明显偏少，不具有明显的分形特征，原因是相对压力较小时，孔隙直径<2 nm 时出现

微孔填充现象。因此，液氮吸附实验孔隙分形特征以高压段为准。

根据表 3-9 中的数据，绘制了四种煤样的孔隙分形维数与变质程度的关系曲线(图 3-21)。

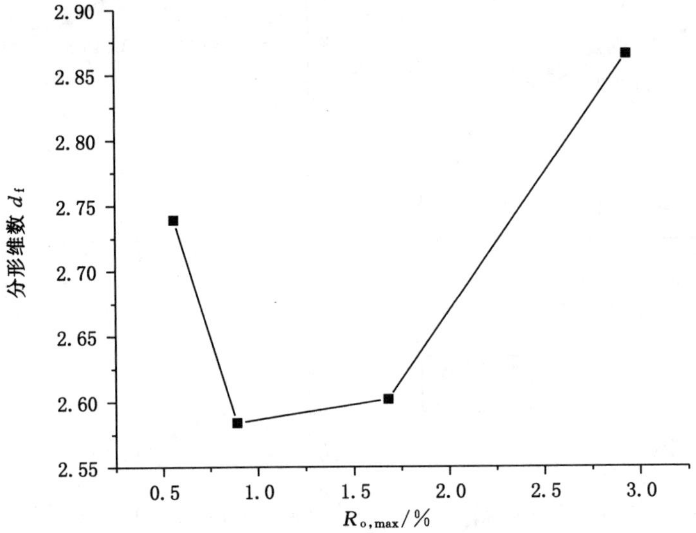


图 3-21　液氮吸附实验分形维数与变质程度的关系

由图 3-21 可以看出，DS 煤的孔隙分形维数明显大于 YJL 煤、YX 煤和 ZXZ 煤，分形维数总体规律为 DS 煤＞YJL 煤＞YX 煤＞ZXZ 煤，孔隙分形维数随着煤变质程度的增高呈现先减小再增大的趋势，这也反映了煤的孔隙结构的表面粗糙程度和复杂程度先减小再增大。这与压汞实验计算的分形维数结论一致。

图 3-22 为压汞实验和液氮吸附实验分形维数对比关系图。从图中可以看出，两种实验方法得到的四种煤样分形维数数据变化规律具有一致性，其中压汞实验得到的分形维数总体上要大于液氮吸附实验的分形维数，这主要是两种实验方法的测试原理不同造成的。总之，随着煤变质程度的增高，四种煤样的孔隙结构的表面粗糙度和复杂性呈现先减小再增加的趋势。

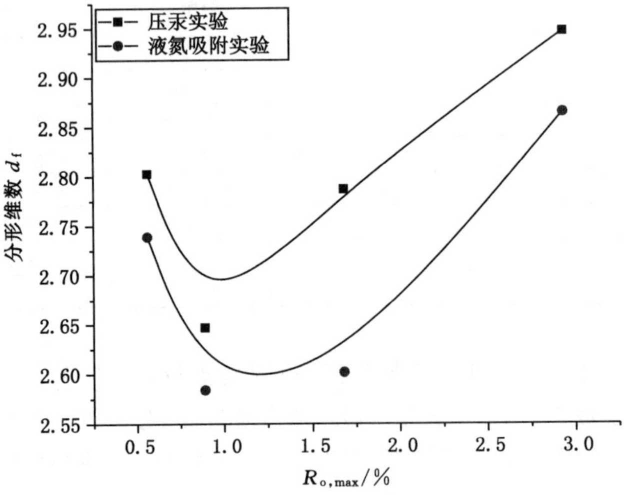


图 3-22　压汞实验与液氮吸附实验分形维数对比关系

# 4　高温高压甲烷扩散规律实验研究

## 4.1　高温高压甲烷扩散模拟实验

### 4.1.1　实验装置开发

通过调研大量的甲烷扩散实验装置发现，针对煤基质扩散方面的科学研究，现行的实验平台存在以下三个方面的不足。

(1) 计数精度较低：在甲烷扩散过程中多依靠人工读数，且气体吸附压力采用压力表计量，误差大；

(2) 实验效率低：实验装置配备 1～2 个样品罐，测试周期长，实验工效低；

(3) 温度控制系统不完善：恒温装置只考虑了参考罐与样品罐的温度恒定，忽略了注气管路以及连接参考罐与样品罐管路的温度恒定，尤其在高温段，将会影响粒煤甲烷扩散量的准确性。

针对上述问题，对现有的实验装置进行完善，并根据《煤的甲烷吸附量测定方法(高压容量法)》(MT/T 752—1997)和《煤的高压等温吸附试验方法》(GB/T 19560—2008)等要求，搭建了高温高压甲烷扩散模拟实验平台。模拟实验平台工作原理如图 4-1 所示，实验装置实物如图 4-2 所示。

### 4.1.2　实验装置的组成

本套实验装置主要由体积标定系统、真空脱气系统、高压注气系统、充气吸附平衡系统、温度控制系统、气体扩散定量控制系统组成。六个系统的组成及具体参数分述如下。

(1) 体积标定系统：主要由标准室、高精度压力传感器、标准填充块、低压充气单元、高压阀门等组成，主要用于标定参考缸、煤样罐、各段管路体积及装填煤样后煤样罐内死体积，为实验完成后分析实验结果做准备，仪器规格及参数如下。

标准室：不锈钢材质，设计压力 30 MPa；

压力传感器：量程 0～1 MPa，精度 0.1%F. S.；

高压阀门：$\phi$6 mm，耐压 50 MPa。

(2) 真空脱气系统：主要由真空泵、缓冲罐、电阻真空计、真空规管、高压阀门及管路等构成，仪器规格及参数如下。

真空泵：V-i80SV 型，抽气速率 14.4 $m^3/h$，极限真空度 2 Pa；

电阻真空计：ZDZ-52 型，测量范围 $1\times10^{-2}$～$1\times10^{5}$ Pa。

(3) 高压注气系统：主要由高纯甲烷、气体增压泵、空压机、高压储罐、高压减压阀、中压减

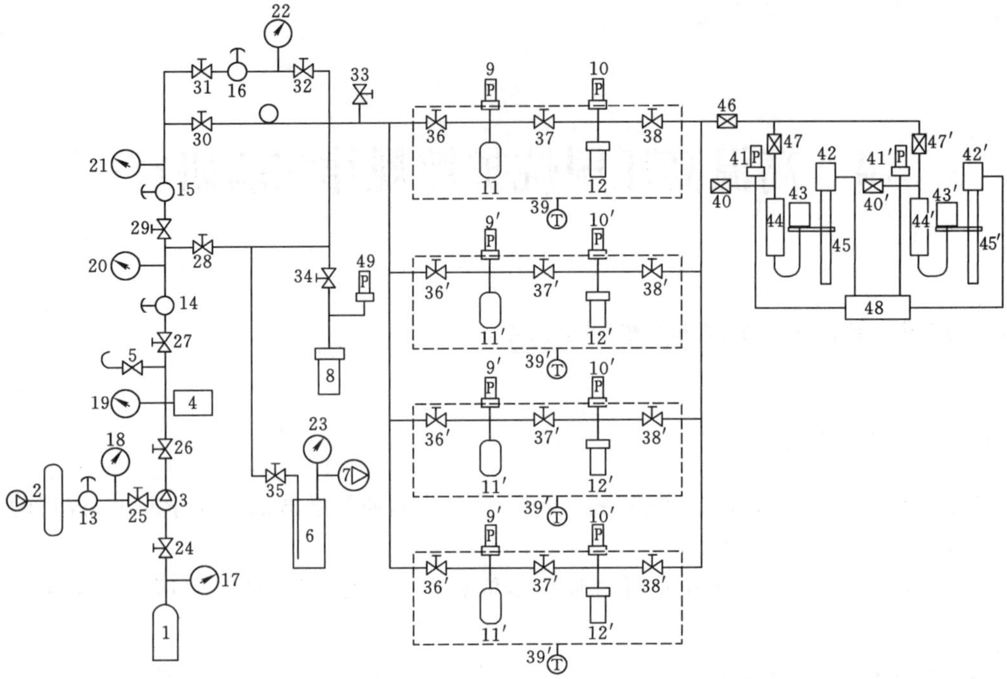

1—$CH_4$ 气瓶；2—空压机；3—气体增压泵；4—高压储罐；5—安全阀；6—缓冲罐；7—真空泵；8—标准室；9(9′)—参考缸压力传感器；10(10′)—煤样罐压力传感器；11(11′)—参考缸；12(12′)—煤样罐；13-16—减压阀；17-23—精密压力表；24-38—阀门；39(39′)—恒温系统；40(40′)—放空电磁阀；41(41′)—压力传感器；42(42′)—伺服电机；43(43′)—储液杯；44(44′)—储气罐；45(45′)—传动丝杠；46-47(47′)—进气电磁阀；48—控制系统；49—高精度压力传感器。

图 4-1　高温高压甲烷扩散模拟实验平台原理

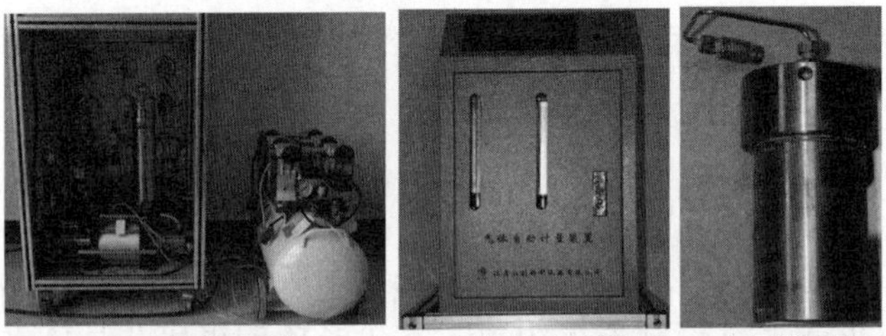

(a) 气体增压系统　(b) 气体自动计量装置　(c) 样品罐

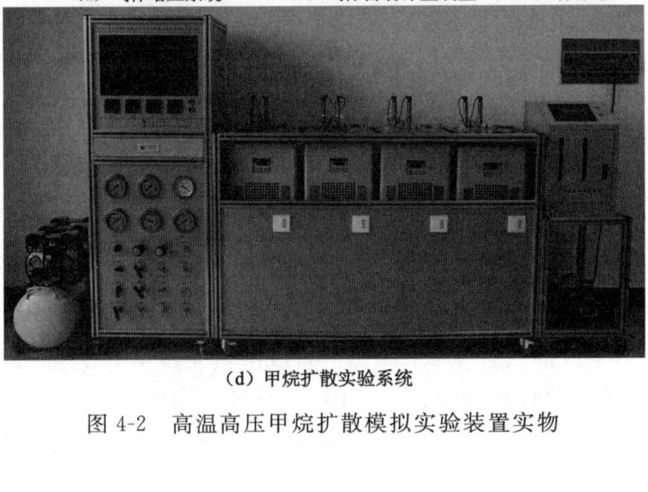

(d) 甲烷扩散实验系统

图 4-2　高温高压甲烷扩散模拟实验装置实物

压阀等组成，其作用为储存和向等温吸附单元提供高压甲烷气体。材料和仪器规格及参数如下。

甲烷：浓度 99.99%，最高压力 12 MPa；

气体增压泵：GBT 15/60 型，增压比 60 ∶ 1，最大出口压力 49.8 MPa，最大流量 40 L/min；

空压机：280-7 型，工作压力 1 MPa，流量 0.465 $m^3$/min，工作噪声声压级 65 dB；

高压储罐：容积 2 000 mL，最高工作压力 60 MPa。

(4) 充气吸附平衡系统：主要由参考缸、煤样罐、压力传感器、煤样罐升降机构、高压阀门和管路组成。共设有四组等温吸附测试装置，参考缸通过进气阀和减压阀与高压储罐相连，煤样罐通过平衡阀与参考缸相连，参考缸与煤样罐分别与一个压力传感器相连通，能够做到实时压力监测。仪器规格及参数如下：

参考缸：60 mL，设计压力 30 MPa；

煤样罐：尺寸 $\phi$50 mm×100 mm，设计压力 30 MPa；

压力传感器：量程 0～30 MPa，精度 0.1%F.S.；

煤样罐升降机构：自动升降，行程 200 mm，升降速率可调。

(5) 温度控制系统：主要由恒温油浴、电加热器、温度传感器组成，且在注气管路外表均匀缠绕保温材料。仪器规格及参数如下：

恒温油浴：控温范围室温至 150 ℃，升/降温速度≥1.0 ℃/min，控温精度±0.5 ℃，温度波动度±0.1 ℃；

温度传感器：测量范围－100～200 ℃，精度±0.1 ℃，供电电压 9～36 V，输出信号 4～20 mA。

(6) 气体扩散定量控制系统：主要由储气罐、储液杯、伺服电机、压力传感器、电磁阀等组成。该系统能够实现不同量程的气体自动实时计量(微量气、连续气)，四组独立的计量装置交替工作，实现气体的连续准确计量，计量容积 1 000 mL，弹性蓄能密封，活塞摩阻 0.01 MPa，误差 0.1 mL。

### 4.1.3　实验压力和温度模拟参数确定

秦勇等认为煤作为一种有机岩体，对储层压力和温度的响应更为敏感，同时压力和温度也是控制煤层甲烷扩散特性的最关键因素。深部煤层的力学性质与浅部明显不同，为了能够较为真实地模拟深部煤层的赋存条件，进行实验室等温吸附扩散实验，最为关键的是确定深部煤层合理的储层压力和温度。

埋深在 1 500 m 以浅的区域，煤储层压力和温度通常通过在地面施工钻井实测获得，1 500 m 以深的区域通常根据含煤区域的储层压力梯度和地温梯度计算得到。刘高峰、李冰统计了我国主要含煤地层的储层压力梯度和地温梯度，包括晋城矿区、离柳矿区、淮南矿区。其中地温梯度在 2.09～4.76 ℃/100 m 之间，平均地温梯度为2.82 ℃/100 m，恒温带的温度为 15 ℃；储层压力梯度在 0.402～1.293 MPa/100 m 之间，平均为 0.862 MPa/100 m。据此，预测了煤层埋藏深度达到 2 400 m 时，煤储层的平均压力为 20.6 MPa，平均温度为 82.7 ℃。

根据取样含煤区域地层的实际情况，结合实验装置的实际情况和研究目的，并为了与浅部煤层实验结果对比分析，最终确定本次实验的模拟压力参数为 2 MPa、6 MPa、12 MPa、20 MPa，模拟温度参数为 30 ℃、50 ℃、70 ℃、90 ℃。

### 4.1.4 实验流程

（1）实验前需要对实验装置进行体积标定，具体标定的体积包括煤样罐、参考缸和充气管路体积，从而保证实验的可靠性。将连接煤样罐和参考缸与真空泵的管路上所有阀门都打开，抽取装置中的空气，直至真空压力降至 10 Pa 以下，关闭煤样罐和参考缸与真空泵相连管路上的所有阀门。打开煤样罐与内部空间体积测量仪之间的截止阀，测量参考缸、煤样罐和充气管路的空间体积，重复测试三次，取其平均值。

（2）设定恒温油浴温度为 60 ℃，同时对连接煤样罐和参考缸的管路进行电辅加热，温度保持在 60 ℃。将装有测试煤样的煤样罐、参考缸送入恒温油浴内进行加热，打开煤样罐、参考缸和真空泵连接管路上的所有阀门，启动真空泵抽真空，并观察真空压力表读数，直至抽到真空压力低于 10 Pa 时，关闭阀门并停止真空泵工作。

（3）将恒温油浴温度调至 30 ℃，待煤样罐温度平衡 4 h 后，打开参考缸与高纯甲烷气瓶相连管路上的所有阀门；然后开启增压泵，空压机配合增压泵将高纯甲烷气体增压后注入参考缸；当进入参考缸的甲烷压力达到并稳定在 22～25 MPa 时，关闭参考缸与高纯甲烷气瓶相连管路上的所有阀门，压力读数稳定后记录压力值。

（4）打开参考缸与煤样罐相连管路上的阀门，使甲烷气体充入煤样罐；当吸附罐内压力达到预设值时，关闭参考缸与煤样罐相连管路上的阀门；当煤样罐内压力低于预设值时，通过参考罐及时向煤样罐补充气体。待压力恢复稳定后，再次记录参考缸内的压力值。

（5）保持煤样罐内的甲烷气体与煤样恒温吸附 12 h 以上，且 4 h 内煤样罐内的压力读数变化范围小于 0.01 MPa，记录煤样罐的平衡压力值，重复步骤(4)、(5)。

（6）设置气体扩散定量控制系统中的电磁阀转换压力为 0.1 MPa，打开煤样罐与解吸测量装置阀门，自动记录解吸数据；当煤样罐内的甲烷压力降为 0.1 MPa 时，电磁阀动作，将甲烷扩散实验数据自动转换到另外两组计量装置，开始每 30 s 自动读取扩散累计量数据，共记录 2 h，并且记录环境大气压力和温度。

（7）重复步骤(1)—(6)，依次变换实验温度和气体压力，设置 4 个测试温度和 4 个气体压力（温度分别为 30 ℃、50 ℃、70 ℃、90 ℃；气体压力分别为 2 MPa、6 MPa、12 MPa、20 MPa），依次记录不同条件下的甲烷扩散相关数据。

（8）实验数据处理。

为了使不同实验条件下的数据具有可比较性，将测试得到的扩散数据换算成标准状况下的体积，换算公式为：

$$Q_{gt}=\frac{273.15Q_t'}{101\,325\times(273.15+T)}(P_a-9.81h_w-P_s) \tag{4-1}$$

式中 $Q_{gt}$——标准状态下时间 $t$ (min)内甲烷扩散量，cm$^3$/g；

$Q_t'$——时间 $t$ (min)内实验温度下甲烷扩散量，cm$^3$/g；

$T$——实验条件下量管内水体温度，℃；

$P_a$——实验条件下大气压力，Pa；

$h_w$——实验条件下量管内水柱高度，mm；

$P_s$——温度 $T$ 条件下饱和水蒸气压力，Pa。

## 4.2 粒径对甲烷扩散规律的影响

煤样的粒径是影响煤粒扩散特性的一个主要外部因素，粒径不仅会影响煤粒的总表面积，还会影响甲烷分子进入煤粒内部的路径。Han 等认为由于煤基质孔隙结构复杂，甲烷分子需要从煤体微孔内表面脱附，然后经过渡孔、中孔、大孔及裂隙直到外表面。因此，粒径越小的煤，单位质量暴露出来的表面积越大，封闭孔隙会暴露出来，甲烷扩散量就越多；粒径越大的煤，分子扩散路径越长，再将煤孔隙的曲折度考虑进去，扩散路径会呈现几何级的增长。

为研究粒径对煤的甲烷扩散规律的影响，本节选取粒径为 0.17～0.25 mm（60～80 目）、0.5～1 mm 和 1～3 mm 的 YX 煤样，在环境温度为 30 ℃，气体压力分别为 2 MPa、6 MPa、12 MPa和 20 MPa 下进行实验室甲烷吸附-扩散过程测试。

### 4.2.1 粒径对甲烷扩散量的影响

根据实验数据，绘制了粒径为 0.17～0.25 mm、0.5～1 mm 和 1～3 mm 的 YX 煤在不同压力条件下（2 MPa、6 MPa、12 MPa、20 MPa）的甲烷扩散量随时间变化曲线（图 4-3）。

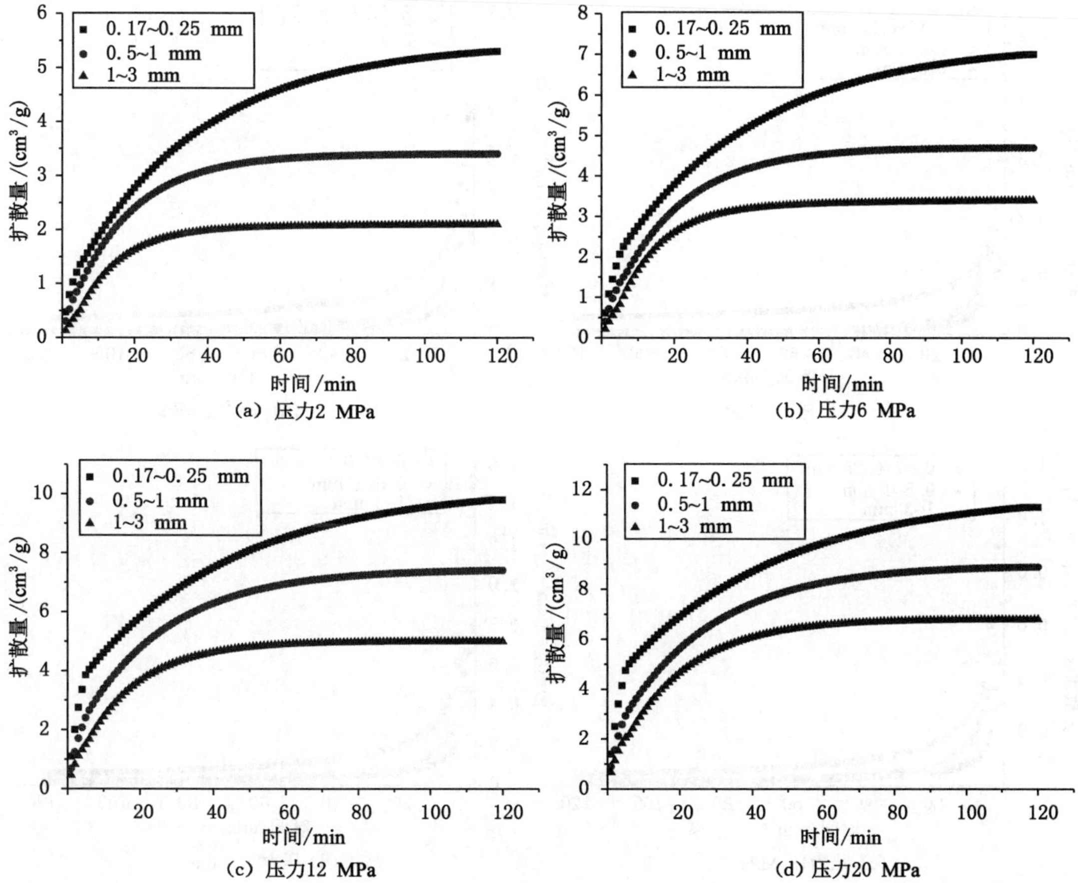


图 4-3 不同粒径煤样甲烷扩散量曲线

由图 4-3 可以看出：

(1) 对于不同粒径的煤样来说，累计甲烷扩散量总是随着扩散时间的延长呈现逐渐单调增加的趋势，增加的趋势先快后慢，逐渐趋于平稳；相同实验时间，累计甲烷扩散量随着压力的增高而增大。

(2) 在相同温度和压力下，随着煤样粒径的增加，甲烷扩散量呈现逐渐减小的趋势。30 ℃，2 MPa 时，0.17～0.25 mm 粒径煤样 120 min 的累计甲烷扩散量为 5.30 $cm^3/g$，0.5～1 mm 粒径煤样为 3.40 $cm^3/g$，1～3 mm 粒径煤样为 2.11 $cm^3/g$。究其原因，主要是单位质量煤粒暴露出来的表面积大，大量的封闭孔隙暴露出来，扩散的甲烷量增加。

(3) 实验室测试的 120 min 内各粒径煤样的累计甲烷扩散量差别较为明显，0.17～0.25 mm 粒径和 0.5～1 mm 粒径煤样的累计甲烷扩散量差别明显，0.5～1 mm 粒径和 1～3 mm粒径煤样差别次之。究其原因，主要是粒径越小的煤，甲烷分子扩散路径就越短，甲烷扩散阻力减小。

### 4.2.2 粒径对甲烷扩散速度的影响

图 4-4 绘制了 YX 煤三种粒径(分别为 0.17～0.25 mm，0.5～1 mm 和 1～3 mm)煤样在 30 ℃恒定温度、不同气体压力下的甲烷扩散速度随时间的变化曲线。

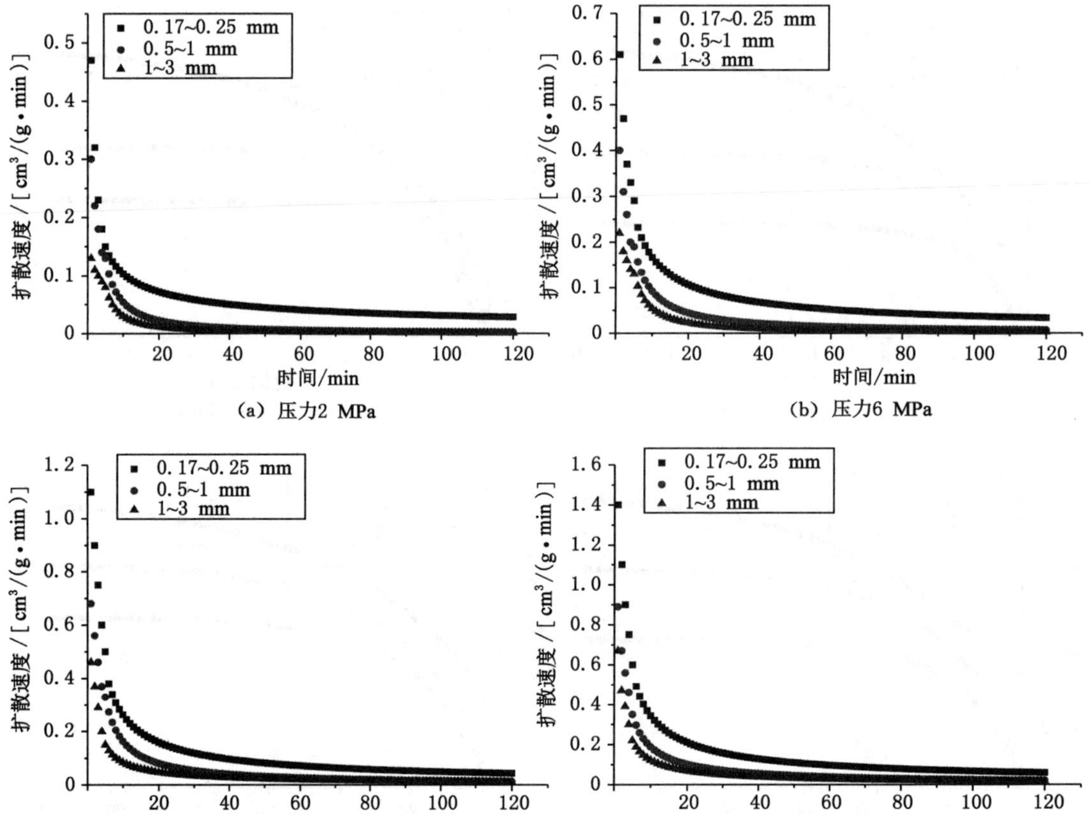


(a) 压力2 MPa (b) 压力6 MPa

(c) 压力12 MPa (d) 压力20 MPa

图 4-4 不同粒径煤样甲烷扩散速度曲线

由图 4-4 可以看出：

(1) 对于不同粒径的煤样来说，甲烷扩散速度总是随着扩散时间的延长呈现逐渐单调减小的趋势，减小的趋势先快后慢，逐渐趋于平稳；相同实验时间，甲烷扩散速度随着压力的增高而增大。

(2) 扩散速度曲线呈现阶段性，扩散时间的前 20 min，甲烷扩散速度曲线急剧下降，斜率较大，扩散速度快；扩散时间超过 20 min 后，甲烷扩散速度减慢并趋于平缓。这说明甲烷扩散过程具有阶段性的特征。

(3) 在相同温度和压力下，随着煤样粒径的增加，甲烷初始扩散速度逐渐减小。30 ℃，6 MPa时，0.17～0.25 mm 粒径煤样初始扩散速度为 0.61 $cm^3/(g \cdot min)$，0.5～1 mm 粒径煤样为 0.40 $cm^3/(g \cdot min)$，1～3 mm 粒径煤样为 0.22 $cm^3/(g \cdot min)$。究其原因，主要是粒径小的煤样单位质量煤粒孔隙的体积和比表面积较大，甲烷分子参与扩散的总量增多，浓度梯度增大。

### 4.2.3 粒径对甲烷扩散系数的影响

Sevenster、Clarkson、杨其銮、聂百胜等学者研究发现，煤的甲烷扩散量与时间的关系呈现级数解，因为假设的边界条件不同，级数解的形式也不同。扩散系数的获取方法是，先根据扩散实验测定不同时刻的甲烷扩散量，然后通过计算扩散率得到扩散系数。通常计算扩散系数的方法有以下三种。

(1) 杨其銮等提出的扩散系数求解法

根据球坐标下的扩散第二定律，运用数理方法计算煤屑甲烷扩散方程的理论解，得到了煤屑扩散率 $Q_t/Q_\infty$ 的一般表达式：

$$\frac{Q_t}{Q_\infty} = 1 - \frac{6}{\pi^2}\sum_{n=1}^{\infty}\frac{1}{n^2}e^{-\frac{\pi^2 n^2 Dt}{r^2}} \tag{4-2}$$

为方便计算和应用，根据式(4-2)得出了扩散系数的计算方法，其形式为：

$$\frac{Q_t}{Q_\infty} = \sqrt{1 - \exp(-B_1 t)} \tag{4-3}$$

将式(4-3)两边取对数，即推导出了扩散系数的计算方法：

$$\ln\left[1 - \left(\frac{Q_t}{Q_\infty}\right)^2\right] = -B_1 t \tag{4-4}$$

其中，$B_1 = KB$，$K = 0.96$，$B = \pi^2 D/a^2$。

(2) 聂百胜等提出的扩散系数求解法

聂百胜、吴世跃等学者通过研究建立了煤粒甲烷在球坐标的第三类边界条件下的扩散数学模型，通过传质毕渥数和传质傅立叶数分别反映煤粒甲烷扩散场的特点和扩散场与时间变化关系的动态特征，通过变换、求解，得到了煤屑扩散率 $Q_t/Q_\infty$ 的一般表达式：

$$\frac{Q_t}{Q_\infty} = 1 - 6\sum_{n=1}^{\infty}\frac{6\,(\beta_n\cos\beta_n - \sin\beta_n)^2}{\beta_n^2(\beta_n^2 - \beta_n\sin\beta_n\cos\beta_n)}e^{-\beta_n^2 Fo} \tag{4-5}$$

令式(4-5)中 $n=1$，并对公式两边求对数，可得：

$$\ln\left(1 - \frac{Q_t}{Q_\infty}\right) = -\lambda t + \ln A \tag{4-6}$$

其中，$\lambda=\frac{\pi^2 D}{r^2}$，$B=\ln\frac{6}{\pi^2}$。

(3) $\sqrt{t}$扩散系数求解法

1951 年剑桥大学的 Richard 将传热学解法引入扩散模型，导出了经典扩散模型扩散率的解析解，之后借鉴 Wards 的研究成果并将天然气在沸石上的吸附动力学进行应用，最终推导出了扩散率的简化形式，也就是现在应用的计算扩散系数的$\sqrt{t}$法。之后，Nandi、Diamond、Smith、杨其銮等学者以巴雷尔式为理论基础，分别计算了实验条件下的甲烷扩散系数。

杨其銮等为了方便工程应用，对式(4-2)进行一系列变换，并忽略误差函数和方程的第二项得到：

$$\frac{Q_t}{Q_\infty}=\frac{12}{d}\sqrt{\frac{Dt}{\pi}}=K\sqrt{t} \tag{4-7}$$

综上所述，杨其銮式通过分析 $\ln[1-(Q_t/Q_\infty)^2]$与扩散时间 $t$ 的关系曲线，求解斜率 $K$，即可求取扩散系数 $D$，但是对于扩散率中出现的平方项来源在文献中未详细说明推导理由，另外舍掉了截距项；聂百胜式通过分析 $\ln(1-Q_t/Q_\infty)$与扩散时间 $t$ 的关系，求解截距 $\ln A$和斜率 $\lambda$，便可获得扩散系数 $D$；$\sqrt{t}$方法计算扩散系数简单，适用条件为 $Q_t/Q_\infty\leqslant 0.5$，且在甲烷解吸的前 10 min 较为准确，时间延长后计算误差不断加大。通过对比三种求取扩散系数的方法的适用性，并参考国内学者计算扩散系数的应用情况，本书采用应用较为普遍的聂百胜式进行计算。需要指出的是，式(4-2)计算得到的扩散系数是随时间而变化的，在不同扩散时间段内得出的扩散系数也是不同的，由此可知在整个扩散过程中，煤粒甲烷扩散系数是变量，而采用聂百胜式拟合求取的扩散系数是整个扩散时间段内的平均扩散系数。

将不同变质程度的煤样在不同环境温度、不同压力条件下的扩散数据代入式(4-7)，其中扩散时间 $t$ 取 120 min，$Q_t$ 为 120 min 内煤样甲烷扩散量，$Q_\infty$ 为煤样极限甲烷扩散量。目前，关于极限甲烷扩散量的说法并不统一，渡边伊温、杨其銮、王兆丰、吴世跃、刘彦伟、李志强等学者提出了各自不同的计算方法，应用最为广泛的是杨其銮和聂百胜等人提出的基于朗缪尔吸附理论计算的实验压力与大气压力条件下各自对应吸附总量的差值作为极限甲烷扩散量。由于本书实验时设定的气体压力最高为 20 MPa，在高压时气体分子将发生多层吸附，为了实验数据的可靠性，本书中的极限甲烷扩散量采用实验实测得到。

图 4-5 为在 30 ℃实验条件下测试的不同粒径煤样甲烷扩散规律，计算得到的扩散系数 $D$ 如表 4-1 所示。

**表 4-1　粒径与甲烷扩散系数关系**

| 粒径/mm | 压力/MPa | 拟合方程 | $D/(cm^2/s)$ | $R^2$ |
|---|---|---|---|---|
| 0.17～0.25 | 2 | $\ln(1-Q_t/Q_\infty)=-0.003\,2t-0.158\,0$ | 6.24E−10 | 0.868 4 |
| | 6 | $\ln(1-Q_t/Q_\infty)=-0.003\,6\,t-0.187\,4$ | 7.02E−10 | 0.881 4 |
| | 12 | $\ln(1-Q_t/Q_\infty)=-0.003\,8t-0.245\,3$ | 7.41E−10 | 0.877 8 |
| | 20 | $\ln(1-Q_t/Q_\infty)=-0.004\,1t-0.277\,7$ | 8.00E−10 | 0.879 8 |

表 4-1(续)

| 粒径 | 压力/MPa | 拟合方程 | $D/(\mathrm{cm^2/s})$ | $R^2$ |
|---|---|---|---|---|
| 0.5～1 | 2 | $\ln(1-Q_t/Q_\infty)=-0.002\,3t-0.225\,3$ | 4.48E−10 | 0.669 4 |
| | 6 | $\ln(1-Q_t/Q_\infty)=-0.002\,8t-0.241\,9$ | 5.46E−10 | 0.716 2 |
| | 12 | $\ln(1-Q_t/Q_\infty)=-0.003\,4t-0.258\,5$ | 6.63E−10 | 0.757 2 |
| | 20 | $\ln(1-Q_t/Q_\infty)=-0.003\,8t-0.273\,4$ | 7.41E−10 | 0.7838 |
| 1～3 | 2 | $\ln(1-Q_t/Q_\infty)=-0.001\,9t-0.219\,1$ | 3.70E−10 | 0.591 9 |
| | 6 | $\ln(1-Q_t/Q_\infty)=-0.002\,2t-0.241\,6$ | 4.29E−10 | 0.610 9 |
| | 12 | $\ln(1-Q_t/Q_\infty)=-0.002\,6t-0.265\,4$ | 5.07E−10 | 0.643 7 |
| | 20 | $\ln(1-Q_t/Q_\infty)=-0.003\,1t-0.272\,9$ | 6.04E−10 | 0.701 7 |

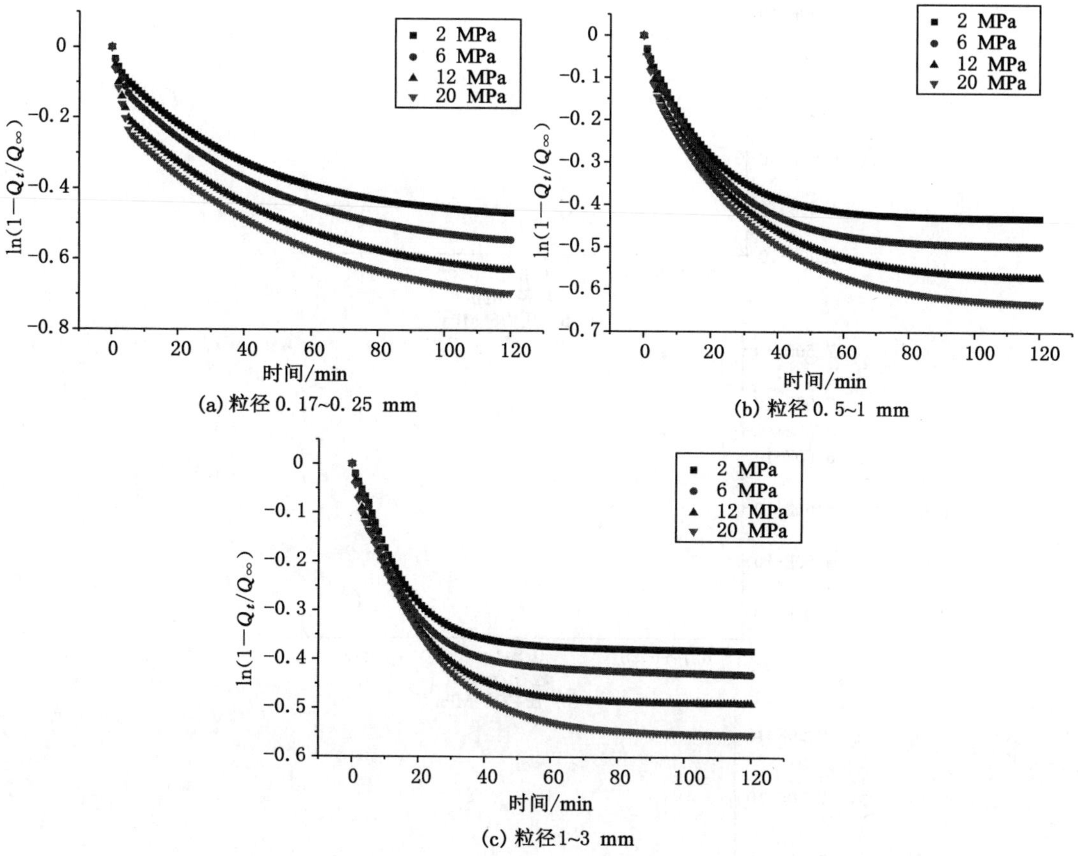


图 4-5　不同粒径煤样甲烷扩散规律

通过对表 4-1 中的粒径和扩散系数的分析，绘制了不同压力条件下粒径与甲烷扩散系数关系的散点图(图 4-6)。

由表 4-1 和图 4-6 可以看出：对于不同粒径的煤样来说，甲烷扩散系数总是随着压力的增大而增加。在相同温度和压力下，随着煤样粒径的增加，甲烷扩散系数逐渐减小。30 ℃，12 MPa 时，0.17～0.25 mm 粒径煤样甲烷扩散系数为 $7.11\times10^{-10}\ \mathrm{cm^2/s}$，0.5～1 mm 粒径

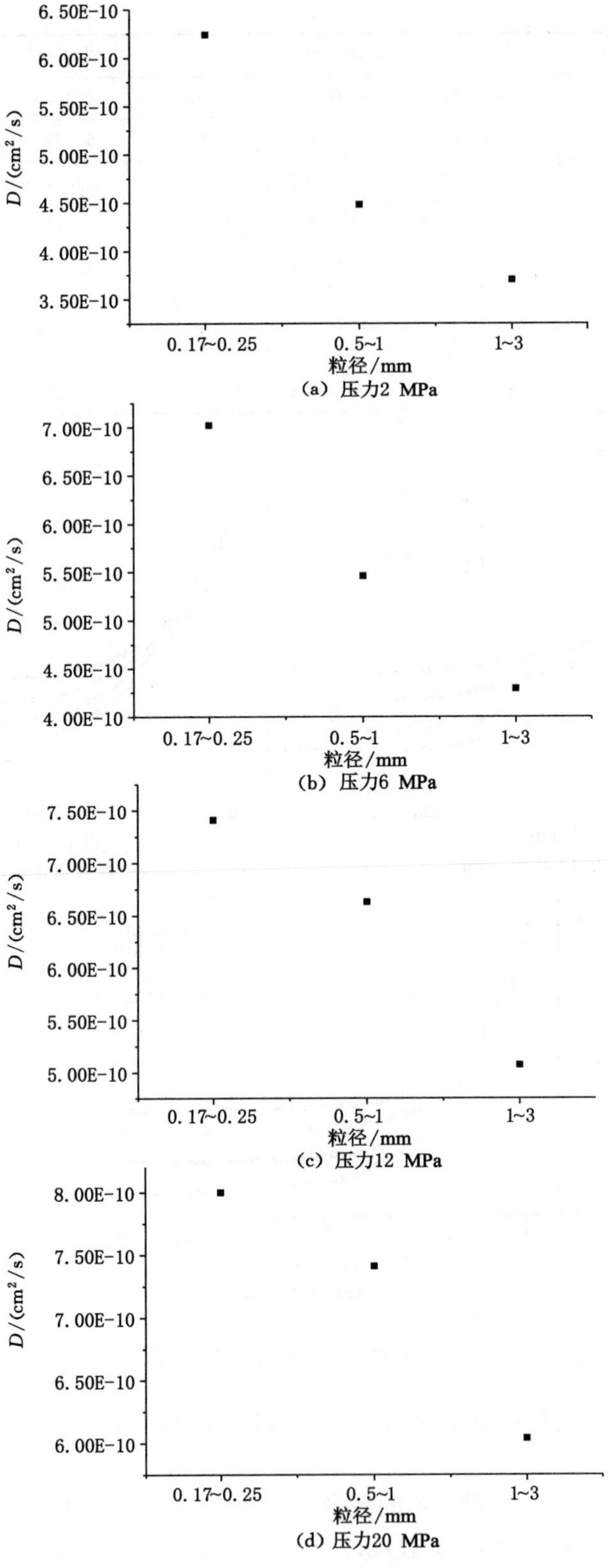


图 4-6　粒径与甲烷扩散系数关系散点图

煤样为 $6.63 \times 10^{-10}$ $cm^2/s$，1～3 mm 粒径煤样为 $5.07 \times 10^{-10}$ $cm^2/s$。其主要原因是粒径较小的煤样，甲烷由煤基质内部向外扩散的路径较短，扩散阻力小，并且单位质量煤粒暴露出来的表面积大，大量的封闭孔隙暴露出来，宏观表现为扩散的甲烷量多。

### 4.2.4　不同粒径煤样吸附平衡时间确定

为了研究不同粒径煤样的吸附平衡时间，分别对粒径为 0.17～0.25 mm、0.5～1 mm 和 1～3 mm 的 YX 煤在 2 MPa、6 MPa、12 MPa 和 20 MPa 压力下的吸附平衡时间进行了实验室测试。各粒径煤样在不同压力下所用的吸附平衡时间如图 4-7 和图 4-8 所示。

由图 4-7、图 4-8 可知，在 2 MPa、6 MPa、12 MPa、20 MPa 压力下，0.17～0.25 mm 粒径煤样达到吸附平衡所需时间分别为 3 h、6 h、13.5 h、20 h；0.5～1 mm 粒径煤样达到吸附平衡所需时间分别为 5 h、8.5 h、17 h、23.5 h；1～3 mm 粒径煤样达到吸附平衡所需时间分别为 8 h、12.5 h、22 h、33 h。由此可知，实验煤样粒径相同时，气体吸附压力越大，所需吸附平衡时间越长；吸附压力相同时，实验煤样粒径越小，所需吸附平衡时间越短。

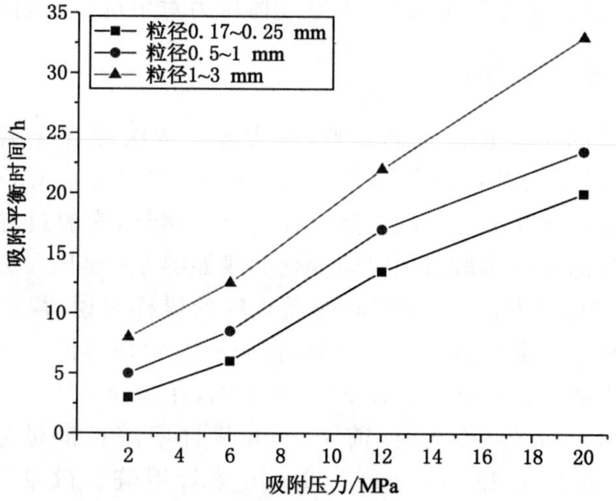


图 4-7　不同压力下煤样吸附平衡时间

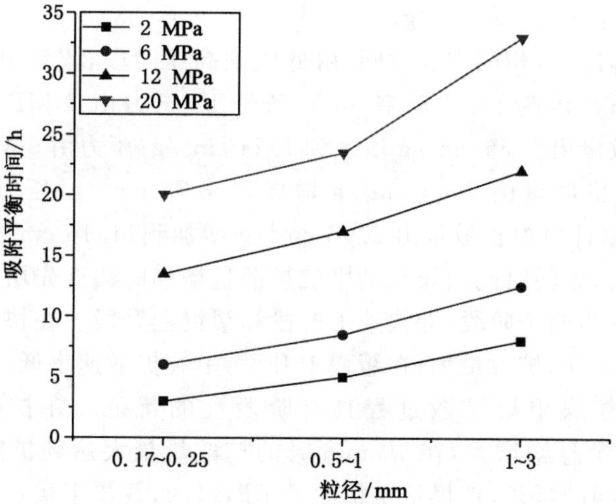


图 4-8　不同粒径煤样吸附平衡时间

根据高温高压实验进程，在整个吸附-扩散实验中约一半以上时间要用于甲烷吸附平衡，结合《煤的高压等温吸附试验方法》(GB/T 19560—2008)制样要求，并且从节约实验时间和提高效率方面综合考虑，选取粒径为 0.17～0.25 mm(60～80 目)的煤样进行研究。

## 4.3 压力对甲烷扩散规律的影响

气体压力是影响扩散特性的一个重要因素，其对甲烷扩散规律的影响，尤其是对甲烷扩散系数的影响效应目前仍然存在较大的分歧。杨其銮、刘彦伟等通过实验得出甲烷扩散系数受气体压力的影响较小；Nandi、Bielicki、Cui 等研究得出，甲烷扩散系数随压力的增加而增大，主要是煤样对甲烷的吸附非线性造成的；Pandey、Pillalamarry、Kim、Meng 等认为扩散系数随气体压力的增加而减小。

本书开展了压力对甲烷扩散过程的影响实验，实验煤样采用四种不同变质程度的 YJL 煤、ZXZ 煤、YX 煤和 DS 煤，粒径为 0.17～0.25 mm，设置平衡压力分别为 2 MPa、6 MPa、12 MPa、20 MPa，进行恒温吸附扩散实验，考察气体压力对甲烷扩散规律的影响。

### 4.3.1 压力对甲烷扩散量的影响

为了研究压力对煤的甲烷扩散量的影响，在实验室依次对 YJL 煤、ZXZ 煤、YX 煤和 DS 煤等不同变质程度煤样在不同实验温度(30 ℃、50 ℃、70 ℃、90 ℃)和不同压力(2 MPa、6 MPa、12 MPa、20 MPa)条件下的甲烷扩散过程进行了测试，实验过程按照 4.1.4 小节所述的流程进行。各煤样的甲烷扩散量随时间变化曲线如图 4-9 至图 4-12 所示。

由图 4-9 至图 4-12 可以看出，对于不同变质程度的煤样来说，煤粒甲烷扩散量总是随着扩散时间的延长而具有逐渐单调增加的趋势；在同一实验环境温度下，相同实验时间，累计甲烷扩散量随着压力的增加而增大。以 ZXZ 煤为例，在实验室 30 ℃条件下，压力分别为 2 MPa、6 MPa、12 MPa 和 20 MPa 时，前 10 min 累计甲烷扩散量分别为 1.96 $cm^3/g$、2.54 $cm^3/g$、3.66 $cm^3/g$ 和 4.43 $cm^3/g$；前 60 min 累计甲烷扩散量分别为 3.67 $cm^3/g$、4.81 $cm^3/g$、6.69 $cm^3/g$ 和 7.85 $cm^3/g$；前 120 min 累计甲烷扩散量分别为 3.90 $cm^3/g$、5.11 $cm^3/g$、7.25 $cm^3/g$ 和 8.52 $cm^3/g$。

在同一实验环境温度下，相同实验时间，由低压到高压阶段，累计甲烷扩散量呈现先快后慢的增加趋势。以 YX 煤为例，实验室 90 ℃条件下，压力由 2 MPa 增加至 6 MPa，前 30 min内累计甲烷扩散量由 5.89 $cm^3/g$ 增加到 7.24 $cm^3/g$；压力由 6 MPa 增加至12 MPa，前 30 min 内累计甲烷扩散量由 7.24 $cm^3/g$ 增加到 9.76 $cm^3/g$；压力由 12 MPa 增加至 20 MPa，前 30 min 内累计甲烷扩散量由 9.76 $cm^3/g$ 增加到11.16 $cm^3/g$。可以看出，随着压力由低压向高压增大，相同时间内煤粒的甲烷扩散量增加的幅度先增大后减小。

扩散曲线大致可分为两个阶段，即快速上升段和缓慢上升段。在快速上升段，扩散曲线斜率较大，甲烷扩散速率高，扩散量大；在缓慢上升段，甲烷扩散速率低，扩散量较少，扩散速率快速下降。这说明粒煤甲烷扩散过程具有阶段性的特征。在扩散初始阶段的 0～10 min，甲烷累计扩散量急剧增大，在 10 min 时的扩散量最大达到扩散总量(120 min)的 57%以上；随着扩散时间的延长，粒煤甲烷扩散量不断增加，并趋于接近煤体的极限吸附量。在扩散实验过程中，甲烷高压扩散与低压扩散出现不同现象，表现在实验瞬间放气时，由于

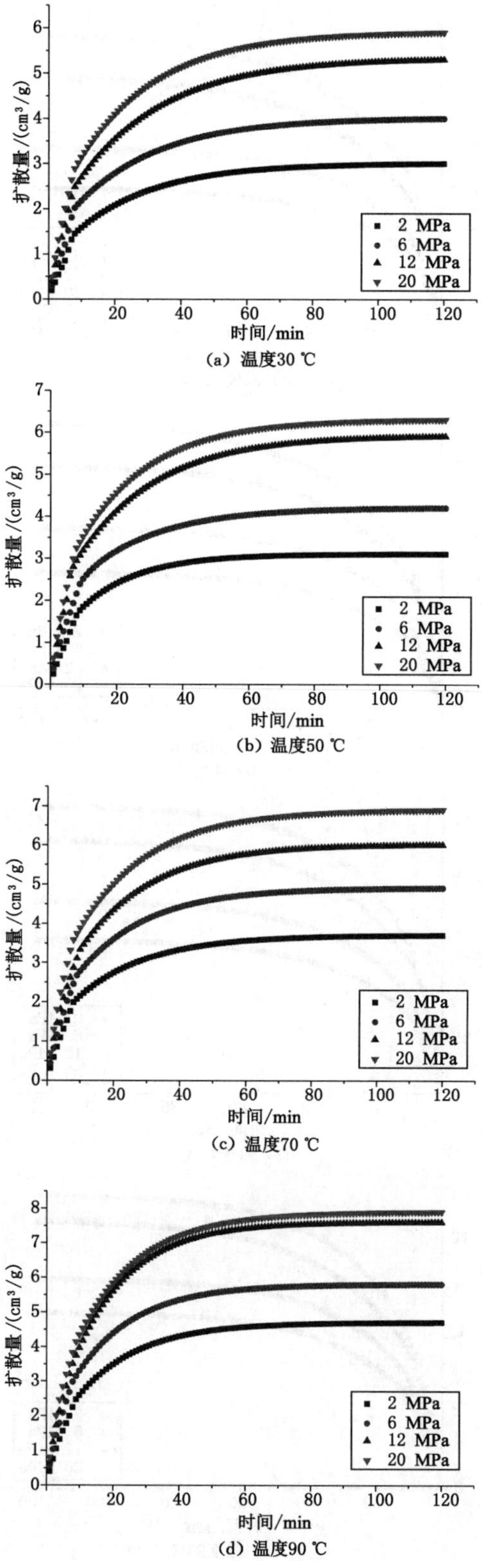


(a) 温度30 ℃

(b) 温度50 ℃

(c) 温度70 ℃

(d) 温度90 ℃

图 4-9　不同压力下的 YJL 煤甲烷扩散量曲线

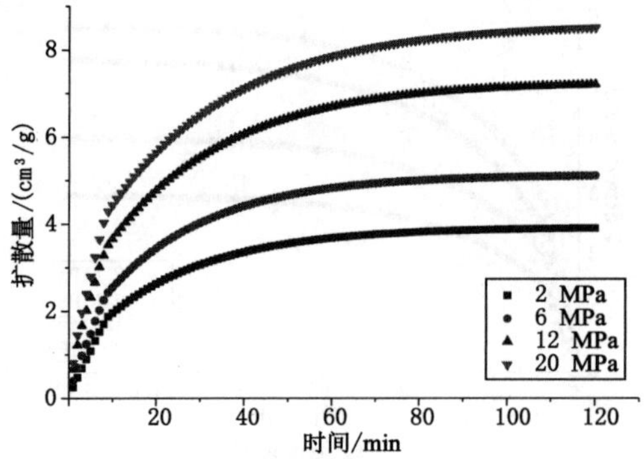


(a) 温度30 ℃

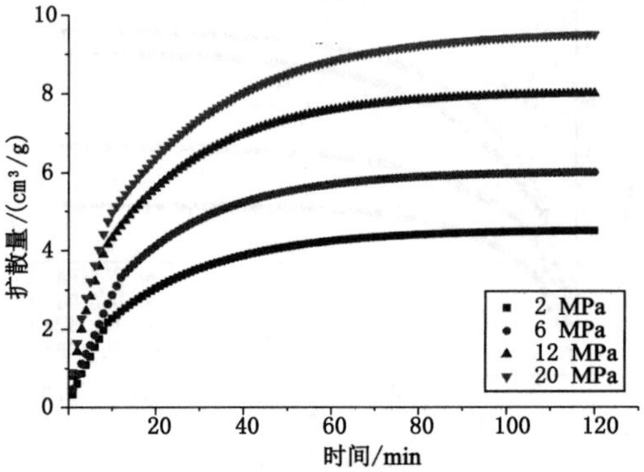


(b) 温度50 ℃

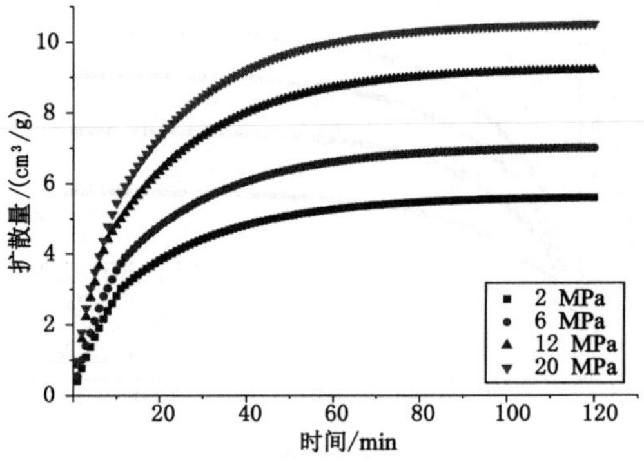


(c) 温度70 ℃

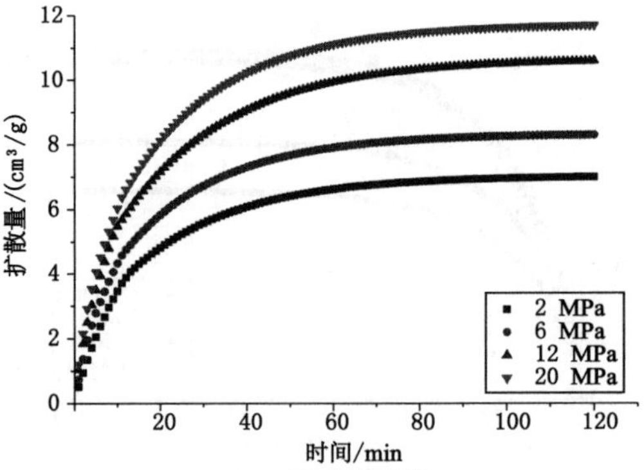


(d) 温度90 ℃

图 4-10 不同压力下的 ZXZ 煤甲烷扩散量曲线

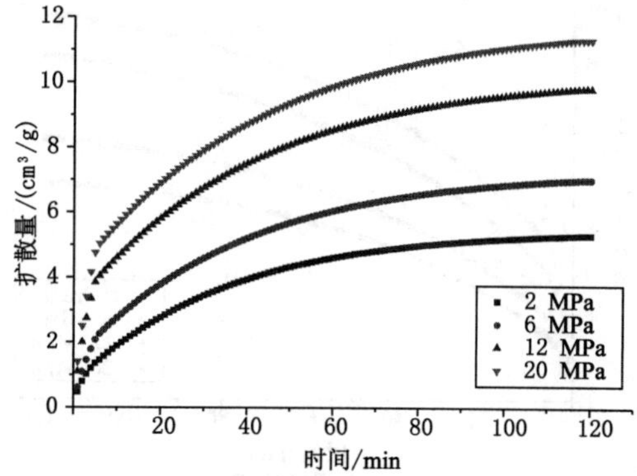


(a) 温度30 ℃

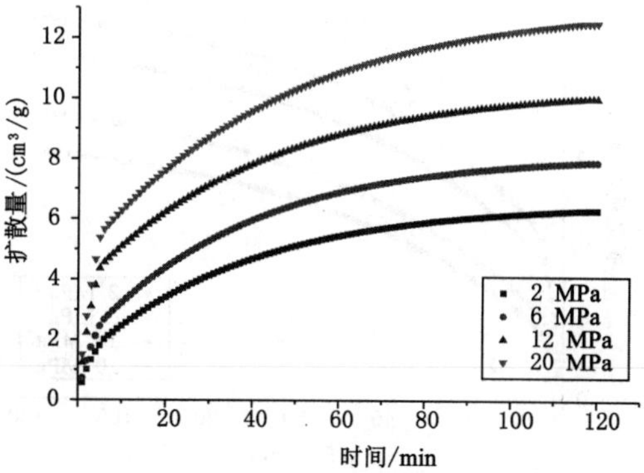


(b) 温度50 ℃

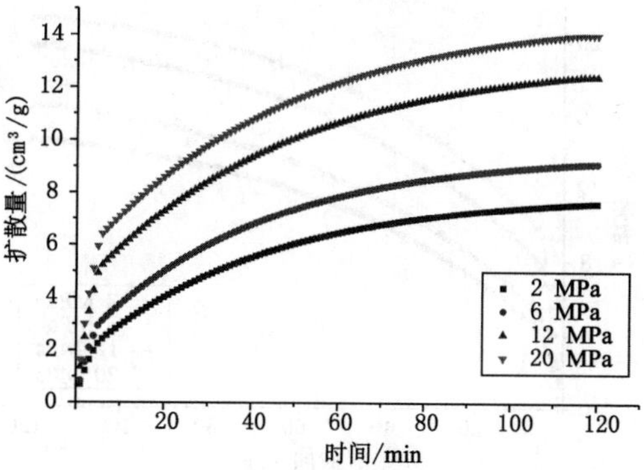


(c) 温度70 ℃

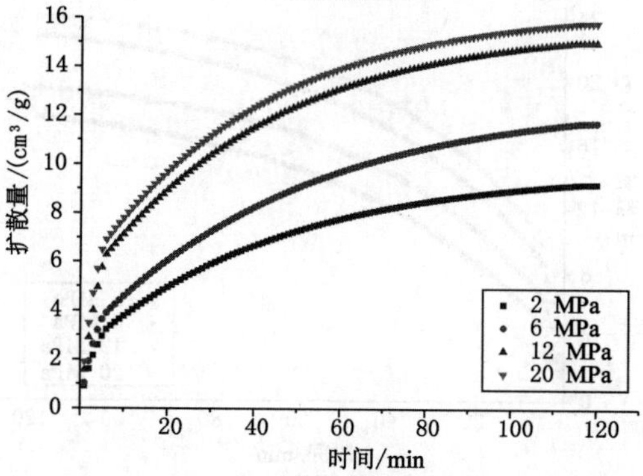


(d) 温度90 ℃

图 4-11　不同压力下的 YX 煤甲烷扩散量曲线

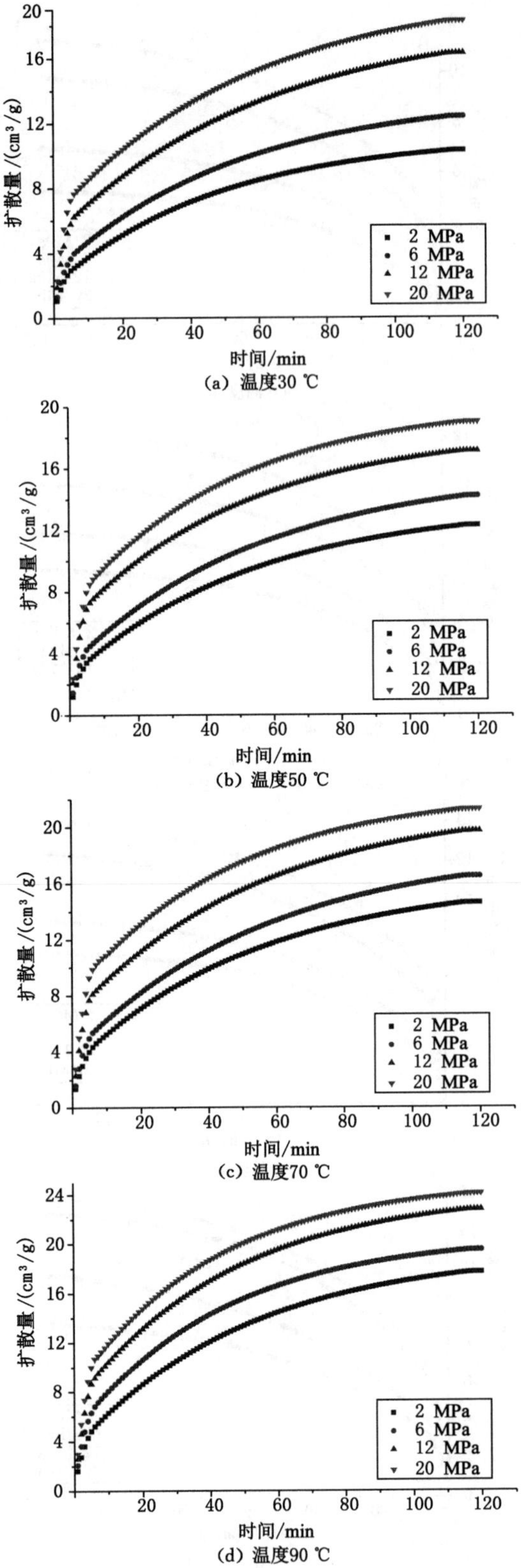


图 4-12 不同压力下的 DS 煤甲烷扩散量曲线

煤样罐中的气体压力梯度高，煤样初始含气量高，出现大量的甲烷急剧释放的现象。

学者研究发现煤对甲烷的吸附分为单分子层吸附和多分子层吸附。在气体压力相对较低时，符合朗缪尔单分子层吸附模型；当气体压力逐渐增高，尤其到高压时，气体分子在第一层吸附分子上将发生多层吸附，即符合多层吸附模型。在煤粒甲烷扩散初期，最外层甲烷分子由于处在分子间的同相吸附状态，需要的能量最小，首先快速脱附出来，宏观上表现为初期甲烷扩散量较大；随着扩散时间的延长，扩散过程逐渐进入甲烷分子内层，由于内层吸附的甲烷分子直接吸附于固体表面，属于固气吸附状态，宏观上表现为甲烷扩散速度减慢，扩散量增幅放缓。

为了定量研究压力对甲烷扩散量的影响，在相同温度条件下，将压力为 2 MPa 时的单位质量煤样的累计甲烷扩散量($Q_{120\ min}$)设置为统一基准，根据在不同压力(6 MPa、12 MPa、20 MPa)时测得的单位质量煤样的累计甲烷扩散量($Q_{120\ min}$)，计算相对 2 MPa 时单位质量煤样累计甲烷扩散量($Q_{120\ min}$)的增幅，具体数据见表 4-2。

**表 4-2 累计甲烷扩散量及其增幅**

| 煤种 | 温度/℃ | 累计甲烷扩散量(120 min)/($cm^3$/g) | | | | 相对 2 MPa 时累计甲烷扩散量的增幅/% | | | |
|---|---|---|---|---|---|---|---|---|---|
| | | 2 MPa | 6 MPa | 12 MPa | 20 MPa | 2 MPa | 6 MPa | 12 MPa | 20 MPa |
| YJL 煤 | 30 | 3.00 | 4.02 | 5.33 | 5.91 | 0 | 34.00 | 77.67 | 97.00 |
| | 50 | 3.12 | 4.23 | 5.94 | 6.30 | 0 | 35.58 | 90.38 | 109.92 |
| | 70 | 3.71 | 4.90 | 6.03 | 6.92 | 0 | 32.08 | 62.53 | 86.52 |
| | 90 | 4.72 | 5.85 | 7.64 | 7.93 | 0 | 23.94 | 61.86 | 68.01 |
| ZXZ 煤 | 30 | 3.91 | 5.11 | 7.25 | 8.52 | 0 | 30.69 | 85.42 | 117.90 |
| | 50 | 4.55 | 6.02 | 8.00 | 9.57 | 0 | 32.31 | 75.82 | 110.33 |
| | 70 | 5.60 | 7.05 | 9.21 | 10.54 | 0 | 25.89 | 64.46 | 88.21 |
| | 90 | 7.09 | 8.32 | 10.62 | 11.77 | 0 | 17.35 | 49.79 | 66.01 |
| YX 煤 | 30 | 5.30 | 7.02 | 9.80 | 11.33 | 0 | 32.45 | 84.91 | 113.77 |
| | 50 | 6.31 | 7.91 | 10.02 | 12.54 | 0 | 25.36 | 58.80 | 98.73 |
| | 70 | 7.62 | 9.11 | 12.45 | 14.03 | 0 | 19.55 | 63.39 | 84.12 |
| | 90 | 9.24 | 11.70 | 15.01 | 15.82 | 0 | 26.62 | 62.45 | 71.21 |
| DS 煤 | 30 | 10.33 | 12.44 | 16.31 | 18.36 | 0 | 20.43 | 57.89 | 77.73 |
| | 50 | 12.31 | 14.22 | 17.13 | 19.00 | 0 | 15.52 | 39.16 | 54.35 |
| | 70 | 14.60 | 16.53 | 19.75 | 21.37 | 0 | 13.22 | 35.27 | 46.37 |
| | 90 | 17.70 | 19.53 | 22.81 | 24.16 | 0 | 10.34 | 28.87 | 36.50 |

由表 4-2 可以看出，对于不同变质程度的煤样，在相同的温度下，煤粒甲烷累计扩散量总是随着压力的增大而增加。以 YX 煤为例，在实验室 30 ℃条件下，初始压力由 2 MPa 增加至 6 MPa、12 MPa、20 MPa 时，累计甲烷扩散量由 5.30 $cm^3$/g 增加至 7.02 $cm^3$/g、9.80 $cm^3$/g、11.33 $cm^3$/g，增幅分别达到了 32.45%、84.91%、113.77%；50 ℃条件下，累计甲烷扩散量由 6.31 $cm^3$/g 增加至 7.91 $cm^3$/g、10.02 $cm^3$/g、112.54 $cm^3$/g，增幅分别达到了 25.36%、58.80%、98.73%；70 ℃条件下，累计甲烷扩散量由 7.62 $cm^3$/g 增加至

9.11 $cm^3/g$、12.45 $cm^3/g$、14.03 $cm^3/g$，增幅分别达到了 19.55%、63.39%、84.12%；90 ℃条件下，累计甲烷扩散量由 9.24 $cm^3/g$ 增加至 11.70 $cm^3/g$、15.01 $cm^3/g$、15.82 $cm^3/g$，增幅分别达到了 26.62%、62.45%、71.21%。

在相同温度下，随着压力的增加，累计甲烷扩散量增加的幅度出现先增大后减小的趋势。以 YX 煤为例，30 ℃条件下，6 MPa 时的累计扩散量是 2 MPa 时累计扩散量的 1.32 倍，12 MPa 时的累计扩散量是 6 MPa 时累计扩散量的 1.40 倍，而 20 MPa 时的累计扩散量是 12 MPa 时累计扩散量的 1.16 倍。

### 4.3.2 压力对甲烷扩散速度的影响

为研究压力对煤的甲烷扩散速度的影响，利用实验装置对 YJL 煤、ZXZ 煤、YX 煤和 DS 煤进行了甲烷扩散速度测试，测试结果如图 4-13 至图 4-16 所示。

由图 4-13 至图 4-16 可知，不同变质程度煤样具有共同的特征，即在相同压力下初始扩散速度最大，扩散速度随时间的延长逐渐降低。扩散曲线可划分为两个阶段，即急剧下降阶段和平缓下降阶段。在扩散曲线急剧下降阶段斜率较大，甲烷扩散速度快；在平缓下降阶段甲烷扩散速度慢，扩散量较少。这说明甲烷扩散过程具有阶段性的特征。不同变质程度的煤样在扩散实验过程中，温度相同时，压力越高，煤样相同时间的甲烷扩散速度越大。以 DS 煤为例，在实验室 90 ℃条件下，压力分别为 2 MPa、6 MPa、12 MPa 和 20 MPa 时，第 1 min 甲烷扩散速度分别为 1.61 $cm^3/(g \cdot min)$、2.07 $cm^3/(g \cdot min)$、2.60 $cm^3/(g \cdot min)$、2.99 $cm^3/(g \cdot min)$，第 60 min 甲烷扩散速度分别为 0.14 $cm^3/(g \cdot min)$、0.16 $cm^3/(g \cdot min)$、0.21 $cm^3/(g \cdot min)$、0.25 $cm^3/(g \cdot min)$。

从煤样甲烷扩散速度来看，扩散时间的前 20 min，高压时的扩散速度明显高于低压时的扩散速度；扩散时间超过 20 min 后，不论是高压扩散还是低压扩散都趋近于缓慢扩散过程。

刘彦伟、戚灵灵等研究表明，在煤体中注入甲烷气体达到吸附平衡，然后将气体压力释放后，吸附在煤体中的甲烷迅速扩散，初期扩散速度极快，之后随着时间的延长，扩散速度逐渐减慢，并且实验气体压力越大，初期扩散速度越快。Winter 等研究认为，甲烷从扩散开始，整个过程扩散速度与时间的关系符合幂函数方程：

$$\frac{V_t}{V_a} = \left(\frac{t}{t_a}\right)^{-K_a} \tag{4-8}$$

令式(4-8)中的 $a=1$，则式(4-8)可简化为式(4-9)：

$$V = V_1 t^{-K_a} \tag{4-9}$$

式中 $V_t$——在扩散时间为 $t$ 时的甲烷扩散速度，$cm^3/(g \cdot min)$；

$V_a$——在扩散时间为 $a$ 时的甲烷扩散速度，$cm^3/(g \cdot min)$；

$K_a$——甲烷扩散速度的衰减系数；

$V_1$——时间 $t=1$ min 时的甲烷扩散速度，$cm^3/(g \cdot min)$。

通过对扩散实验数据的拟合分析得出，甲烷扩散速度与时间符合幂函数关系，限于篇幅，仅对 YX 煤进行了分析，回归参数如表 4-3 所示。在相同温度和扩散时间的条件下，$V_1$ 值随压力的增加而增大，衰减系数 $K_a$ 值变化不大。

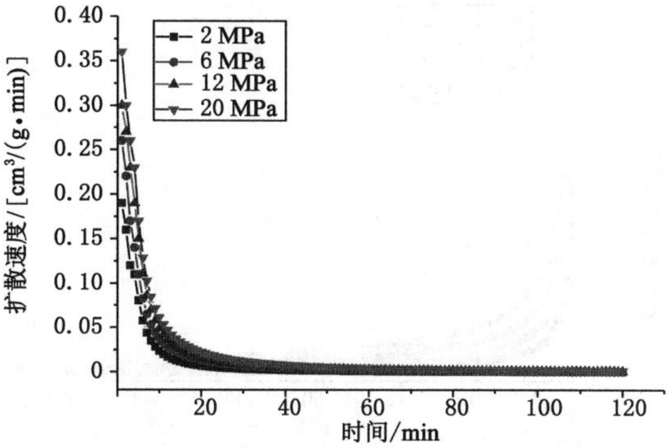


(a) 温度30 ℃

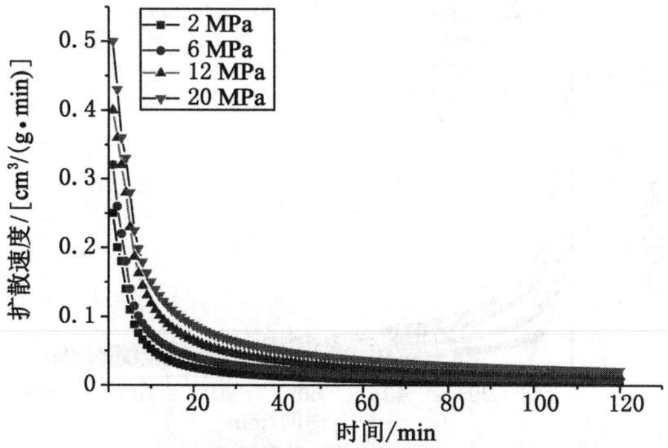


(b) 温度50 ℃

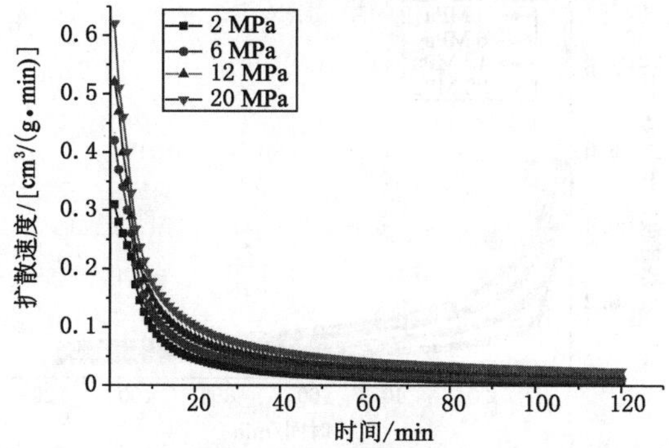


(c) 温度70 ℃

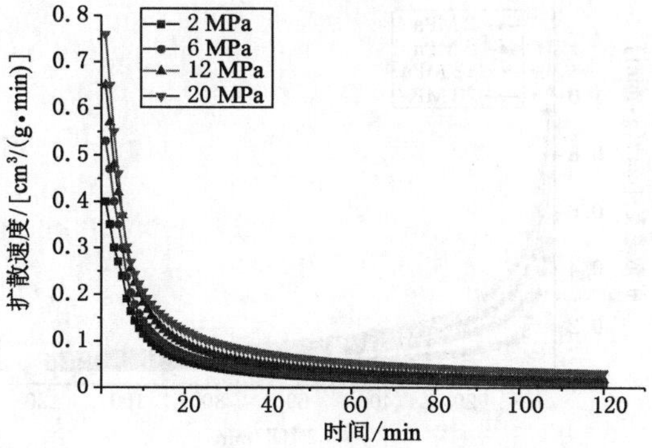


(d) 温度90 ℃

图 4-13　不同压力下的 YJL 煤甲烷扩散速度曲线

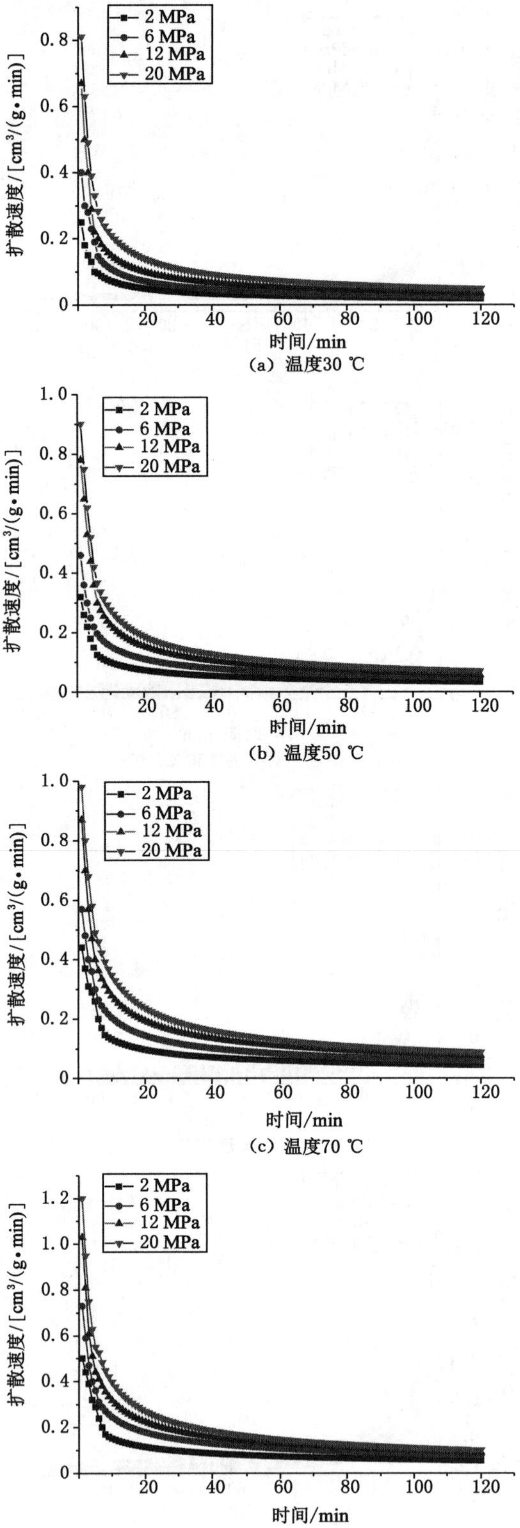


(a) 温度30 ℃

(b) 温度50 ℃

(c) 温度70 ℃

(d) 温度90 ℃

图 4-14　不同压力下的 ZXZ 煤甲烷扩散速度曲线

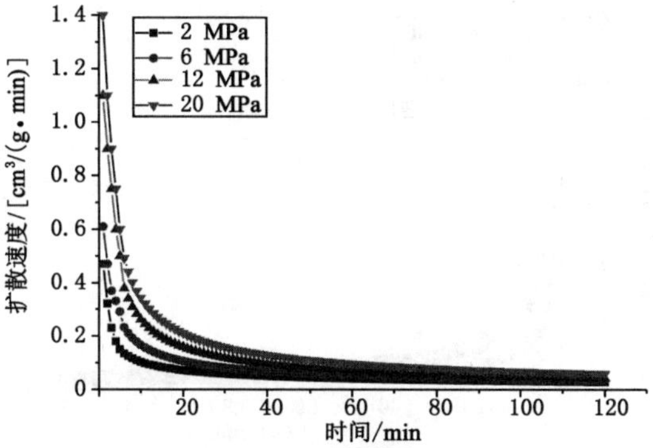


(a) 温度30 ℃

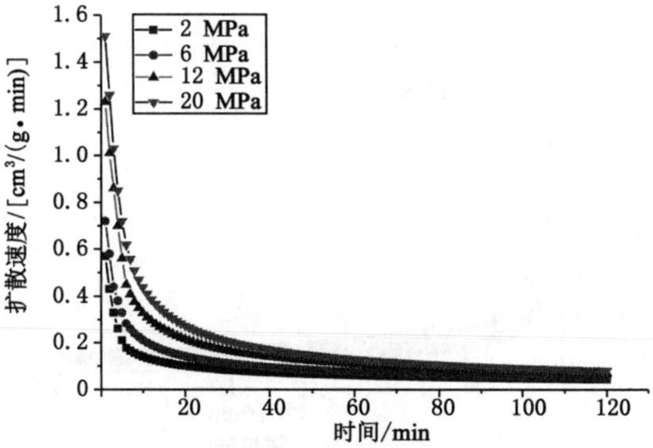


(b) 温度50 ℃

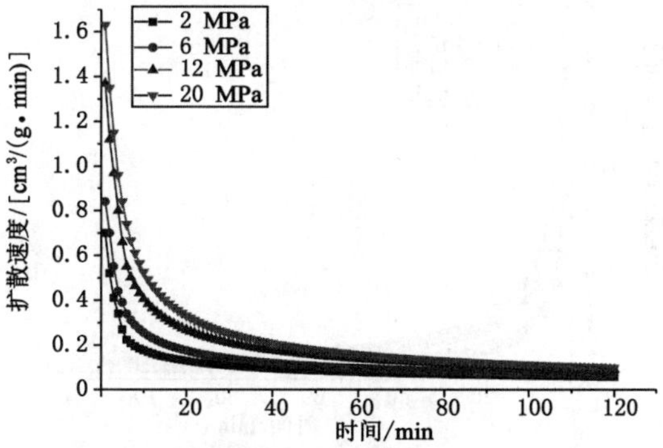


(c) 温度70 ℃

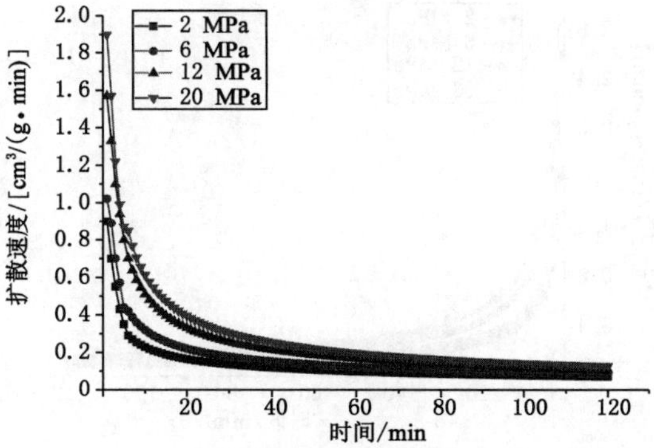


(d) 温度90 ℃

图 4-15　不同压力下的 YX 煤甲烷扩散速度曲线

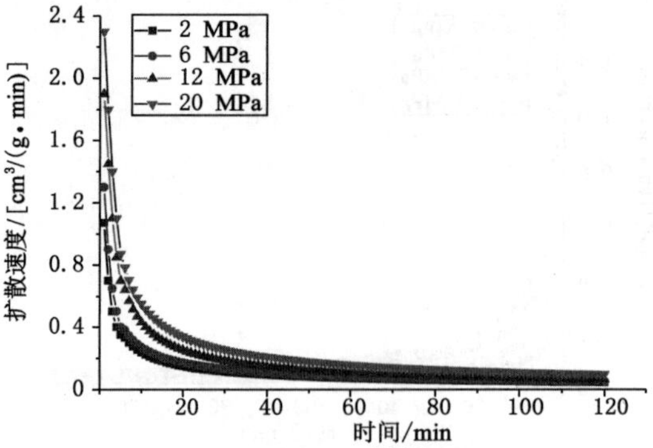


(a) 温度30 ℃

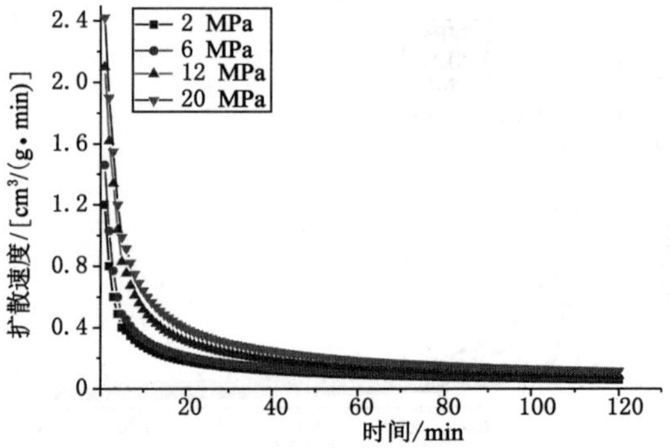


(b) 温度50 ℃

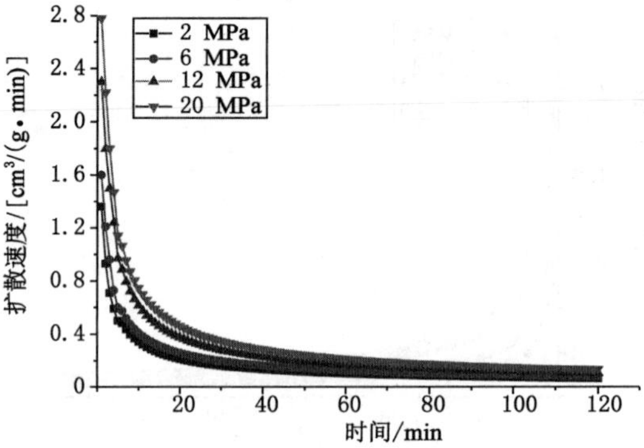


(c) 温度70 ℃

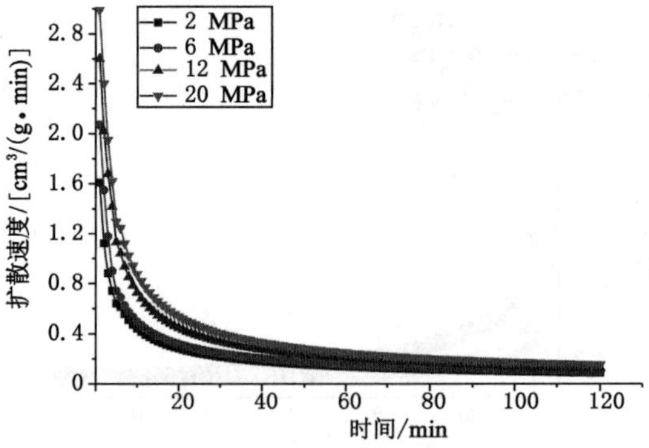


(d) 温度90 ℃

图 4-16　不同压力下的 DS 煤甲烷扩散速度曲线

表 4-3 压力与甲烷扩散参数的关系

| 温度/℃ | 压力/MPa | 实测 $V_1$ /[cm³/(g·min)] | 回归 $V_1$ /[cm³/(g·min)] | 衰减系数 $K_a$ | $R^2$ |
|---|---|---|---|---|---|
| 30 | 2 | 0.47 | 0.456 3 | 0.608 6 | 0.990 8 |
| | 6 | 0.61 | 0.664 9 | 0.608 2 | 0.983 9 |
| | 12 | 1.10 | 1.252 0 | 0.673 3 | 0.971 2 |
| | 20 | 1.40 | 1.557 0 | 0.657 9 | 0.981 0 |
| 50 | 2 | 0.57 | 0.570 1 | 0.562 0 | 0.986 8 |
| | 6 | 0.72 | 0.772 4 | 0.562 2 | 0.993 1 |
| | 12 | 1.23 | 1.373 0 | 0.617 8 | 0.979 1 |
| | 20 | 1.51 | 1.714 3 | 0.609 0 | 0.978 9 |
| 70 | 2 | 0.70 | 0.697 9 | 0.558 4 | 0.987 4 |
| | 6 | 0.84 | 0.907 6 | 0.544 9 | 0.991 0 |
| | 12 | 1.37 | 1.528 4 | 0.584 8 | 0.982 6 |
| | 20 | 1.63 | 1.864 9 | 0.578 0 | 0.977 2 |
| 90 | 2 | 0.90 | 0.917 1 | 0.558 6 | 0.986 2 |
| | 6 | 1.02 | 1.117 8 | 0.538 1 | 0.985 8 |
| | 12 | 1.57 | 1.785 7 | 0.573 1 | 0.980 4 |
| | 20 | 1.90 | 2.098 4 | 0.562 7 | 0.987 3 |

### 4.3.3 压力对甲烷扩散系数的影响

为研究压力对煤的甲烷扩散系数的影响，采用 4.2.3 小节计算扩散系数的方法对 YJL 煤、ZXZ 煤、YX 煤和 DS 煤进行了计算，图 4-17 至图 4-20 为不同压力条件下测得的各煤样甲烷扩散规律，计算得到的扩散系数 $D$ 如表 4-4 至表 4-7 所示，由此绘制了四种煤样的压力与甲烷扩散系数关系图(图 4-21)。

表 4-4 YJL 煤压力与甲烷扩散系数关系

| 温度/℃ | 压力/MPa | 拟合方程 | $D$/(cm²/s) | $R^2$ |
|---|---|---|---|---|
| 30 | 2 | $\ln(1-Q_t/Q_\infty)=-0.003\,6t-0.275\,6$ | 7.03E−10 | 0.705 6 |
| | 6 | $\ln(1-Q_t/Q_\infty)=-0.003\,9t-0.302\,0$ | 7.61E−10 | 0.7189 |
| | 12 | $\ln(1-Q_t/Q_\infty)=-0.004\,9t-0.337\,9$ | 9.5E−10 | 0.7653 |
| | 20 | $\ln(1-Q_t/Q_\infty)=-0.005\,1t-0.302\,0$ | 9.95E−10 | 0.7412 |
| 50 | 2 | $\ln(1-Q_t/Q_\infty)=-0.003\,8t-0.275\,6$ | 7.42E−10 | 0.674 5 |
| | 6 | $\ln(1-Q_t/Q_\infty)=-0.004\,3t-0.302\,0$ | 8.39E−10 | 0.693 2 |
| | 12 | $\ln(1-Q_t/Q_\infty)=-0.005\,3t-0.337\,9$ | 1.07E−09 | 0.746 3 |
| | 20 | $\ln(1-Q_t/Q_\infty)=-0.005\,7t-0.302\,0$ | 1.11E−09 | 0.719 0 |

**表 4-4(续)**

| 温度/℃ | 压力/MPa | 拟合方程 | $D/(cm^2/s)$ | $R^2$ |
|---|---|---|---|---|
| 70 | 2 | $\ln(1-Q_t/Q_\infty)=-0.0051t-0.4707$ | 9.95E−10 | 0.714 0 |
| | 6 | $\ln(1-Q_t/Q_\infty)=-0.0057t-0.4980$ | 1.11E−09 | 0.722 4 |
| | 12 | $\ln(1-Q_t/Q_\infty)=-0.0069t-0.5407$ | 1.35E−09 | 0.734 5 |
| | 20 | $\ln(1-Q_t/Q_\infty)=-0.0075t-0.5798$ | 1.46E−09 | 0.749 5 |
| 90 | 2 | $\ln(1-Q_t/Q_\infty)=-0.0094t-0.6765$ | 1.83E−09 | 0.727 3 |
| | 6 | $\ln(1-Q_t/Q_\infty)=-0.0098t-0.7276$ | 1.91E−09 | 0.722 6 |
| | 12 | $\ln(1-Q_t/Q_\infty)=-0.0109t-0.7178$ | 2.13E−09 | 0.734 2 |
| | 20 | $\ln(1-Q_t/Q_\infty)=-0.0114t-0.7378$ | 2.22E−09 | 0.760 8 |

**表 4-5 ZXZ 煤压力与甲烷扩散系数关系**

| 温度/℃ | 压力/MPa | 拟合方程 | $D/(cm^2/s)$ | $R^2$ |
|---|---|---|---|---|
| 30 | 2 | $\ln(1-Q_t/Q_\infty)=-0.0028t-0.2390$ | 5.46E−10 | 0.720 8 |
| | 6 | $\ln(1-Q_t/Q_\infty)=-0.0032t-0.2685$ | 6.25E−10 | 0.725 8 |
| | 12 | $\ln(1-Q_t/Q_\infty)=-0.0039t-0.3046$ | 7.61E−10 | 0.772 2 |
| | 20 | $\ln(1-Q_t/Q_\infty)=-0.0045t-0.3349$ | 8.78E−10 | 0.789 5 |
| 50 | 2 | $\ln(1-Q_t/Q_\infty)=-0.0040t-0.3138$ | 7.81E−10 | 0.739 2 |
| | 6 | $\ln(1-Q_t/Q_\infty)=-0.0042t-0.3312$ | 8.19E−10 | 0.723 5 |
| | 12 | $\ln(1-Q_t/Q_\infty)=-0.0049t-0.4093$ | 9.56E−10 | 0.744 7 |
| | 20 | $\ln(1-Q_t/Q_\infty)=-0.0054t-0.3949$ | 1.05E−09 | 0.795 7 |
| 70 | 2 | $\ln(1-Q_t/Q_\infty)=-0.0053t-0.4057$ | 1.03E−09 | 0.764 3 |
| | 6 | $\ln(1-Q_t/Q_\infty)=-0.0056t-0.4203$ | 1.09E−09 | 0.761 7 |
| | 12 | $\ln(1-Q_t/Q_\infty)=-0.0066t-0.4739$ | 1.28E−09 | 0.772 5 |
| | 20 | $\ln(1-Q_t/Q_\infty)=-0.0072t-0.5036$ | 1.40E−09 | 0.769 4 |
| 90 | 2 | $\ln(1-Q_t/Q_\infty)=-0.0092t-0.5479$ | 1.80E−09 | 0.799 6 |
| | 6 | $\ln(1-Q_t/Q_\infty)=-0.0097t-0.5989$ | 1.89E−09 | 0.793 8 |
| | 12 | $\ln(1-Q_t/Q_\infty)=-0.0107t-0.5734$ | 2.08E−09 | 0.844 0 |
| | 20 | $\ln(1-Q_t/Q_\infty)=-0.0112t-0.6306$ | 2.18E−09 | 0.826 6 |

**表 4-6 YX 煤压力与甲烷扩散系数关系**

| 温度/℃ | 压力/MPa | 拟合方程 | $D$/(cm²/s) | $R^2$ |
|---|---|---|---|---|
| 30 | 2 | $\ln(1-Q_t/Q_\infty)=-0.003\,2t-0.158\,0$ | 6.24E−10 | 0.868 4 |
| | 6 | $\ln(1-Q_t/Q_\infty)=-0.003\,6t-0.187\,4$ | 7.02E−10 | 0.881 4 |
| | 12 | $\ln(1-Q_t/Q_\infty)=-0.003\,8t-0.245\,3$ | 7.41E−10 | 0.877 8 |
| | 20 | $\ln(1-Q_t/Q_\infty)=-0.004\,1t-0.277\,7$ | 8.00E−10 | 0.879 8 |
| 50 | 2 | $\ln(1-Q_t/Q_\infty)=-0.003\,8t-0.201\,6$ | 7.41E−10 | 0.884 7 |
| | 6 | $\ln(1-Q_t/Q_\infty)=-0.004\,1t-0.227\,5$ | 8.00E−10 | 0.880 8 |
| | 12 | $\ln(1-Q_t/Q_\infty)=-0.004\,8t-0.319\,6$ | 9.36E−10 | 0.877 7 |
| | 20 | $\ln(1-Q_t/Q_\infty)=-0.005\,2t-0.320\,5$ | 1.01E−09 | 0.897 3 |
| 70 | 2 | $\ln(1-Q_t/Q_\infty)=-0.005\,2t-0.238\,1$ | 1.01E−09 | 0.915 0 |
| | 6 | $\ln(1-Q_t/Q_\infty)=-0.005\,3t-0.261\,6$ | 1.03E−09 | 0.90 57 |
| | 12 | $\ln(1-Q_t/Q_\infty)=-0.006\,4t-0.331\,7$ | 1.24E−09 | 0.919 0 |
| | 20 | $\ln(1-Q_t/Q_\infty)=-0.006\,9t-0.376\,8$ | 1.34E−09 | 0.914 7 |
| 90 | 2 | $\ln(1-Q_t/Q_\infty)=-0.008\,0t-0.298\,3$ | 1.56E−09 | 0.943 0 |
| | 6 | $\ln(1-Q_t/Q_\infty)=-0.009\,6t-0.287\,9$ | 1.87E−09 | 0.964 2 |
| | 12 | $\ln(1-Q_t/Q_\infty)=-0.010\,3t-0.415\,2$ | 2.01E−09 | 0.940 0 |
| | 20 | $\ln(1-Q_t/Q_\infty)=-0.010\,7t-0.453\,1$ | 2.08E−09 | 0.936 9 |

**表 4-7 DS 煤压力与甲烷扩散系数关系**

| 温度/℃ | 压力/MPa | 拟合方程 | $D$/(cm²/s) | $R^2$ |
|---|---|---|---|---|
| 30 | 2 | $\ln(1-Q_t/Q_\infty)=-0.004\,1t-0.174\,3$ | 8.00E−10 | 0.926 4 |
| | 6 | $\ln(1-Q_t/Q_\infty)=-0.004\,7t-0.194\,8$ | 9.17E−10 | 0.939 2 |
| | 12 | $\ln(1-Q_t/Q_\infty)=-0.005\,8t-0.254\,3$ | 1.13E−09 | 0.949 8 |
| | 20 | $\ln(1-Q_t/Q_\infty)=-0.006\,1t-0.299\,0$ | 1.19E−09 | 0.941 1 |
| 50 | 2 | $\ln(1-Q_t/Q_\infty)=-0.005\,5t-0.194\,7$ | 1.07E−09 | 0.950 3 |
| | 6 | $\ln(1-Q_t/Q_\infty)=-0.006\,1t-0.217\,4$ | 1.19E−09 | 0.956 0 |
| | 12 | $\ln(1-Q_t/Q_\infty)=-0.006\,4t-0.327\,7$ | 1.24E−09 | 0.928 6 |
| | 20 | $\ln(1-Q_t/Q_\infty)=-0.006\,7t-0.365\,4$ | 1.30E−09 | 0.918 6 |
| 70 | 2 | $\ln(1-Q_t/Q_\infty)=-0.007\,5t-0.227\,5$ | 1.46E−09 | 0.961 9 |
| | 6 | $\ln(1-Q_t/Q_\infty)=-0.008\,4t-0.250\,6$ | 1.63E−09 | 0.969 0 |
| | 12 | $\ln(1-Q_t/Q_\infty)=-0.009\,0t-0.350\,6$ | 1.75E−09 | 0.958 8 |
| | 20 | $\ln(1-Q_t/Q_\infty)=-0.009\,5t-0.438\,5$ | 1.85E−09 | 0.941 7 |
| 90 | 2 | $\ln(1-Q_t/Q_\infty)=-0.012\,5t-0.254\,3$ | 2.43E−09 | 0.982 3 |
| | 6 | $\ln(1-Q_t/Q_\infty)=-0.013\,0t-0.347\,3$ | 2.53E−09 | 0.969 4 |
| | 12 | $\ln(1-Q_t/Q_\infty)=-0.013\,6t-0.397\,1$ | 2.65E−09 | 0.972 5 |
| | 20 | $\ln(1-Q_t/Q_\infty)=-0.014\,1t-0.471\,3$ | 2.75E−09 | 0.963 0 |

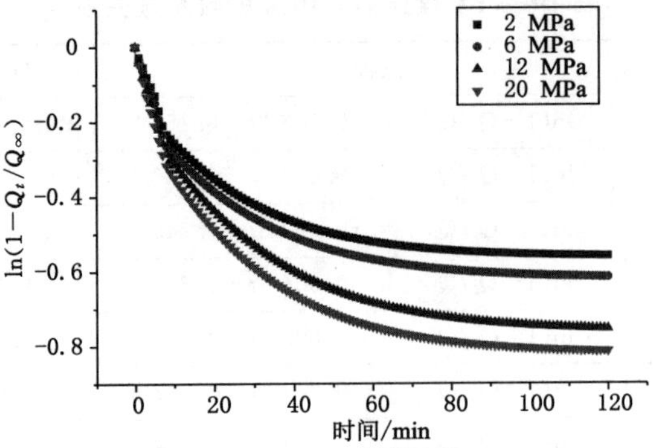


(a) 温度30 ℃

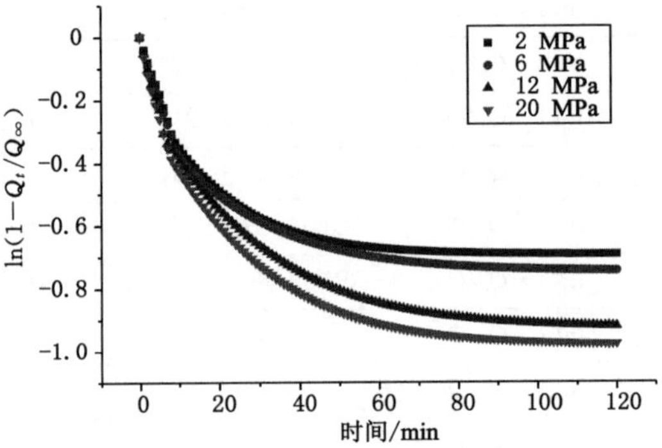


(b) 温度50 ℃

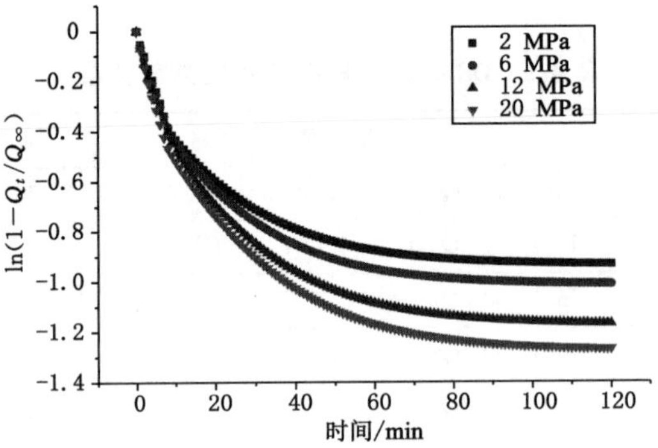


(c) 温度70 ℃

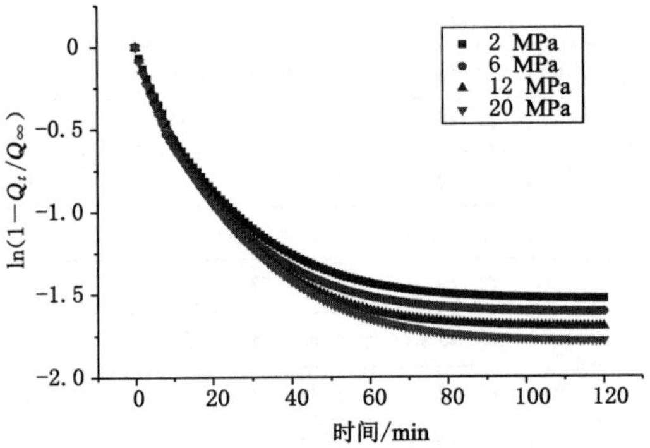


(d) 温度90 ℃

图 4-17　不同压力下的 YJL 煤甲烷扩散规律

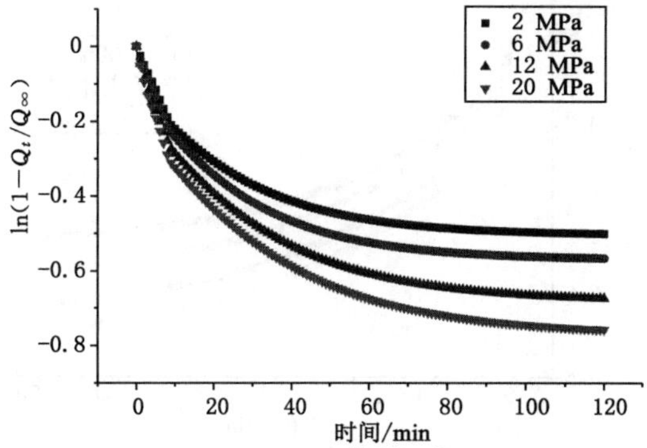

(a) 温度 30 ℃

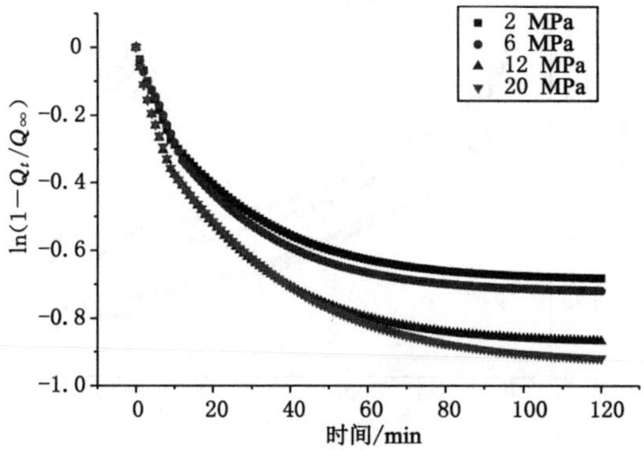

(b) 温度 50 ℃

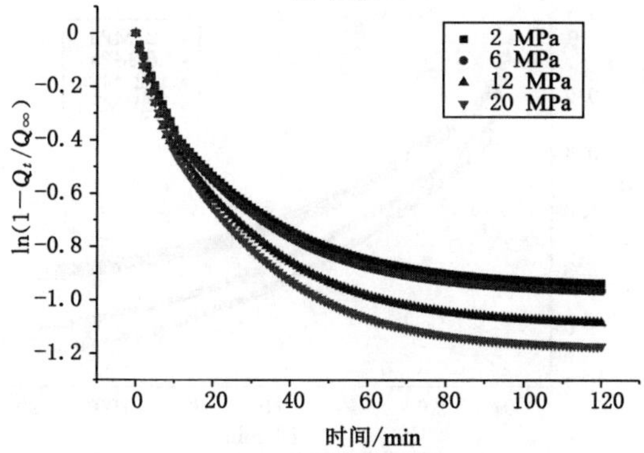

(c) 温度 70 ℃

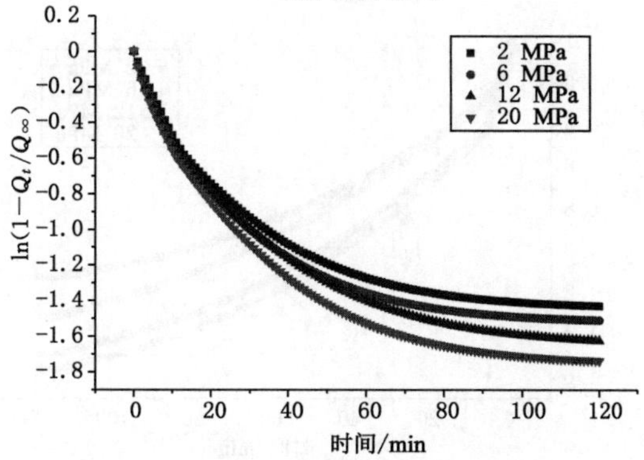

(d) 温度 90 ℃

图 4-18 不同压力下的 ZXZ 煤甲烷扩散规律

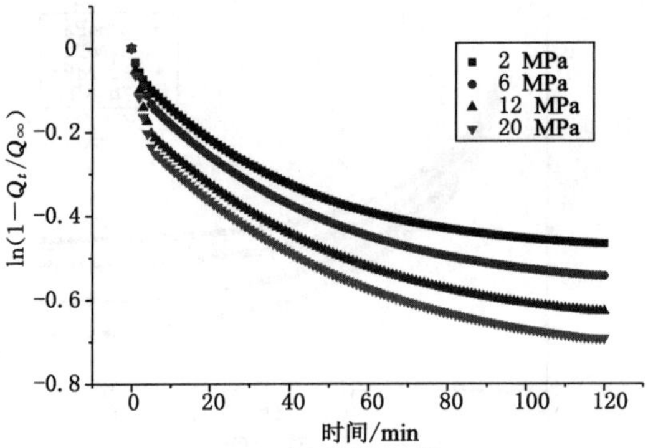


(a) 温度 30 ℃

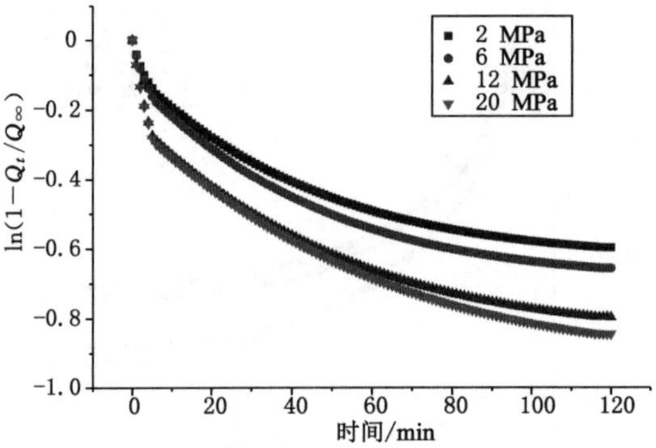


(b) 温度 50 ℃

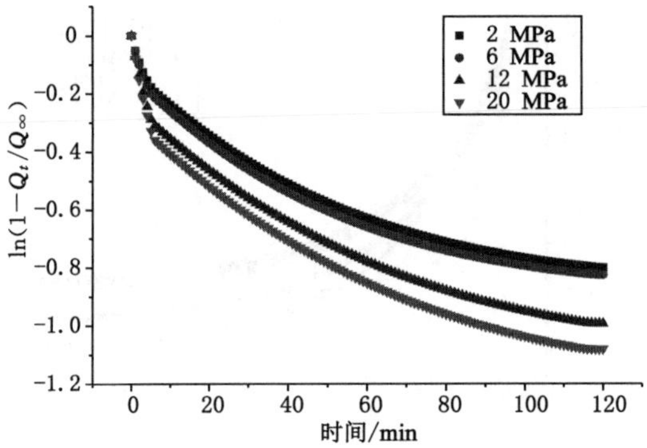


(c) 温度 70 ℃

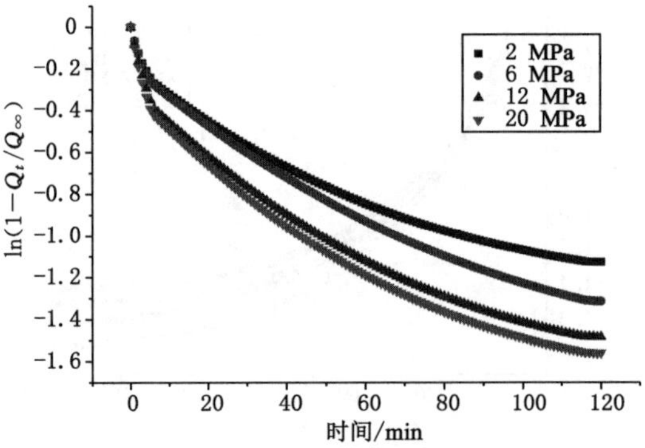


(d) 温度 90 ℃

图 4-19 不同压力下的 YX 煤甲烷扩散规律

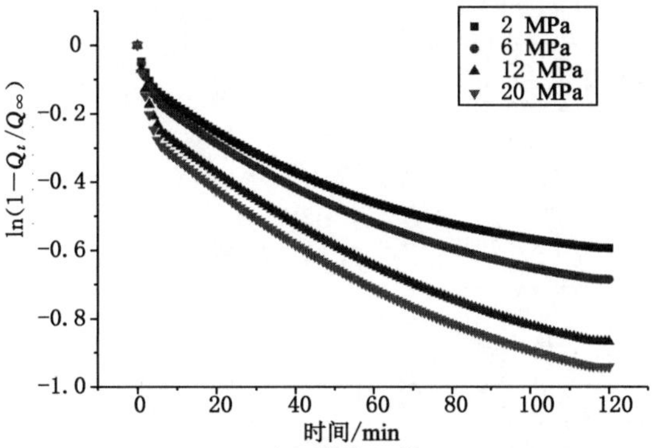


(a) 温度 30 ℃

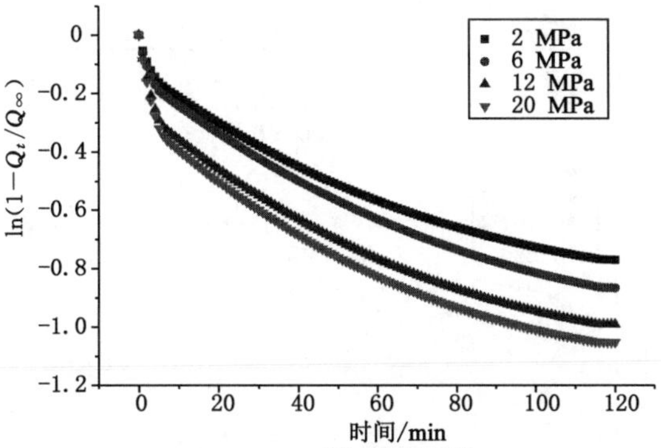


(b) 温度 50 ℃

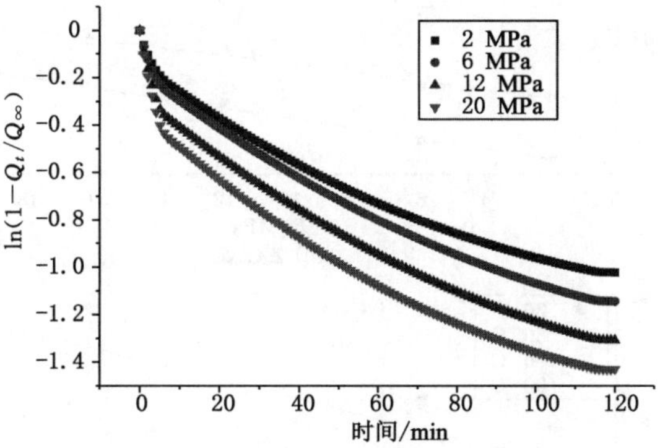


(c) 温度 70 ℃

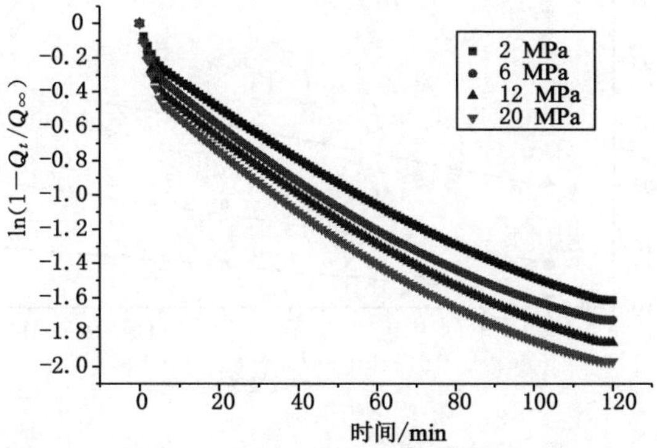


(d) 温度 90 ℃

图 4-20　不同压力下的 DS 煤甲烷扩散规律

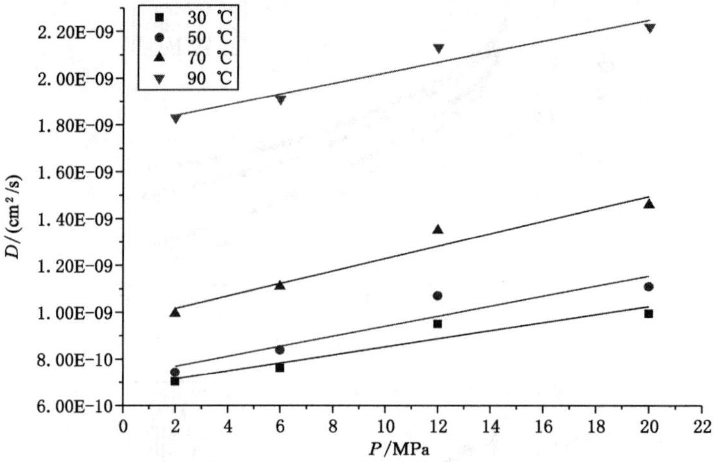

(a) YJL煤

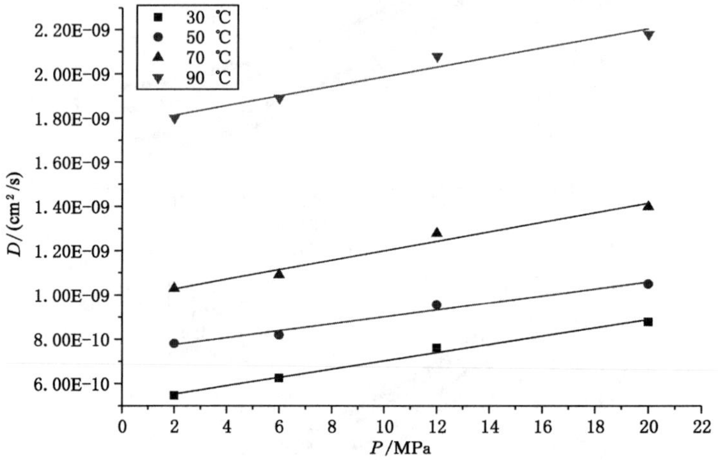

(b) ZXZ煤

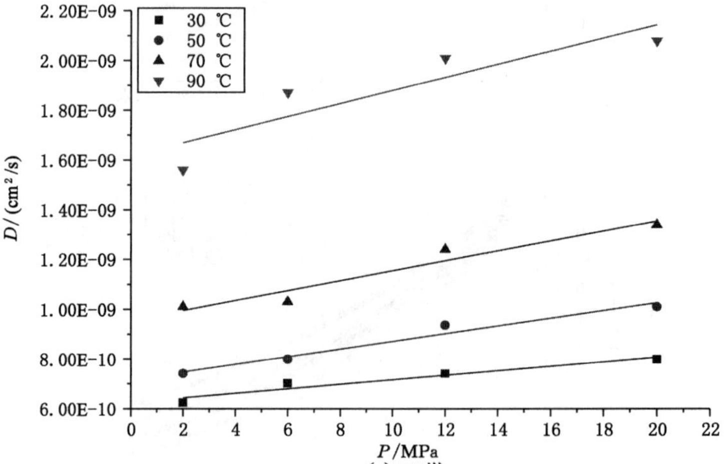

(c) YX煤

图 4-21 四种煤的压力与甲烷扩散系数关系

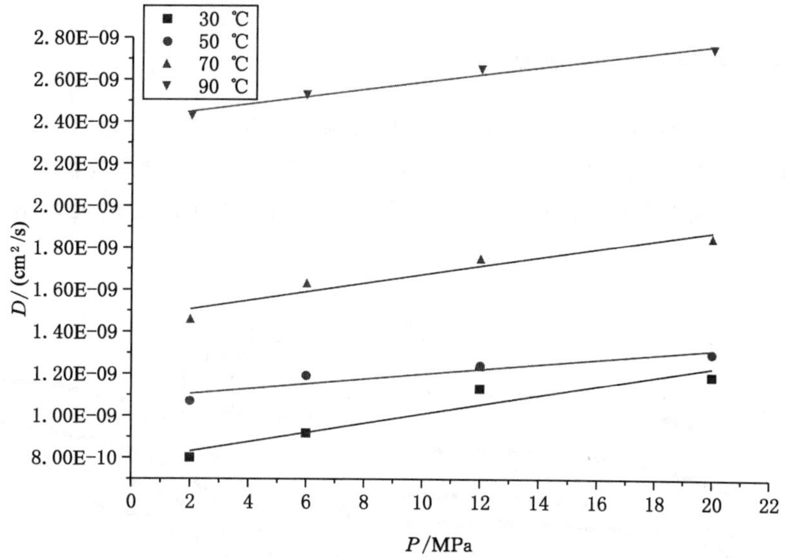


(d) DS煤

图 4-21(续)

由表 4-4 至表 4-7 和图 4-21 可知,不同变质程度的煤样,在相同实验环境温度下其甲烷扩散系数随着压力的增大而逐渐增加。以 DS 煤为例,在实验室 30 ℃条件下,压力分别为 2 MPa、6 MPa、12 MPa、20 MPa 时,甲烷扩散系数分别为 $8.00\times10^{-10}$ $cm^2/s$、$9.17\times10^{-10}$ $cm^2/s$、$1.13\times10^{-9}$ $cm^2/s$、$1.19\times10^{-9}$ $cm^2/s$;在实验室 70 ℃条件下,压力分别为 2 MPa、6 MPa、12 MPa、20 MPa 时,甲烷扩散系数分别为 $1.46\times10^{-9}$ $cm^2/s$、$1.63\times10^{-9}$ $cm^2/s$、$1.75\times10^{-9}$ $cm^2/s$、$1.85\times10^{-9}$ $cm^2/s$。由此可知,同一煤样在相同环境温度下,注入气体的压力越高,扩散系数 $D$ 越大,其他实验煤样亦出现这种规律,这和 Bielicki、Smith、Cui、Pan 等的研究结论一致。

气体压力上升则煤基质吸附量增加,微观上表现为甲烷分子碰撞概率增大,分子运动增强,使吸附在煤基质表面的甲烷分子脱离转化为自由气体,吸附剂表面浓度梯度增大,扩散系数增大,宏观上表现为甲烷扩散量增大。另外,煤基质孔隙结构复杂,在较高的气体压力驱动作用下,甲烷从开放型的孔隙内扩散出来,导致扩散系数增大;而封闭的孔隙经过煤基质的膨胀,孔隙通道会增大,从而减小气体分子扩散的阻力,这在一定程度上也使扩散系数增大。

## 4.4 温度对甲烷扩散规律的影响

Moffat、Do、Nodzeński、聂百胜、马东民、曾社教等学者研究表明,温度增高,煤对甲烷的吸附能力减弱,吸附量降低,同时有利于甲烷从煤基质中加速扩散,扩散速率加快,相同时间内甲烷扩散量也就越大。本研究开展了温度对甲烷扩散过程的影响实验,实验煤样采用四种不同变质程度的 YJL 煤、ZXZ 煤、YX 煤和 DS 煤,粒径为 0.17～0.25 mm,设置温度分别为 30 ℃、50 ℃、70 ℃、90 ℃,进行恒温吸附扩散实验,考察恒定吸附压力下温度对甲烷扩散规律的影响。

### 4.4.1 温度对甲烷扩散量的影响

为了研究温度对煤的甲烷扩散规律的影响，在恒定压力 2 MPa、6 MPa、12 MPa、20 MPa条件下依次进行不同温度(30 ℃、50 ℃、70 ℃、90 ℃)的甲烷扩散模拟实验，本次实验是恒温扩散。现以 ZXZ 煤样为代表，在绘制温度与甲烷扩散量的关系图(图 4-22)基础上展开相关分析。

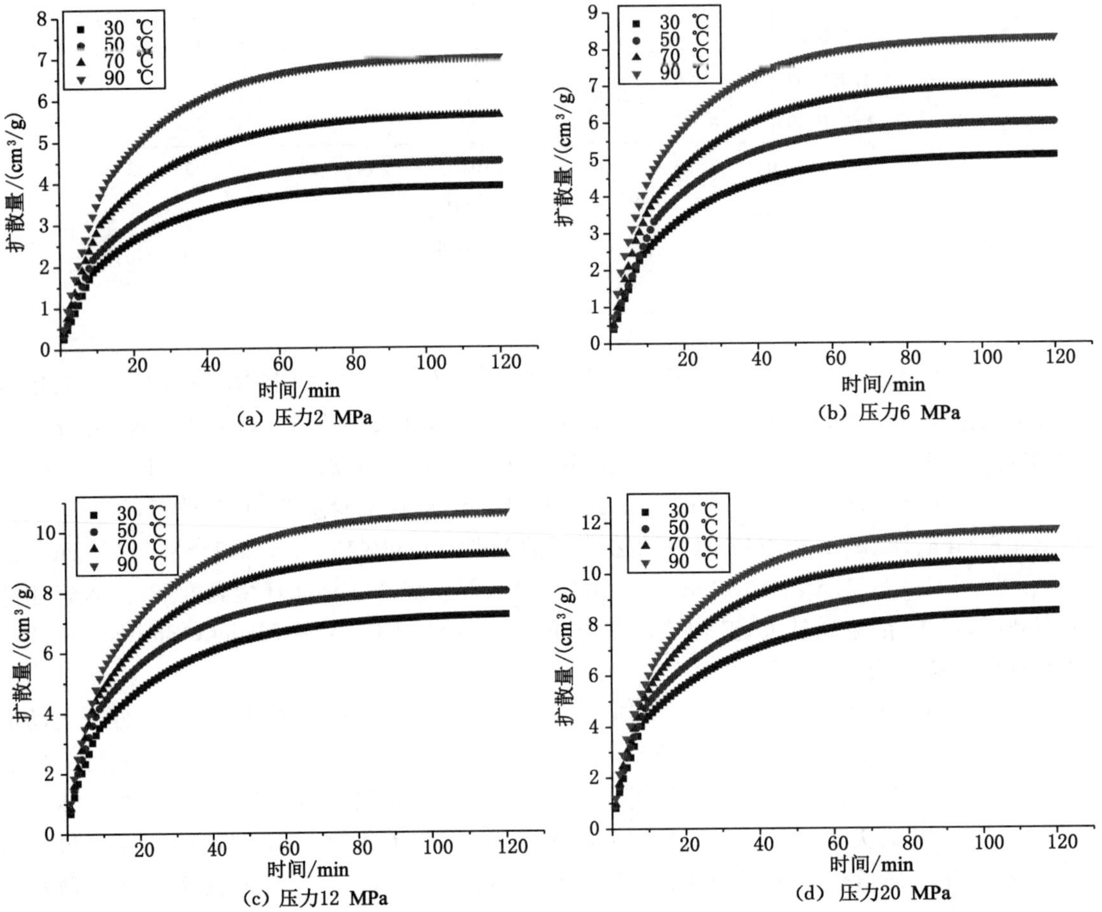


图 4-22 不同温度下的 ZXZ 煤甲烷扩散量曲线

由图 4-22 可以看出，同压不同温条件下，煤粒甲烷扩散量随着扩散时间的延长逐渐增加，累计扩散量随着温度的增加而增大。扩散曲线大致可分为两个阶段，即快速上升段和缓慢上升段。在快速上升段，扩散曲线斜率大，甲烷扩散速率高，扩散量大；在缓慢上升段，甲烷扩散速率低，扩散量较少，扩散速率快速下降。这说明粒煤甲烷扩散过程具有阶段性的特征。

在压力 2 MPa 条件下，温度分别为 30 ℃、50 ℃、70 ℃、90 ℃时，前 10 min 累计甲烷扩散量分别为 1.96 $cm^3/g$、2.27 $cm^3/g$、2.81 $cm^3/g$、3.46 $cm^3/g$，前 60 min 累计甲烷扩散量分别为 3.67 $cm^3/g$、4.24 $cm^3/g$、5.27 $cm^3/g$、6.60 $cm^3/g$，前 120 min 累计甲烷扩散量分别为 3.91 $cm^3/g$、4.52 $cm^3/g$、5.63 $cm^3/g$、7.08 $cm^3/g$。

在同一压力下，相同实验时间，由低温到高温阶段，累计甲烷扩散量呈现先慢后快的增加趋势，70～90 ℃段的影响程度要大于 50～70 ℃和 30～50 ℃段的影响程度，这说明随着温度的升高，温度对扩散的影响是逐渐增大的。以 ZXZ 煤为例，压力 6 MPa 条件下，温度分别由30 ℃增加至 50 ℃、50 ℃增加至 70 ℃、70 ℃增加至 90 ℃时，前 30 min 内累计甲烷扩散量分别由 4.02 $cm^3/g$ 增加至 4.79 $cm^3/g$、4.79 $cm^3/g$ 增加至 5.55 $cm^3/g$、5.55 $cm^3/g$ 增加至6.73 $cm^3/g$。

甲烷分子以吸附态和游离态赋存于煤体内部，吸附是放热过程，脱附是吸热过程，环境温度的升高必然会促进甲烷分子脱附。温度是衡量气体分子平均动能的标志。王绍亭、吴世跃等研究发现，当温度升高时，甲烷分子的振动幅度和频率增加，分子运动速度加快，从而会促进吸附位的甲烷分子脱附，使扩散量增加。

为了定量研究温度对甲烷扩散量的影响，在相同压力条件下，将温度为 30 ℃时的单位质量煤样的累计甲烷扩散量($Q_{120\ min}$)设置为统一基准，根据煤样在不同温度(50 ℃、70 ℃、90 ℃)时测得的单位质量的累计甲烷扩散量($Q_{120\ min}$)，计算相对 30 ℃时单位质量煤样累计甲烷扩散量($Q_{120\ min}$)的增幅，具体数据见表 4-8。

**表 4-8　累计甲烷扩散量及其增幅**

| 煤种 | 压力/MPa | 累计甲烷扩散量(120 min)/($cm^3/g$) | | | | 相对 30 ℃时累计甲烷扩散量的增幅/% | | | |
|---|---|---|---|---|---|---|---|---|---|
| | | 30 ℃ | 50 ℃ | 70 ℃ | 90 ℃ | 30 ℃ | 50 ℃ | 70 ℃ | 90 ℃ |
| YJL 煤 | 2 | 3.00 | 3.12 | 3.71 | 4.72 | 0 | 4.00 | 23.67 | 57.33 |
| | 6 | 4.02 | 4.23 | 4.94 | 5.85 | 0 | 5.22 | 22.89 | 45.52 |
| | 12 | 5.33 | 5.94 | 6.03 | 7.64 | 0 | 11.44 | 13.13 | 43.34 |
| | 20 | 5.91 | 6.38 | 6.92 | 7.93 | 0 | 7.95 | 17.09 | 34.18 |
| ZXZ 煤 | 2 | 3.91 | 4.55 | 5.60 | 7.09 | 0 | 16.37 | 43.22 | 81.33 |
| | 6 | 5.11 | 6.02 | 7.05 | 8.32 | 0 | 17.81 | 37.96 | 62.82 |
| | 12 | 7.25 | 8.06 | 9.21 | 10.62 | 0 | 11.17 | 27.03 | 46.48 |
| | 20 | 8.52 | 9.57 | 10.54 | 11.77 | 0 | 12.32 | 23.71 | 38.15 |
| YX 煤 | 2 | 5.30 | 6.31 | 7.62 | 9.24 | 0 | 19.06 | 43.77 | 74.34 |
| | 6 | 7.02 | 7.91 | 9.11 | 11.70 | 0 | 12.68 | 29.77 | 66.67 |
| | 12 | 9.80 | 10.02 | 12.45 | 15.01 | 0 | 2.24 | 27.04 | 53.16 |
| | 20 | 11.33 | 12.54 | 14.03 | 15.82 | 0 | 10.68 | 23.83 | 39.63 |
| DS 煤 | 2 | 10.33 | 12.31 | 14.60 | 17.70 | 0 | 19.17 | 41.34 | 71.35 |
| | 6 | 12.44 | 14.22 | 16.53 | 19.53 | 0 | 14.31 | 32.88 | 56.99 |
| | 12 | 16.31 | 17.13 | 19.75 | 22.81 | 0 | 5.03 | 21.09 | 39.85 |
| | 20 | 18.36 | 19.00 | 21.37 | 24.16 | 0 | 3.49 | 16.39 | 31.59 |

由表 4-8 可以看出，对于不同变质程度的煤样来说，在相同的压力下，煤粒甲烷累计扩散量总是随着温度的增大而增加。以 ZXZ 煤为例，在压力 2 MPa 下，温度由 30 ℃分别增加至 50 ℃、70 ℃、90 ℃时，累计甲烷扩散量由 3.91 $cm^3/g$ 分别增加至 4.55 $cm^3/g$、5.60 $cm^3/g$、7.09 $cm^3/g$，增幅分别达到了 16.37%、43.22%、81.33%；压力 6 MPa 下，由 5.11 $cm^3/g$分别增加至 6.02 $cm^3/g$、7.05 $cm^3/g$、8.32 $cm^3/g$，增幅分别达到了 17.81%、37.96%、62.82%；压力 12 MPa 下，由 7.25 $cm^3/g$ 分别增加至 8.06 $cm^3/g$、9.21 $cm^3/g$、10.62 $cm^3/g$，增幅分别达到了 11.17%、27.03%、46.48%；压力 20 MPa 下，由 8.52 $cm^3/g$ 分别增加至 9.57 $cm^3/g$、10.54 $cm^3/g$、11.77 $cm^3/g$，增幅分别达到了 12.32%、23.71%、38.15%。

在相同压力下，随着温度的增加，累计甲烷扩散量增加的幅度呈现逐渐增大的趋势。以 ZXZ 煤为例，2 MPa 条件下，50 ℃时的累计甲烷扩散量是 30 ℃时的 1.16 倍，70 ℃时的累计甲烷扩散量是 50 ℃时的 1.23 倍，而 90 ℃时的累计甲烷扩散量是 70 ℃时的1.27倍。

### 4.4.2 温度对甲烷扩散速度的影响

为研究温度对煤的甲烷扩散速度的影响，利用实验装置对 YJL 煤、ZXZ 煤、YX 煤和 DS 煤进行了甲烷扩散速度测试。现以 ZXZ 煤为例，在绘制温度与甲烷扩散速度的关系图(图 4-23)基础上展开相关分析。

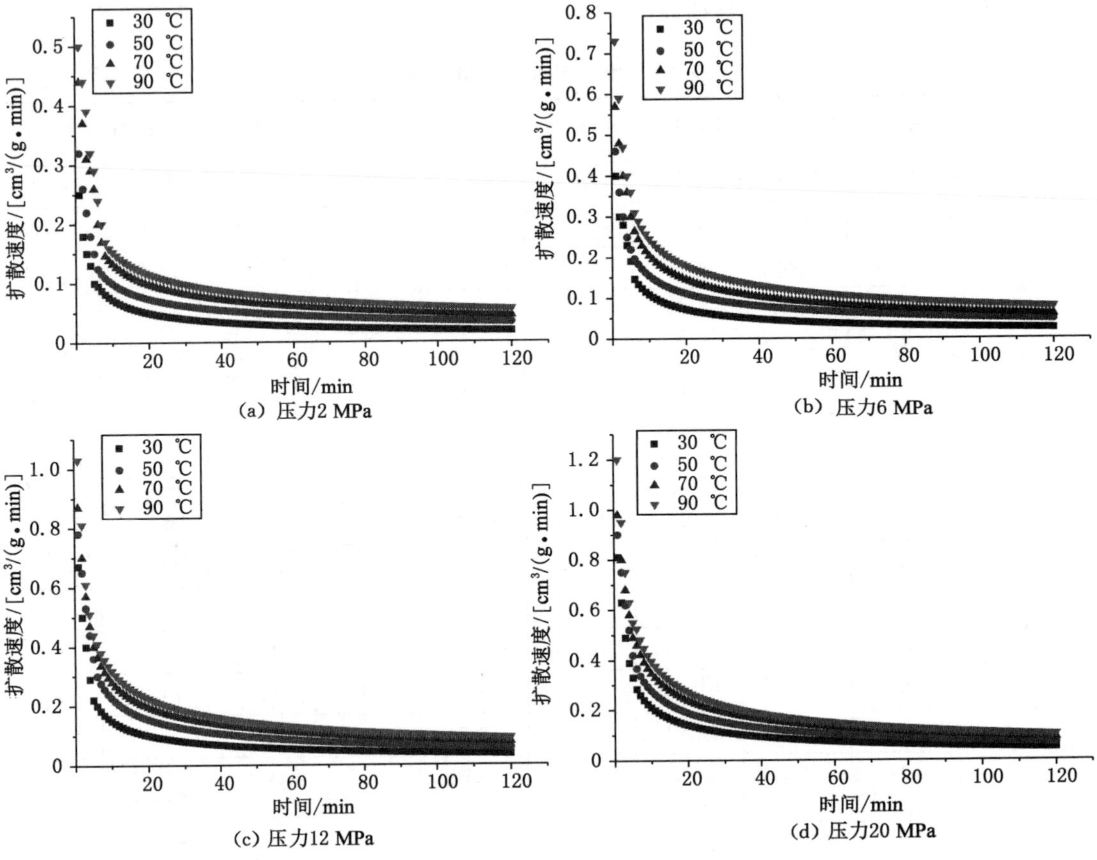


图 4-23 不同温度下的 ZXZ 煤甲烷扩散速度曲线

由图 4-23 可知，在相同温度下的煤样初始扩散速度最大，扩散速度随时间的延长逐渐减小。扩散曲线可划分为两个阶段，即急剧下降阶段和平缓下降阶段。在扩散曲线急剧下降阶段，斜率较大，甲烷扩散速度快；在平缓下降阶段，甲烷扩散速度慢，扩散量较少。这说明甲烷扩散过程具有阶段性的特征。甲烷扩散时间的前 20 min，煤样高温时的扩散速度明显高于低温时的扩散速度；扩散时间超过 20 min 后，煤样不论是高温扩散还是低温扩散都趋近于缓慢扩散过程。

以 ZXZ 煤为例，在压力 12 MPa 条件下，温度分别为 30 ℃、50 ℃、70 ℃、90 ℃时，第 1 min甲烷扩散速度分别为 0.67 $cm^3$/(g·min)、0.78 $cm^3$/(g·min)、0.87 $cm^3$/(g·min)、1.03 $cm^3$/(g·min)，第 60 min 甲烷扩散速度分别为 0.05 $cm^3$/(g·min)、0.08 $cm^3$/(g·min)、0.11 $cm^3$/(g·min)、0.13 $cm^3$/(g·min)。

### 4.4.3　温度对甲烷扩散系数的影响

为研究温度对煤的甲烷扩散系数的影响，采用 4.2.3 小节计算扩散系数的方法对 YJL 煤、ZXZ 煤、YX 煤和 DS 煤进行了计算。现以 ZXZ 煤为代表，在绘制温度与甲烷扩散规律的关系图(图 4-24)基础上展开相关分析，扩散系数 $D$ 计算结果如表 4-9 所示。

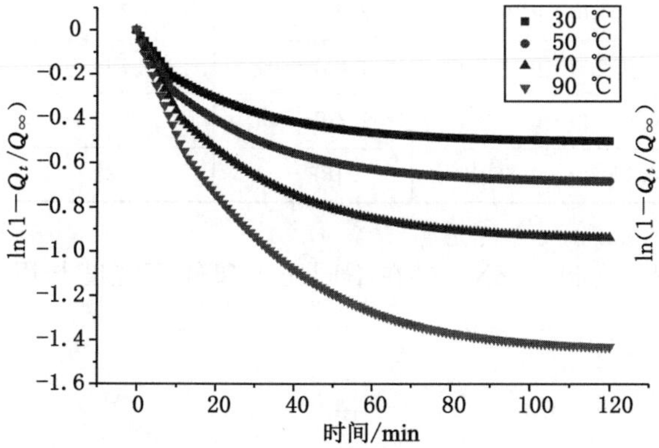

(a) 压力2 MPa

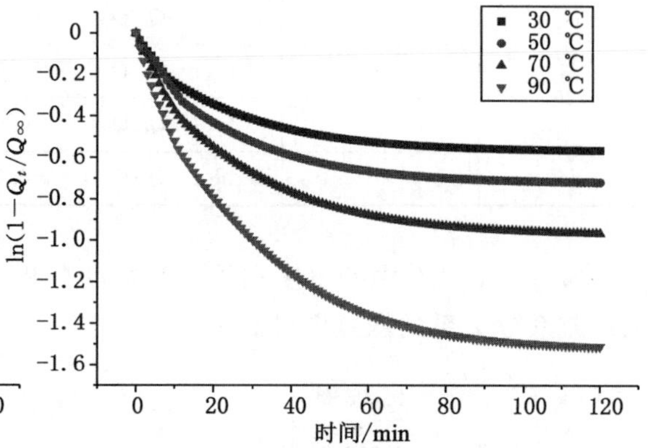

(b) 压力6 MPa

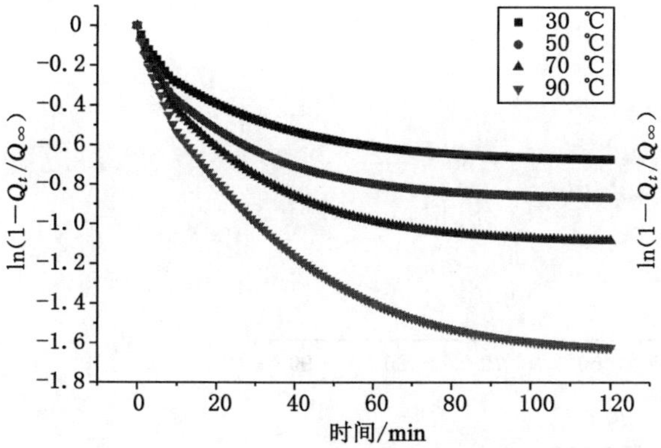

(c) 压力12 MPa

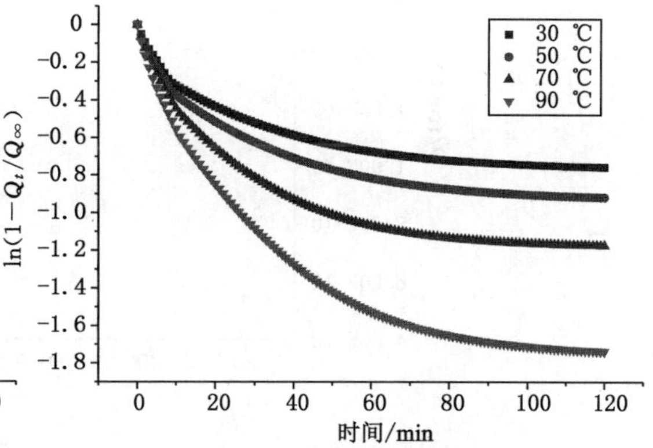

(d) 压力20 MPa

图 4-24　不同温度下的 ZXZ 煤甲烷扩散规律

**表 4-9　ZXZ 煤温度与甲烷扩散系数关系**

| 压力/MPa | 温度/℃ | 拟合方程 | $D/(cm^2/s)$ | $R^2$ |
|---|---|---|---|---|
| 2 | 30 | $\ln(1-Q_t/Q_\infty)=-0.0028t-0.2390$ | 5.46E−10 | 0.720 8 |
| | 50 | $\ln(1-Q_t/Q_\infty)=-0.0040t-0.3138$ | 7.81E−10 | 0.739 2 |
| | 70 | $\ln(1-Q_t/Q_\infty)=-0.0053t-0.4057$ | 1.03E−09 | 0.764 3 |
| | 90 | $\ln(1-Q_t/Q_\infty)=-0.0092t-0.5479$ | 1.80E−09 | 0.799 6 |
| 6 | 30 | $\ln(1-Q_t/Q_\infty)=-0.0032t-0.2685$ | 6.25E−10 | 0.725 8 |
| | 50 | $\ln(1-Q_t/Q_\infty)=-0.0042t-0.3312$ | 8.19E−10 | 0.723 5 |
| | 70 | $\ln(1-Q_t/Q_\infty)=-0.0056t-0.4203$ | 1.09E−09 | 0.761 7 |
| | 90 | $\ln(1-Q_t/Q_\infty)=-0.0097t-0.5989$ | 1.89E−09 | 0.793 8 |
| 12 | 30 | $\ln(1-Q_t/Q_\infty)=-0.0039t-0.3046$ | 7.61E−10 | 0.772 2 |
| | 50 | $\ln(1-Q_t/Q_\infty)=-0.0049t-0.4093$ | 9.56E−10 | 0.744 7 |
| | 70 | $\ln(1-Q_t/Q_\infty)=-0.0066t-0.4739$ | 1.28E−09 | 0.772 5 |
| | 90 | $\ln(1-Q_t/Q_\infty)=-0.0107t-0.5734$ | 2.08E−09 | 0.844 0 |
| 20 | 30 | $\ln(1-Q_t/Q_\infty)=-0.0045t-0.3349$ | 8.78E−10 | 0.789 5 |
| | 50 | $\ln(1-Q_t/Q_\infty)=-0.0054t-0.3949$ | 1.05E−09 | 0.795 7 |
| | 70 | $\ln(1-Q_t/Q_\infty)=-0.0072t-0.5036$ | 1.40E−09 | 0.769 4 |
| | 90 | $\ln(1-Q_t/Q_\infty)=-0.0112t-0.6306$ | 2.18E−09 | 0.826 6 |

通过对表 4-9 中的温度和扩散系数的分析，绘制了 ZXZ 煤在不同压力条件下温度与甲烷扩散系数关系的散点图(图 4-25)。

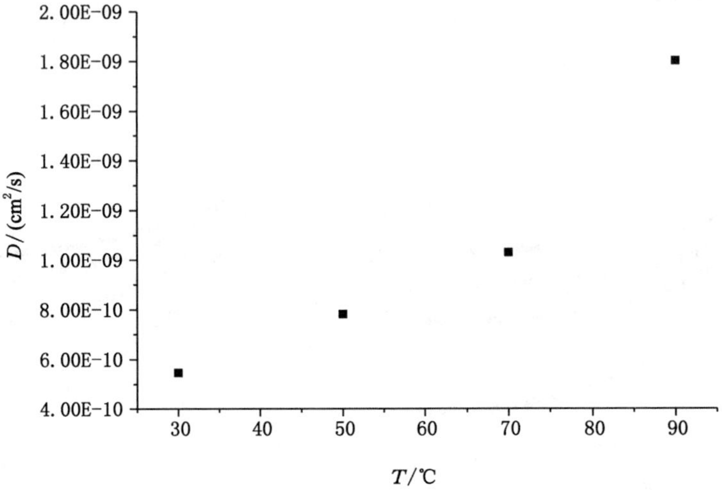


(a) 压力2 MPa

图 4-25　温度与 ZXZ 煤扩散系数关系散点图

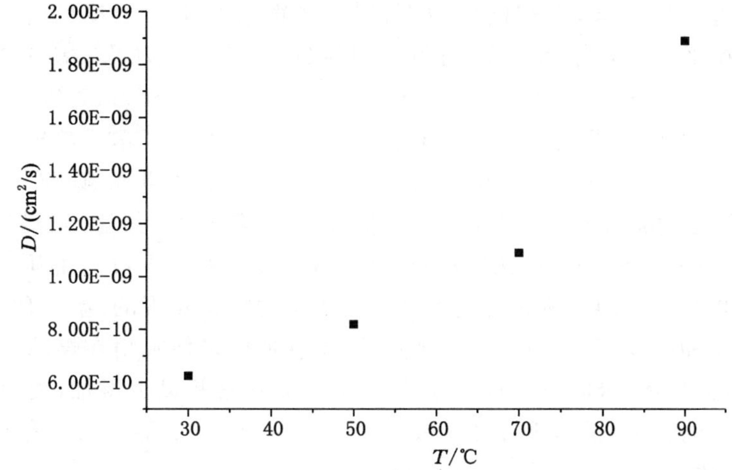


(b) 压力6 MPa

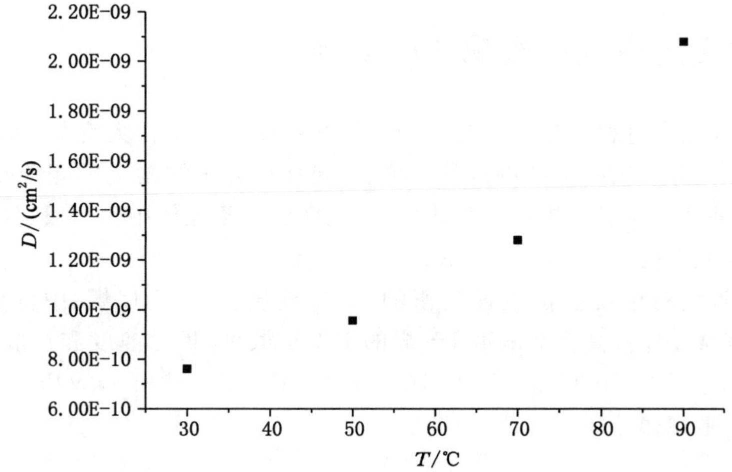


(c) 压力12 MPa

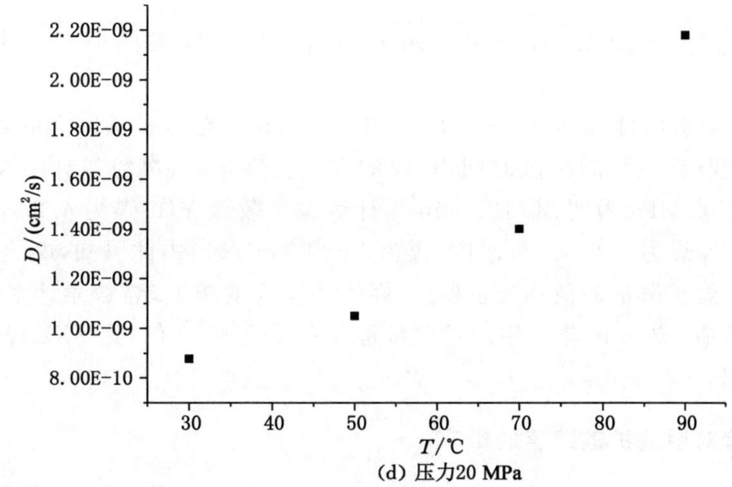


(d) 压力20 MPa

图 4-25(续)

由表4-9和图4-25可知，在相同压力下，甲烷扩散系数随着温度的升高而逐渐增大。以ZXZ煤为例，在压力2 MPa条件下，温度分别为30 ℃、50 ℃、70 ℃、90 ℃时，甲烷扩散系数分别为$5.64\times10^{-10}$ $cm^2/s$、$7.81\times10^{-10}$ $cm^2/s$、$1.03\times10^{-9}$ $cm^2/s$、$1.80\times10^{-9}$ $cm^2/s$；在压力20 MPa条件下，温度分别为30 ℃、50 ℃、70 ℃、90 ℃时，甲烷扩散系数分别为$8.78\times10^{-10}$ $cm^2/s$、$1.05\times10^{-9}$ $cm^2/s$、$1.40\times10^{-9}$ $cm^2/s$、$2.18\times10^{-9}$ $cm^2/s$。由此可知，同一煤样在相同压力下，扩散系数$D$总是随着温度的升高而呈现逐渐增大的趋势，其他实验煤样亦出现这种规律，这和Nandi、Yang、Schueller、Charrière、李志强、聂百胜、Wang等的研究结论一致。

温度对甲烷扩散系数的影响是通过改变分子平均动能来实现的，温度升高，可以提高甲烷分子的振动频率和幅度，气体分子运动加快，从中获取能量使吸附在煤基质表面的甲烷分子脱离，转化为自由气体，吸附剂表面浓度梯度增大，扩散过程动力增加，表现为扩散系数增大；另外，随着温度的升高，常压下煤体的吸附量减少，甲烷多呈游离状态存在，这使得浓度梯度增大，从而导致扩散系数增大。

## 4.5 变质程度对甲烷扩散规律的影响

赵东等发现在成煤过程中煤体自身的物理化学性质发生了很大变化，也就是说煤的变质程度越高，位于大分子结构上的侧链就会越少，同样大分子结构上的侧链断裂，将会造成大量的甲基或各种基团通过有机反应生成甲烷，从而储存于煤体中。一般情况下，煤的变质程度越高，其本身赋存的甲烷含量也就越大。

为考察变质程度对甲烷扩散规律的影响，对低变质程度YJL煤、中低变质程度ZXZ煤、中高变质程度YX煤和高变质程度DS煤的甲烷扩散量、扩散速度和扩散系数进行了测试。现以30 ℃和2 MPa、50 ℃和6 MPa、70 ℃和12 MPa、90 ℃和20 MPa四种实验条件为代表，进行甲烷扩散规律分析。

### 4.5.1 变质程度对甲烷扩散量的影响

根据上述设置的实验条件，绘制了四种不同变质程度煤的甲烷扩散量变化曲线(图4-26)。

由图4-26可以看出，同温同压条件下，煤粒甲烷扩散量随着扩散时间的延长单调增加，增加的速度逐渐变慢；在相同扩散时间内，煤的变质程度越高，煤粒累计甲烷扩散量越大。以实验条件50 ℃-6 MPa为例，前120 min累计甲烷扩散量YJL煤为4.23 $cm^3/g$、ZXZ煤为6.02 $cm^3/g$、YX煤为7.91 $cm^3/g$、DS煤为14.22 $cm^3/g$。由此可知，煤的变质程度差别越大，煤粒累计甲烷扩散量差值相应也越大；煤的变质程度越近，煤粒累计甲烷扩散量差别越小。DS煤扩散前120 min累计甲烷扩散量是YX煤的1.80倍，是ZXZ煤的2.36倍，是YJL煤的3.36倍。

### 4.5.2 变质程度对甲烷扩散速度的影响

根据上述设置的实验条件，绘制了四种不同变质程度煤的甲烷扩散速度变化曲线(图4-27)。

由图4-27可知，同温同压条件下，煤粒甲烷扩散速度随着扩散时间的延长单调递减，减

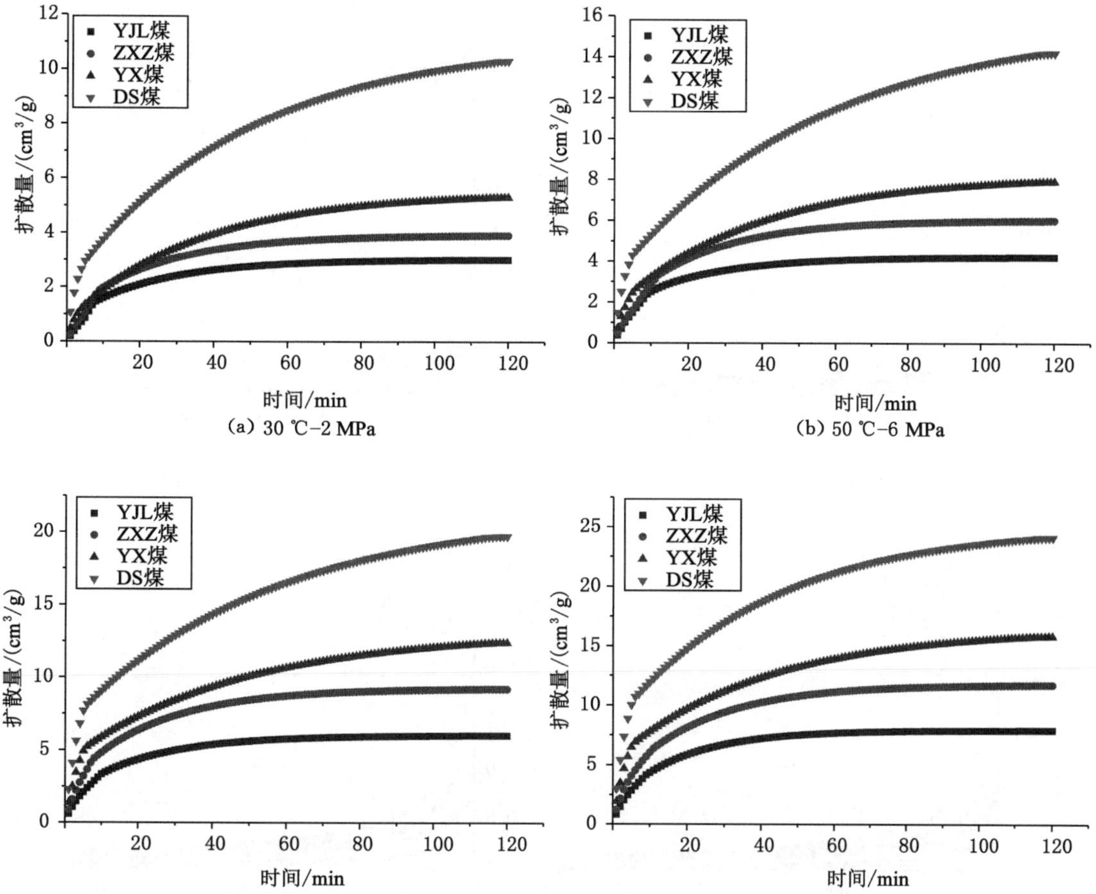

(a) 30 ℃-2 MPa　(b) 50 ℃-6 MPa　(c) 70 ℃-12 MPa　(d) 90 ℃-20 MPa

图 4-26　不同变质程度煤甲烷扩散量曲线

小的幅度逐渐变小，高变质程度煤样的甲烷初始扩散速度远高于低变质程度煤样。在相同扩散时间内，煤变质程度越高，煤粒甲烷扩散速度就越大，尤其是在前 30 min，高变质程度煤样的扩散速度明显高于低变质程度煤样，扩散后期不论煤样变质程度高低，扩散速度都趋近于缓慢扩散过程。

以实验条件 90 ℃-20 MPa 为例，第 1 min 甲烷扩散速度 YJL 煤为 0.76 $cm^3/(g\cdot min)$、ZXZ 煤为 1.20 $cm^3/(g\cdot min)$、YX 煤为 1.90 $cm^3/(g\cdot min)$、DS 煤为 2.99 $cm^3/(g\cdot min)$；第 60 min甲烷扩散速度 YJL 煤为 0.05 $cm^3/(g\cdot min)$、ZXZ 煤为 0.15 $cm^3/(g\cdot min)$、YX 煤为 0.20 $cm^3/(g\cdot min)$、DS 煤为 0.25 $cm^3/(g\cdot min)$。

煤的变质程度差别越大，煤粒甲烷初始扩散速度差值相应也越大；煤的变质程度越近，煤粒甲烷初始扩散速度差别越小。DS 煤第 1 min 甲烷扩散速度是 YX 煤的 1.57 倍，是 ZXZ 煤的 2.49 倍，是 YJL 煤的 3.93 倍。

### 4.5.3　变质程度对甲烷扩散系数的影响

在对上述实验数据分析的基础上，采用 4.2.3 小节计算扩散系数的方法对 YJL 煤、

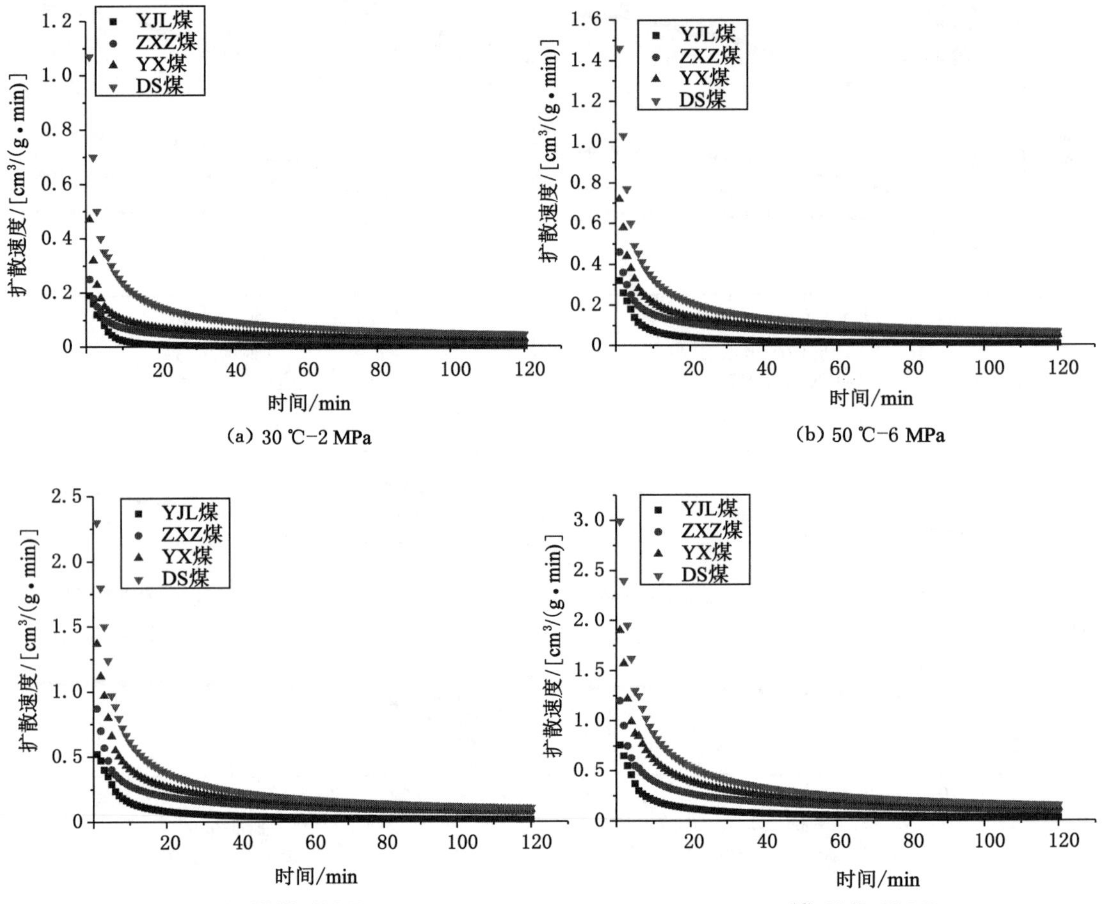


(a) 30 ℃-2 MPa

(b) 50 ℃-6 MPa

(c) 70 ℃-12 MPa

(d) 90 ℃-20 MPa

图 4-27 不同变质程度煤甲烷扩散速度曲线

ZXZ 煤、YX 煤和 DS 煤进行了计算。现以 90 ℃、20 MPa 实验条件为代表，在绘制变质程度与甲烷扩散规律的关系图(图 4-28)基础上展开相关分析，扩散系数 $D$ 计算结果见表 4-10。

**表 4-10 变质程度与甲烷扩散系数关系**

| 温度/℃ | 压力/MPa | 煤种 | 拟合方程 | $D$/(cm²/s) | $R^2$ |
|---|---|---|---|---|---|
| 30 | 2 | YJL 煤 | $\ln(1-Q_t/Q_\infty)=-0.0036t-0.2756$ | 7.03E−10 | 0.705 6 |
| | | ZXZ 煤 | $\ln(1-Q_t/Q_\infty)=-0.0028t-0.2390$ | 5.46E−10 | 0.720 8 |
| | | YX 煤 | $\ln(1-Q_t/Q_\infty)=-0.0032t-0.1580$ | 6.24E−10 | 0.868 4 |
| | | DS 煤 | $\ln(1-Q_t/Q_\infty)=-0.0041t-0.1743$ | 8.00E−10 | 0.926 4 |

**表 4-10(续)**

| 温度/℃ | 压力/MPa | 煤种 | 拟合方程 | $D/(cm^2/s)$ | $R^2$ |
|---|---|---|---|---|---|
| 50 | 6 | YJL 煤 | $\ln(1-Q_t/Q_\infty)=-0.004\,3t-0.302\,0$ | 8.39E−10 | 0.693 2 |
| | | ZXZ 煤 | $\ln(1-Q_t/Q_\infty)=-0.004\,2t-0.331\,2$ | 8.19E−10 | 0.723 5 |
| | | YX 煤 | $\ln(1-Q_t/Q_\infty)=-0.004\,1t-0.227\,5$ | 8.00E−10 | 0.880 8 |
| | | DS 煤 | $\ln(1-Q_t/Q_\infty)=-0.006\,1t-0.217\,4$ | 1.19E−09 | 0.956 0 |
| 70 | 12 | YJL 煤 | $\ln(1-Q_t/Q_\infty)=-0.006\,9t-0.540\,7$ | 1.35E−09 | 0.734 5 |
| | | ZXZ 煤 | $\ln(1-Q_t/Q_\infty)=-0.006\,6t-0.473\,9$ | 1.28E−09 | 0.772 5 |
| | | YX 煤 | $\ln(1-Q_t/Q_\infty)=-0.006\,4t-0.331\,7$ | 1.24E−09 | 0.919 0 |
| | | DS 煤 | $\ln(1-Q_t/Q_\infty)=-0.009\,0t-0.350\,6$ | 1.75E−09 | 0.958 8 |
| 90 | 20 | YJL 煤 | $\ln(1-Q_t/Q_\infty)=-0.011\,4t-0.737\,8$ | 2.22E−09 | 0.760 8 |
| | | ZXZ 煤 | $\ln(1-Q_t/Q_\infty)=-0.011\,2t-0.630\,6$ | 2.18E−09 | 0.826 6 |
| | | YX 煤 | $\ln(1-Q_t/Q_\infty)=-0.010\,7t-0.453\,1$ | 2.08E−09 | 0.936 9 |
| | | DS 煤 | $\ln(1-Q_t/Q_\infty)=-0.014\,1t-0.471\,3$ | 2.75E−09 | 0.963 0 |

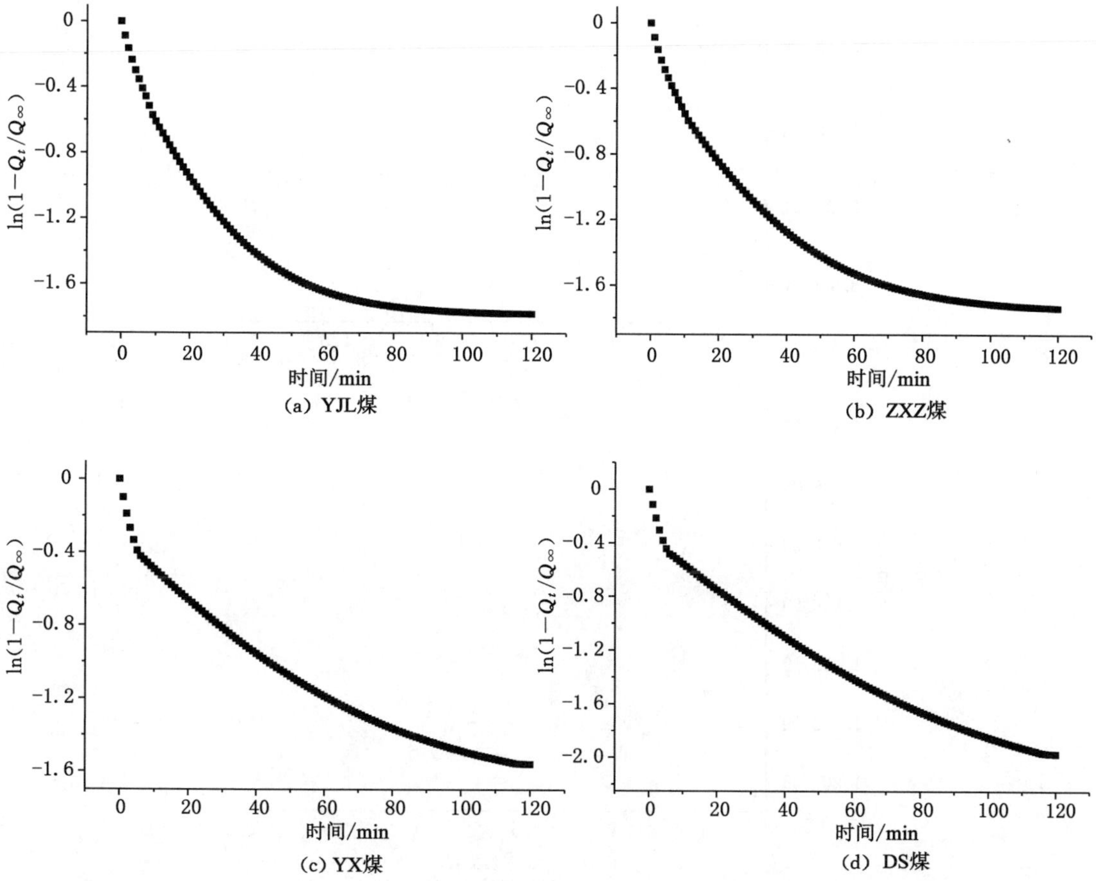


图 4-28　不同变质程度煤甲烷扩散规律

通过对表 4-10 中的不同变质程度煤的扩散系数的分析,绘制了四种煤在不同温压条件下的甲烷扩散系数关系的散点图(图 4-29),图中用镜质组最大反射率指标反映四种煤的变质程度。

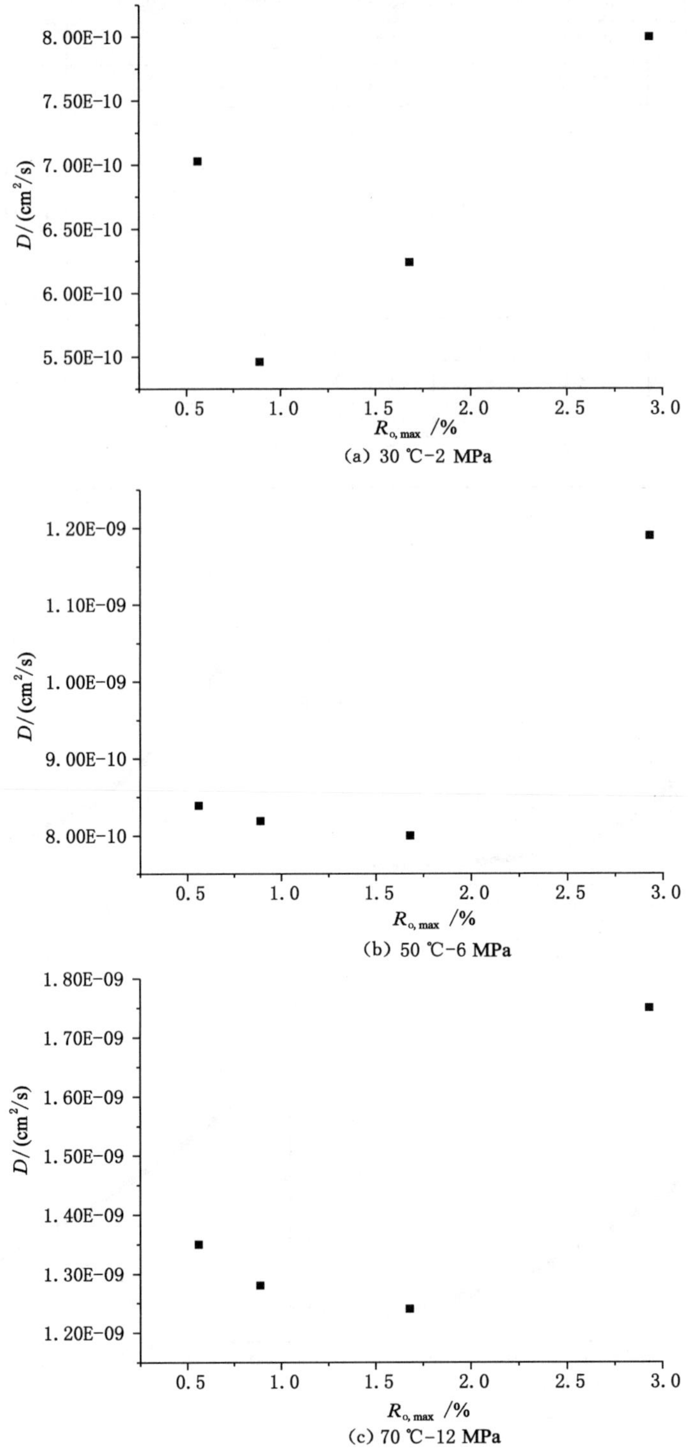


图 4-29 不同变质程度煤甲烷扩散系数关系散点图

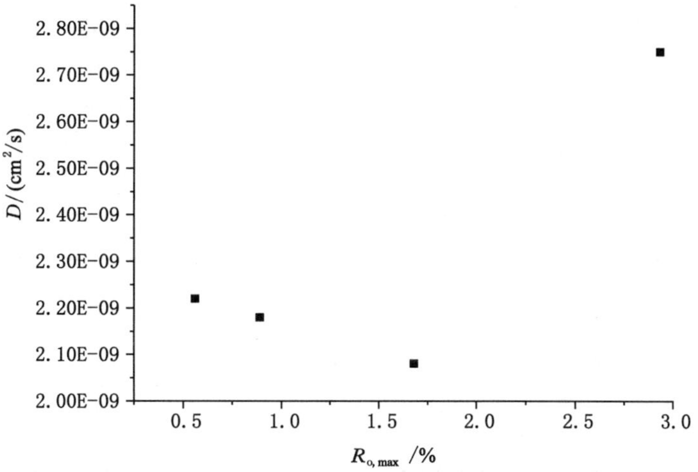


(d) 90 ℃-20 MPa

图 4-29(续)

由表 4-10 和图 4-29 可知，在相同的温压条件下，煤粒甲烷扩散系数随着变质程度的增加(镜质组最大反射率增大)呈现先减小再增大的趋势。实验条件 30 ℃-2 MPa 下，DS 煤扩散系数最大，YJL 煤次之，然后是 YX 煤、ZXZ 煤；其他三个实验条件下，DS 煤扩散系数也最大，YJL 煤次之，然后是 ZXZ 煤、YX 煤。

不同变质程度煤样的甲烷扩散系数不同主要是本身的吸附量和孔隙结构造成的。随着变质程度增加，煤的小孔和微孔发育，比表面积增大，煤基质吸附空间增加，相比中等和低变质程度的煤样来说吸附能力更强，这就保证了高变质程度煤样具有较长的扩散时间，同时微孔内的表面扩散强，从而表现为甲烷扩散能力强。孔隙结构的变化是甲烷扩散系数不同的主要影响因素，低变质程度煤在煤变质过程中受压实程度低，天然裂缝、大孔和中孔较为发育，这是其扩散系数高于中等变质程度煤的根本原因。

## 4.6 甲烷扩散温度与压力敏感性分析

秦勇等发现煤作为一种特殊的有机岩石，对温度和压力的响应比无机岩石更为敏感。为了定量研究温度和压力对甲烷扩散作用的影响，以 DS 煤为例，利用高温高压扩散实验中的扩散率测试数据，分析了温度和压力对煤粒甲烷扩散的敏感性。分别将压力 2 MPa、温度 30 ℃的煤粒甲烷的扩散率($Q_t/Q_\infty$)设置为统一基准，根据煤样在不同压力(6 MPa、12 MPa、20 MPa)和不同温度(50 ℃、70 ℃、90 ℃)时测得的煤粒甲烷的扩散率，分别计算相对 2 MPa、30 ℃时单位压力( $\mathrm{MPa^{-1}}$)和单位温度( ℃$^{-1}$)下的增幅，具体数据如表 4-11 所示。图 4-30 和图 4-31 为不同压力和温度条件下煤粒甲烷扩散率及其单位增幅变化关系。其他实验煤样亦有类似的规律。

**表 4-11　压力、温度对甲烷扩散率及其增幅的影响状况**

| 煤种 | 温度/℃ | 扩散率/% | | | | 相对 2 MPa 时扩散率的单位压力增幅/% | | | |
|---|---|---|---|---|---|---|---|---|---|
| | | 2 MPa | 6 MPa | 12 MPa | 20 MPa | 2 MPa | 6 MPa | 12 MPa | 20 MPa |
| DS 煤 | 30 | 0.45 | 0.50 | 0.58 | 0.61 | 0 | 1.25 | 1.30 | 0.89 |
| | 50 | 0.54 | 0.60 | 0.63 | 0.65 | 0 | 1.50 | 0.90 | 0.61 |
| | 70 | 0.64 | 0.68 | 0.73 | 0.76 | 0 | 1.00 | 0.90 | 0.67 |
| | 90 | 0.80 | 0.82 | 0.84 | 0.86 | 0 | 0.50 | 0.40 | 0.33 |
| | 压力/MPa | 扩散率/% | | | | 相对 30 ℃时扩散率的单位温度增幅/% | | | |
| | | 30 ℃ | 50 ℃ | 70 ℃ | 90 ℃ | 30 ℃ | 50 ℃ | 70 ℃ | 90 ℃ |
| | 2 | 0.45 | 0.54 | 0.64 | 0.80 | 0 | 0.45 | 0.48 | 0.58 |
| | 6 | 0.50 | 0.60 | 0.68 | 0.82 | 0 | 0.50 | 0.45 | 0.53 |
| | 12 | 0.58 | 0.63 | 0.73 | 0.84 | 0 | 0.25 | 0.38 | 0.43 |
| | 20 | 0.61 | 0.65 | 0.76 | 0.86 | 0 | 0.20 | 0.38 | 0.42 |

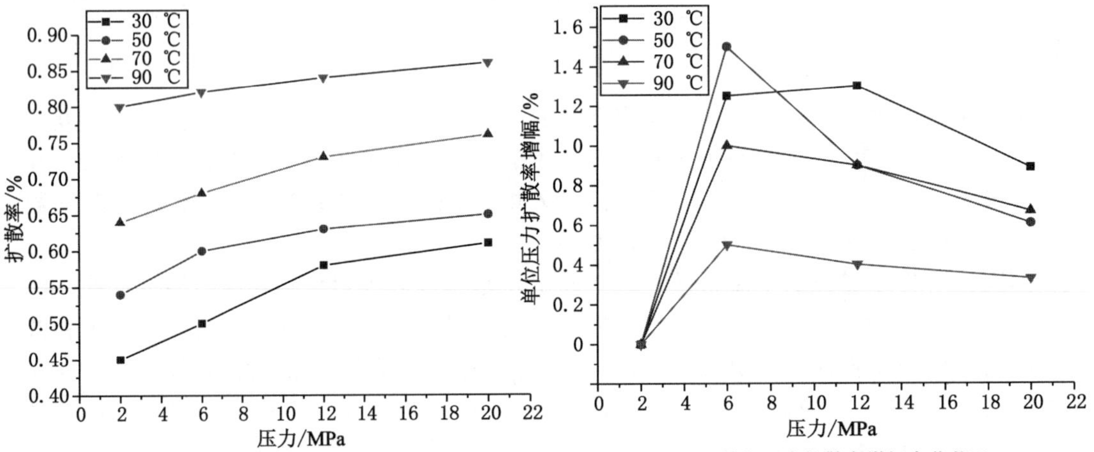


(a) 扩散率与压力的变化关系　　(b) 单位压力扩散率增幅变化状况

图 4-30　同温-扩散率及单位压力扩散率的增幅变化状况

由表 4-11 和图 4-30 可以看出，在相同的温度条件下，煤粒甲烷扩散率随着压力的增大而增加，单位压力扩散率增幅随着压力的增大呈现先增加后减小的趋势。在实验室 50 ℃条件下，压力由 2 MPa 分别增加至 6 MPa、12 MPa、20 MPa 时，甲烷扩散率由 0.54%分别增加至 0.60%、0.63%、0.65%，单位压力甲烷扩散率增幅分别为 1.50%、0.90%、0.61%。这说明在低压阶段(2～6 MPa)，甲烷扩散能力受压力控制明显；在中高压阶段(6～20 MPa)，甲烷扩散能力受压力控制逐渐减弱。其他温度条件下，亦有类似的规律。

另外，在相同压力下，压力对甲烷扩散能力的影响随着温度的升高而逐渐减弱。6 MPa、30 ℃时的单位压力甲烷扩散率增幅为 1.25%，6 MPa、90 ℃时的单位压力甲烷扩散率增幅为 0.50%，说明温度升高对压力影响甲烷扩散能力方面有负效应。其他温度条件下，亦有类似的规律。

由表 4-11 和图 4-31 可以看出，在相同压力下，煤粒甲烷扩散率增幅随着温度的升高而

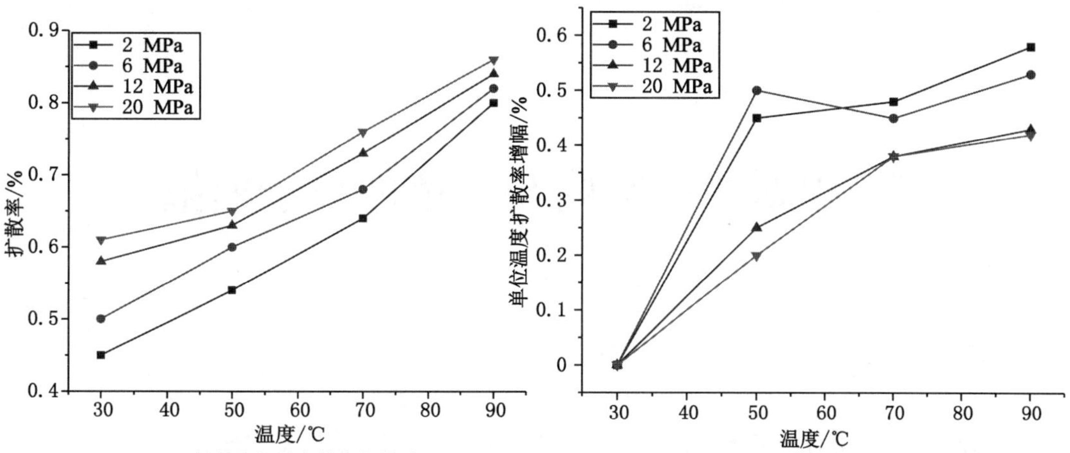


（a）扩散率与温度的变化关系　（b）单位温度扩散率增幅变化状况

图 4-31　同压-扩散率及单位温度扩散率的增幅变化状况

增大，单位温度扩散率增幅随着温度的升高总体呈现增加的趋势。在压力 2 MPa 条件下，温度由 30 ℃分别增加至 50 ℃、70 ℃、90 ℃时，甲烷扩散率由 0.45%分别增加至 0.54%、0.64%、0.80%，单位压力甲烷扩散率增幅为 0.45%、0.48%、0.58%。压力 12 MPa 条件下，温度由 30 ℃分别增加至 50 ℃、70 ℃、90 ℃时，甲烷扩散率由 0.58% 分别增加至 0.63%、0.73%、0.84%，单位压力甲烷扩散率增幅分别为 0.25%、0.38%、0.43%。这说明低温阶段(30～50 ℃)的甲烷扩散能力明显低于中高温阶段(70～90 ℃)的甲烷扩散能力，随着温度的升高，甲烷扩散能力逐渐增强。

另外，在相同温度下，温度对甲烷扩散能力的影响随着压力的增加而逐渐减弱。70 ℃、2 MPa 时的单位温度甲烷扩散率增幅为 0.48%，70 ℃、20 MPa 时的单位温度甲烷扩散率增幅为0.38%，这说明增大压力对温度影响甲烷扩散能力方面有负效应。其他压力条件下，亦有类似的规律。

综上所述，在煤粒甲烷扩散不同阶段，主导影响因素也不相同。在低压阶段(2～6 MPa)压力控制扩散作用明显，在中高压阶段(6～20 MPa)温度控制扩散作用明显，并且增大压力对温度影响甲烷扩散率有负效应，升高温度同样对压力影响甲烷扩散率有负效应。由此可见，在煤粒甲烷扩散的中高压阶段，甲烷扩散对温度更敏感。

# 5 煤对甲烷吸附与扩散的分子模拟

## 5.1 概　述

分子模拟是利用计算机模拟分子体系性质或分子结构的方法。分子模拟基于理化的原理构建数学模型和算法，计算出合理的分子行为和分子结构，从而获得相关的物理和化学信息。分子模拟涵盖了材料、物理、化学、工程等研究领域，能够与实验结果相互补充和验证。分子模拟具有可降低实验成本、能大幅减少工作量、安全系数高、易于模拟高难度实验等优势。陈敏伯认为在20世纪分子模拟技术便成为第三种解决实际问题的重要科学研究手段。

近些年来，随着计算机技术和统计力学理论的快速发展，分子模拟技术已成为研究气体在多孔介质中的热力学性质和分子行为的重要手段。Do等研究表明，在超临界温度下，单点甲烷分子模型在狭缝形石墨孔中的吸附量大于五点甲烷分子。Bhatia等研究发现，吸附剂与吸附质间存在较高的吸附势能，这是单点甲烷分子模型的吸附量高于多点甲烷分子模型的主要原因。Kurniawan等通过对二氧化碳在石墨狭缝孔中的吸附研究发现，温度318 K、压力1 MPa时，随着气相浓度的增大，二氧化碳的吸附量逐渐增加。何科荣、孙迎新、Cao、Shao等通过对活性炭等多孔介质的吸附行为进行分子模拟，探讨了吸附过程与吸附储存等。Liu等采用蒙特卡罗方法研究了氢气在金属有机骨架上和氨气在沸石上的吸附行为，发现模拟结果与实验结果较为吻合。周健等采用分子动力学方法计算了不同温度条件下甲烷在水中的扩散系数和自扩散系数，模拟结果与实验结果较为吻合。荆雯利用分子动力学方法模拟得出，构造煤中的甲烷扩散系数要高于原生结构煤，说明构造煤更利于甲烷的扩散。Lim等针对非均质聚合物中气体扩散现象进行了分子模拟研究。

本章在长焰煤大分子结构模型优化的基础上，运用巨正则蒙特卡罗方法对甲烷分子在不同温度和压力条件下的吸附过程进行了模拟，分析吸附过程的能量变化和饱和吸附构型；采用分子动力学方法模拟不同温度条件下甲烷扩散过程，研究甲烷扩散系数与温度的定量关系，并将分子模拟结果与实验测试结果进行对比分析。

## 5.2 分子模拟方法

### 5.2.1 分子模拟基础

统计力学是研究大量粒子（主要是原子和分子）集合的宏观运动规律的科学，由玻尔兹曼等提出。1 mol物质含有$6.02\times10^{23}$个粒子。张启仁研究发现，粒子的量大，这些粒子相互作用共同组成宏观体系。在特定的宏观状态下，分子间存在的作用力使得微观状态不断发生变化。系统每时刻的状态在统计学原理中被定义成一个样本，样本的集合称为系综。统计力学采用统计系综的方法，研究大量粒子的平均行为，通过设置系综来控制分子模拟过程的平衡条件。孟伟杰认为常用到的系综包括正则系综(NVT)、微正则系综(NVE)、巨正则系综($\mu$VT)、等温等压系综(NPT)等。

(1) 正则系综

正则系综 Q(NVT)描述的是一个封闭体系，系统的温度($T$)、体积($V$)和粒子数($N$)保持恒定，与外界存在热交换，能量 $E$ 发生变化。对于给定能量为 $E_i$ 的样本，每种微观状态出现的概率为：

$$P_t = \frac{e^{\frac{E_i}{k_B T}}}{\sum_t e^{\frac{E_i}{k_B T}}} \tag{5-1}$$

式中 $k_B$——玻尔兹曼常数，$1.38\times10^{-23}$ J/K。

(2) 微正则系综

微正则系综 Ω(NVE)描述的是一个独立体系，系统的粒子数($N$)、体积($V$)和总能量($E$)保持恒定，与外界无能量和粒子交换。每种微观状态出现的概率为：

$$P_t = \frac{1}{\Omega} \tag{5-2}$$

(3) 巨正则系综

巨正则系综 ω($\mu$VT)描述的是一个敞开体系，系统的化学位($\mu$)、体积($V$)和温度($T$)保持恒定，与外界没有粒子和热交换。对于给定粒子数为 $N_j$ 和能量为 $E_i$ 的样本，每种微观状态出现的概率为：

$$P_t = \frac{e^{\frac{E_i}{k_B T}} e^{\frac{\mu N_j}{k_B T}}}{\sum_j \sum_t e^{\frac{E_i}{k_B T}} e^{\frac{\mu N_j}{k_B T}}} \tag{5-3}$$

(4) 等温等压系综

等温等压系综 Δ(NPT)描述的是一个封闭体系，系统的粒子数($N$)、压力($P$)和温度($T$)保持恒定，与外界存在热交换，能量 $E$ 发生变化。对于给定能量为 $E_i$ 的样本，每种微观状态出现的概率为：

$$P_t = \frac{e^{\frac{E_i}{k_B T}} e^{\frac{\mu V_j}{k_B T}}}{\sum_j \sum_t e^{\frac{E_i}{k_B T}} e^{\frac{P V_j}{k_B T}}} \tag{5-4}$$

式(5-1)至式(5-4)为四种常用系综中某个样本出现的概率，公式中分母代表系综的配分函数，它描述了系统中可能出现的所有微观状态。宏观条件下所有热力学量理论上均可由配分函数得到。

### 5.2.2 分子模拟方法选择

分子模拟方法以统计力学为基本理论，结合系统中分子或原子的运动，在由分子体系构成的系综中抽取样本，模拟计算系统的构型积分，利用计算机技术实现数值实验，从而获得体系的物理化学性质。常见的分子模拟方法有分子动力学方法(molecular dynamics,MD)、分子力学方法(molecular mechanics,MM)、蒙特卡罗方法(Monte Carlo method,MC)。

分子动力学方法(MD)应用牛顿力学原理和力场及计算系统的平衡和传递性质,对粒子的牛顿方程进行时间积分,能够计算复杂的系统。分子力学方法(MM)根据系统中的力场计算分子的特性,分子力场中的参数可以借助实验获得,主要用于团簇体、药物、生化大分子等方面的研究。蒙特卡罗方法(MC)多用于稠密分子系统的模拟,应用统计力学的概率分布原理,从分子的随机运动开始,生成系统的代表构型,获得系统的参数。

本章分子模拟主要研究煤对甲烷的吸附与扩散问题,属于陆小华研究的稠密分子系统的数值模拟。研究甲烷吸附与扩散时,巨正则系综($\mu$VT)的化学势、温度和体积是恒定的。巨正则蒙特卡罗方法(GCMC)最典型的特征是化学势在模拟中固定,粒子数可变。因此,适合采用巨正则蒙特卡罗模拟方法,通过对粒子的插入与删除实现煤对甲烷分子的吸附与扩散,模拟结果形象而直观,并可以设定需要的温度、气体压力、孔隙等宏观约束条件。

### 5.2.3 蒙特卡罗方法

(1) 蒙特卡罗方法基本原理

这种方法也称为随机模拟方法。陈正隆等认为其主要思想是建立一个随机过程或者概率模型,通过对模型抽样得出所求问题的统计特征,最后求取符合要求的结果。

在统计力学中某一物理量为粒子坐标的函数,采用蒙特卡罗方法来求取平均值,即

$$\bar{F}=\int\cdots\int f(r_1,r_2,\cdots,r_N)p(r_1,r_2,\cdots,r_N)\mathrm{d}r_1\mathrm{d}r_2\cdots\mathrm{d}r_N \tag{5-5}$$

式中 $N$——系统中的粒子数量;

$r_i$——系统中第 $i$ 个粒子的位置矢量。

系统中结构($r_1,r_2,\cdots,r_N$)的概率为:

$$P(r_1,r_2,\cdots,r_N)=\frac{\exp\left[-\dfrac{U(r_1,r_2,\cdots,r_N)}{k_\mathrm{B}T}\right]}{\int\cdots\int\exp\left[-\dfrac{U(r_1,r_2,\cdots,r_N)}{k_\mathrm{B}T}\right]\mathrm{d}r_1\mathrm{d}r_2\cdots\mathrm{d}r_N} \tag{5-6}$$

式中 $k_\mathrm{B}$——玻尔兹曼常数,$1.38\times10^{-23}$ J/K;

$U$——势能,J/mol。

正则系综中结构积分为:

$$Z_N=\int\cdots\int\exp\left[-\frac{U(r_1,r_2,\cdots,r_N)}{k_\mathrm{B}T}\right]\mathrm{d}r_1\mathrm{d}r_2\cdots\mathrm{d}r_N \tag{5-7}$$

则 $F$ 可变为:

$$F=\frac{\int\cdots\int F(r_1,r_2,\cdots,r_N)\exp\left[-\dfrac{U(r_1,r_2,\cdots,r_N)}{k_\mathrm{B}T}\right]\mathrm{d}r_1\mathrm{d}r_2\cdots\mathrm{d}r_\mathrm{N}}{Z_N} \tag{5-8}$$

式(5-8)中只要样本点足够多,就可以采用上述方法得到 $F$ 的平均值,步骤如下:

① 随机生成 $N$ 个粒子的坐标;

② 计算势能 $U(r_1,r_2,\cdots,r_N)$ 及 $F(r_1,r_2,\cdots,r_N)$;

③ 计算 $\exp\left[-\dfrac{U(r_1,r_2,\cdots,r_N)}{k_\mathrm{B}T}\right]$,将其与函数 $F$ 先相乘再累加,返回步骤①;

④ 第 $N$ 个循环后,通过式(5-9)求解 $F$ 的平均值:

$$\bar{F}=\frac{\sum F_i\exp[-U_i/(k_BT)]}{\sum\exp[-U_i/(k_BT)]} \tag{5-9}$$

(2) 巨正则蒙特卡罗方法

巨正则蒙特卡罗方法,适用于模拟非均相体系和混合物,比如微孔吸附、流体界面等。它描述的是一个敞开系统,该系统的温度($T$)、化学势($\mu$)和体积($V$)保持恒定,模拟结果方便与实验比较。Wageningen 等研究发现该系综的配分函数为:

$$Q(\mu,V,T)=\sum_{N=0}^{\infty}\frac{\exp(\beta\mu N)V^N}{\Lambda^{3N}N!}\int\exp[-\beta U(s^N)]\mathrm{d}s^N \tag{5-10}$$

$$\beta=\frac{1}{k_BT}$$

式中 $U$——势能,J/mol;

$k_B$——玻尔兹曼常数;

$\Lambda$——德布罗意波长,m。

Fujioka 等研究发现在巨正则蒙特卡罗模拟过程中,体相中的粒子和系统按一定的概率进行交换,交换过程主要包括粒子的插入、粒子的移动和粒子的删除三种基本操作。

① 粒子的插入:在系统中随机插入一个粒子,得到的新构型概率为:

$$P_{acc}(N\rightarrow N+1)=\min\left\{1,\frac{V}{\Lambda^3(N+1)}\exp\{\beta[\mu-U(N+1)+U(N)]\}\right\} \tag{5-11}$$

② 粒子的移动:将随机选取的一个粒子由原位置随机移动到新位置,得到的新构型概率为:

$$P_{acc}(s\rightarrow s')=\min\{1,\exp\{-\beta[U(s'^N)-U(s^N)]\}\} \tag{5-12}$$

③ 粒子的删除:随机删除一个粒子,得到的新构型概率为:

$$P_{acc}(N\rightarrow N-1)=\min\left\{1,\frac{\Lambda^3N}{V}\exp\{-\beta[\mu+U(N-1)-U(N)]\}\right\} \tag{5-13}$$

(3) Metropolis 抽样方法

使用蒙特卡罗方法计算系统统计平均值的过程中,需要随机大量地选取取样点。如何排除不必要的取样点,从而提高计算效率,Metropolis 在 1953 年提出了重要的取样方法,即构建一个马尔可夫链,通过运用物理判据,获取符合系统要求的重要取样点,最终达到平衡态。通常引用随机数计算系统的统计平均值,比如求解 $\omega(N,V,T)$ 系综的平均值 $B$,则:

$$\langle B\rangle=\int\mathrm{d}r^N\rho_{\mathrm{NVT}}(\mathrm{d}r^N)A(\mathrm{d}r^N) \tag{5-14}$$

采用 Metropolis 取样方法计算时,选取 $\rho(r^N)$,得到的积分为取样构型的和:

$$\langle B\rangle=\langle B\rangle_{\mathrm{trial}}=\sum_{i=1}^{n}\rho(r_i^N)B(r_i^N) \tag{5-15}$$

建立马尔可夫链是 Metropolis 取样方法的关键,应满足两个条件:

① 若系统的集合为($r_1^N,r_1^N,\cdots,r_1^N,r_1^N,\cdots$),那么每次随机选取的取样点的状态必须属于该集合;

② 每次选取的取样点仅与上一个取样点有关,与取样位置无关。

建立粒子系统的马尔可夫链需要设置合适的遍历性转换矩阵,由统计力学可知,对任一

系统结构 $r_o^N$，转移构型的极限概率 $\rho_o^\infty = \rho_{NVT}(r_o^N)$，可得：

$$\frac{\rho_n^\infty}{\rho_o^\infty} = \frac{\exp\left[-U\left(\frac{r_n^N}{k_B T}\right)\right]}{\exp\left[-U\left(\frac{r_o^N}{k_B T}\right)\right]} = \exp[-\Delta U_{no}/(k_B T)] \tag{5-16}$$

式中　$\Delta U_{no}$——二位状态 n 与 o 之间的势能差。

通过比较 n 状态的势能与 o 状态的势能来确定此构型转换是否可以接受。如果 n 状态的势能小于 o 状态的势能，则可被接受；如果 n 状态的势能大于 o 状态的势能，就需要根据接受概率判断能否接受此构型转换。将玻尔兹曼因子 $\exp[-\Delta U_{no}/(k_B T)]$与介于 0 和 1 之间的一个随机数进行比较，如果玻尔兹曼因子大于它，可被接受；反之，如果小于它，则排除转换。

### 5.2.4　力场和周期性边界

（1）力场

力场是分子模拟的基础，也是描述系统中势能面的经验势函数。分子的相互作用包括分子内相互作用和分子间相互作用。分子内相互作用包含离平面振动能、分子键角弯曲能、二面角扭曲能、分子键伸缩能等；分子间相互作用力主要有范德华力、库仑力等。力场根据不同的需要，其形式也不相同，每种形式具有不同的适用性。常用的分子力学力场函数为：

$$E = E_{bond} + E_{angle} + E_{improper} + E_{dihedral} + E_{vander\ waals} + E_{electrostatic} + E_{cross} \tag{5-17}$$

式中　$E_{bond}$——分子键伸缩能；

$E_{angle}$——分子键角弯曲能；

$E_{improper}$——离平面振动能；

$E_{dihedral}$——二面角扭曲能；

$E_{vander\ waals}$——原子间的范德华力相互作用能；

$E_{electrostatic}$——电荷 $q_1$ 和 $q_2$ 间的库仑力作用能；

$E_{cross}$——交叉作用能。

目前分子模拟中经常用到的力场有 Dreiding、Compass、Cvff、Amber、Cff、Charmm等。

（2）周期性边界

进行分子模拟时，周期性边界条件尤为重要。在分子动力学计算时，为了使模拟系统的密度与实验密度相等，必须利用周期性边界条件进行处理。采用周期性边界条件后，体系四周的盒子将会出现与之相同的粒子数量和排列方式，这些盒子称为周期性镜像系统。在进行分子模拟时，从盒子移出某一粒子后，必然会有另一粒子进入，使得该盒子中的总粒子数不变，从而使空间上无限延伸，避免了分子数目有限造成的影响。

分子动力学模拟计算时，分子间作用力可利用最近镜像法获得，在计算过程中会重复计算粒子受力，导致结果出现偏差。为了避免该情况的发生，通常采用截断半径方法计算远程分子间的相互作用力。

# 5.3 煤大分子结构的构建与优化

## 5.3.1 模拟软件及模块

Materials Studio 分子模拟软件采用多种模拟计算思想，如分子动力学、分子力学、蒙特卡罗方法等，可以构建出三维分子模型并对模型进行优化。该软件可用于材料、石化、生物、机械和交通等领域，支持 Windows 2010、Linux、Unix 等多种操作系统。

Materials Studio 分子模拟软件最突出的优势是将模拟环境模块化，能够与计算思想相融合，通过各自的模块进行深入准确的分析。

根据 Materials Studio 软件不同的应用范围，将其划分为晶体、结晶与 X 射线衍射、分子力学与分子动力学、高分子与介观模拟、定量结构-性质和量子力学，具体模块见表 5-1。本书采用量子力学、分子动力学、分子力学进行模拟计算，分别采用模块 MS. dMol3、MS. Sorption和 MS. Forcite。

**表 5-1 Materials Studio 软件计算模块**

| 范围 | 晶体、结晶与X 射线衍射 | 分子力学与分子动力学 | 高分子与介观模拟 | 定量结构-性质 | 量子力学 |
|---|---|---|---|---|---|
| 计算模块 | MS. Polymorph Predictor | MS. DISCOVER | MS. Synthia | MS. QSAR | MS. dMol3 |
| | MS. Morphology | MS. COMPASS | MS. Blends | MS. QSAR Plus | MS. CASTEP |
| | MS. X-Cell | MS. Amorphous Cell | MS. DPD | MS. dMol3 Descriptor | MS. NMR CASTEP |
| | MS. Reflex | MS. Forcite | MS. MesoDyn | | MS. VAMP |
| | MS. Reflex Plus | MS. Forcite Plus | MS. MesoPro | | |
| | MS. Reflex QPA | MS. GULP | | | |
| | | MS. Equilibria | | | |
| | | MS. Sorption | | | |

## 5.3.2 平面结构模型

Song 等基于红外光谱、高分辨率透射电子显微镜和核磁共振等实验，建立了长焰煤的大分子结构模型(图 5-1)，该模型计算的孔隙率和密度均与实验结果较为吻合，本书吸附与扩散的分子模拟采用该模型。

## 5.3.3 分子结构优化

Takanohashi 等研究发现，真实的煤分子由于受到应力和溶胀效应作用并不是平面结构，而是三维空间立体结构。因此，在进行吸附和扩散分子模拟前需将平面结构进行分子动力学和分子力学优化。体系分子的能量构成为：

$$E_{\text{total}} = E_{\text{valence energy}} + E_{\text{non-bond energy}} \tag{5-18}$$

$$E_{\text{valence energy}} = E_{\text{bond}} + E_{\text{angel}} + E_{\text{torsion}} + E_{\text{inversion}} \tag{5-19}$$

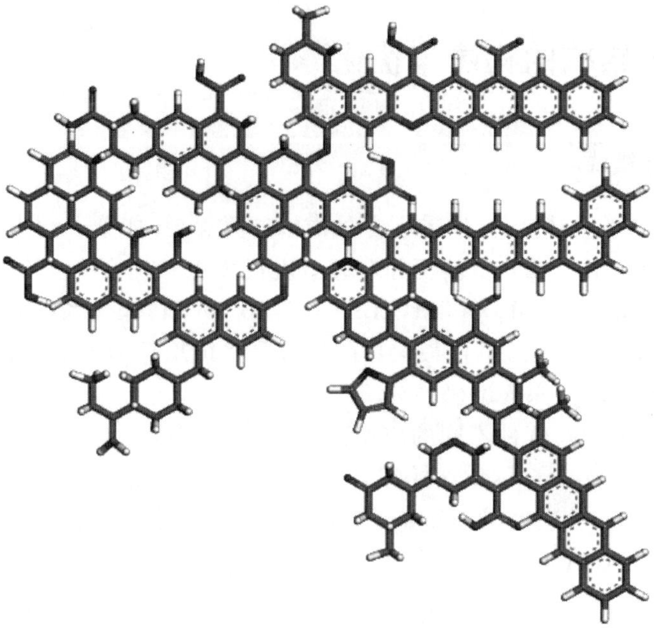

图 5-1　长焰煤大分子结构模型

$$E_{\text{non-bond energy}} = E_{\text{vander waals}} + E_{\text{electrostatic}} + E_{\text{hydrogen bond}} \tag{5-20}$$

式中，总能量 $E_{\text{total}}$ 由共价键能 $E_{\text{valence energy}}$ 和非键合作用能 $E_{\text{non-bond energy}}$ 构成。共价键能 $E_{\text{valence energy}}$ 由键合能 $E_{\text{bond}}$、键角能 $E_{\text{angel}}$、键扭转能 $E_{\text{torsion}}$ 和键反转能 $E_{\text{inversion}}$ 构成；而非键合作用能 $E_{\text{non-bond energy}}$ 则由范德华力相互作用能 $E_{\text{vander waals}}$、库仑力作用能 $E_{\text{electrostatic}}$ 和氢键作用能 $E_{\text{hydrogen bond}}$ 构成。

分子力学优化在 Materials Studio 的 Forcite 模块中进行，首先用任务项 Energy 进行，计算精度设置为 Fine，分子力场选择 Dreiding，电子相互作用由电荷平衡法计算，计算精度同样设置为 Fine，范德华力相互作用采用 Atom Based 计算。分子最初电荷为 Formal，最大迭代步数为 50 步，收敛极限为 $5.0\times10^{-4}$，参数设置方法采用 QEq_charged1.1。进行 3～4 次能量优化后，运用 Geometry Optimization 进行几何优化，计算精度为 Customized，计算方法采用 Conjugate Gradient，能量间隔和力场间隔分别设置为 $1.0\times10^{-4}$ kcal/mol 和 0.005 kcal/(mol·Å)，位移步距为 $5.0\times10^{-5}$ Å，最大迭代步数为 50 000 步。电荷平衡的迭代步数设置为 50 000 步，电子相互作用采用 Use Current 方法进行，其他参数设置与 Energy 任务项一致。几何优化一般进行 5～10 次，最终能量稳定不变终止优化过程，本次几何优化所获得的最优构型如图 5-2 所示，此时其总势能为 484.25 kcal/mol，其中 $E_{\text{valence energy}}$ 和 $E_{\text{non-bond energy}}$ 分别为 394.59 kcal/mol 和 89.66 kcal/mol。$E_{\text{bond}}$、$E_{\text{angel}}$、$E_{\text{torsion}}$ 和 $E_{\text{inversion}}$ 分别为 114.78 kcal/mol、117.58 kcal/mol、116.58 kcal/mol 和 45.65 kcal/mol；$E_{\text{vander waals}}$、$E_{\text{electrostatic}}$ 和 $E_{\text{hydrogen bond}}$ 分别为 573.80 kcal/mol、−483.96 kcal/mol 和 −0.18 kcal/mol。

几何优化后，需对结构进行退火模拟以克服分子结构能垒，退火设置参数如下：Quality 设置为 Fine，退火次数设置为 5 次，初始温度、中间温度和升温速率分别设置为 300 K、500 K和 5(Heating Ramps per Cycle)，系综设置为 NVE，初始速度(Initial Velocities)设置为 Random，时间步数设置为 1 fs。分子力场、库仑力相互作用和范德华力的计算方法与几何优化过程采用的方法一致。模拟退火后总的势能为 447.99 kcal/mol，其中，键能、键角能、键扭转能和键反转能分别为 114.09 kcal/mol、112.22 kcal/mol、152.53 kcal/mol 和 7.17 kcal/mol；范德华力相互作用能、库仑力作用能和氢键作用能分别为 539.02 kcal/mol、−476.85 kcal/mol 和−0.19 kcal/mol，退火后的几何构型如图 5-3 所示。将模型在 Amorphous Cell Calculation 模块中添加周期性边界条件，任务项(Task)和计算精度分别设置为 Construction 和 Medium，密度(Density)设置为 1.24 g/cm$^3$，Output 设置为 1 frames。一个晶胞加载一个镜质组大分子模型，得到的晶胞大小为 16.2 Å×16.2 Å×16.2 Å。分子力场、库仑力相互作用和范德华力的计算方法与上面设置方法相同，得到的煤镜质组大分子结构晶胞如图 5-4 所示，并以此作为煤吸附甲烷和扩散的初始模型，分别在 Sorption 和 Forcite 模块中进行吸附和扩散的分子模拟。

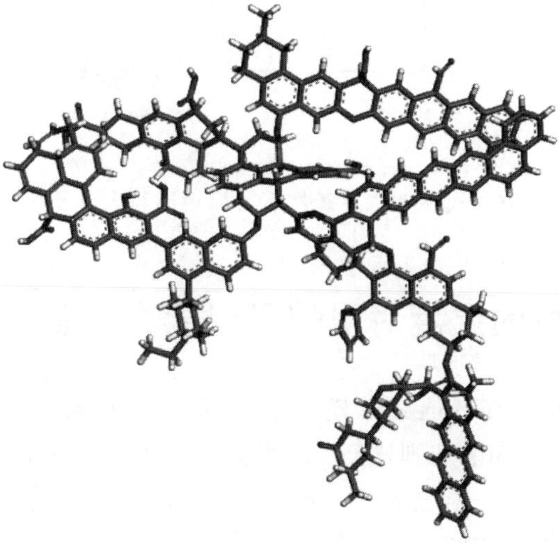

图 5-2　能量最优几何构型

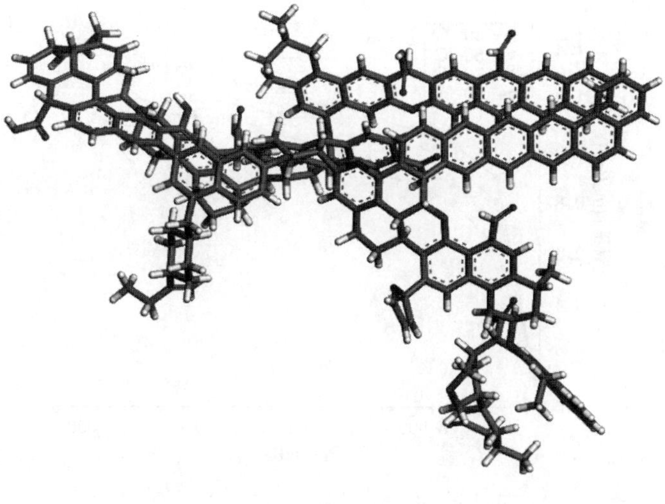

图 5-3　模拟退火后的几何构型

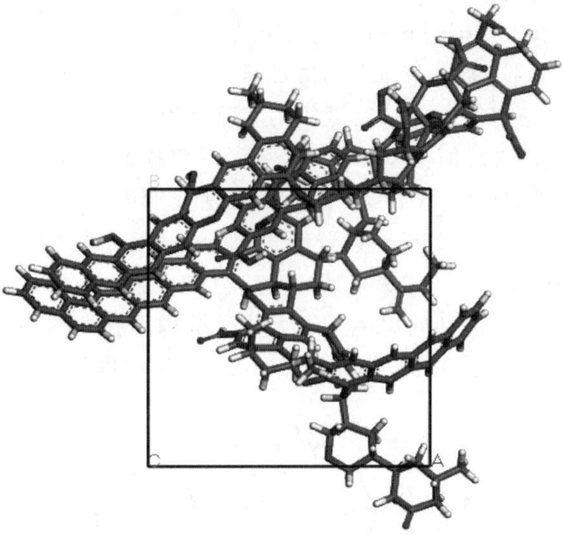


图 5-4　添加周期性边界条件后的煤镜质组大分子结构晶胞

## 5.4　基于分子模拟的温度对甲烷吸附能力的影响

等温吸附和吸附构型均在 Sorption 模块中进行，等温吸附运用 Adsorption Isotherm 任务项进行，采样选用 Metropolis 准则进行，计算精度为 Fine，分子力场、库仑力相互作用和范德华力的计算方法不变。等温吸附构型计算采用 Locate 任务项进行，其他参数设置与 Adsorption Isotherm 任务项一致。甲烷等温吸附模拟压力最高为 20 MPa，温度分别设置为 30 ℃、50 ℃、70 ℃和 90 ℃，模拟得到的不同温度下的等温吸附曲线和等量吸附热曲线如图 5-5、图 5-6 所示。

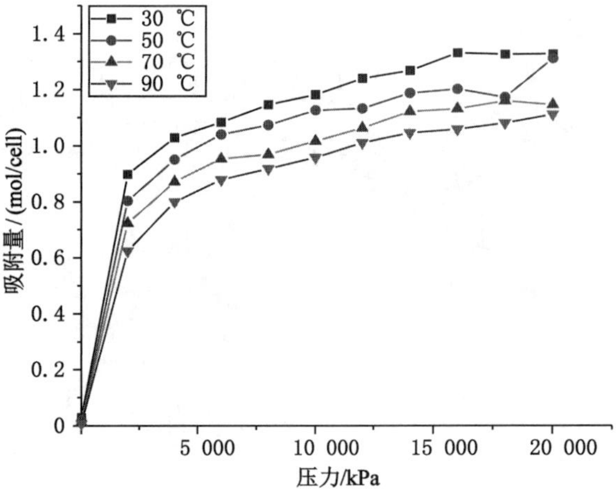


图 5-5　等温吸附模拟结果

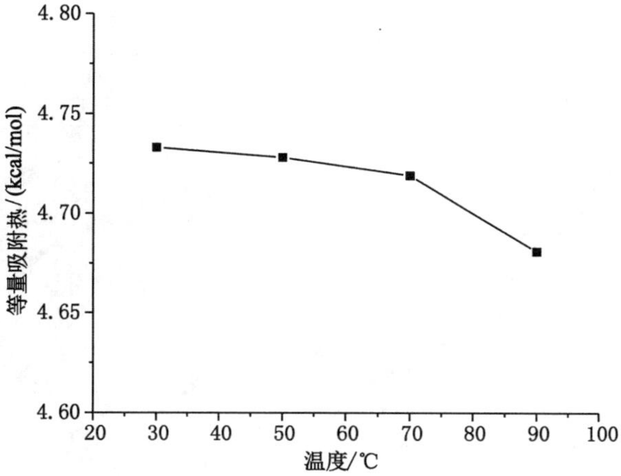


图 5-6 等量吸附热模拟结果

由图 5-5 和图 5-6 可以看出，温度 30 ℃、50 ℃、70 ℃、90 ℃时，吸附量分别为 0.029～1.326 mol/cell、0.018～1.311 mol/cell、0.011～1.145 mol/cell、0.008～1.111 mol/cell，相应的等量吸附热分别为 4.733 kcal/mol、4.728 kcal/mol、4.719 kcal/mol、4.681 kcal/mol。随着温度的升高，吸附量和等量吸附热均逐渐减少，这说明煤与甲烷的相互作用逐渐减弱，高温不利于吸附，且甲烷的吸附热远小于 42 kJ/mol，属于物理吸附。

采用巨正则蒙特卡罗方法对甲烷分子吸附过程进行吸附构型模拟，设定模拟温度为 30 ℃、50 ℃、70 ℃、90 ℃，模拟过程中逐渐加载甲烷分子；吸附过程中体系键合相能量（$E_{bond}$、$E_{torsion}$、$E_{angle}$、$E_{inversion}$）均为 0 kcal/mol，体系放出热量后总能量逐渐降低，随着吸附 $CH_4$ 分子数量的增加，体系总能量逐渐降低直到最小值，只有不再发生吸附现象，能量最低点对应的 $CH_4$ 分子数就是在模拟温度下的吸附质的饱和吸附量和对应的饱和吸附构型。吸附过程的能量变化如图 5-7 所示。

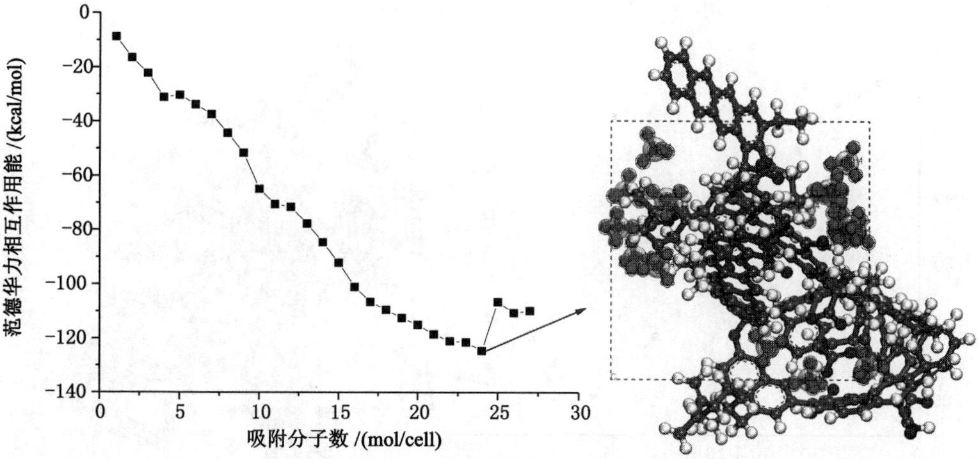


(a) 温度30 ℃

图 5-7 吸附不同数量甲烷分子能量变化曲线

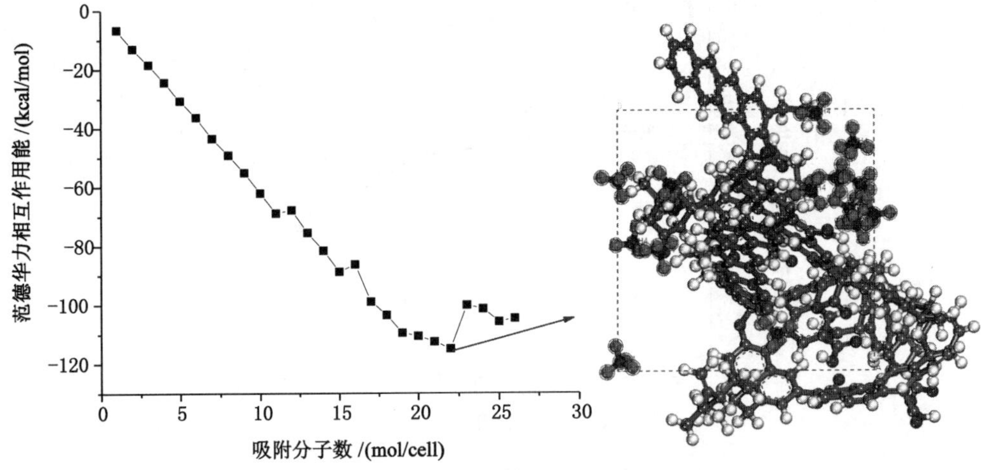


(b) 温度 50 ℃

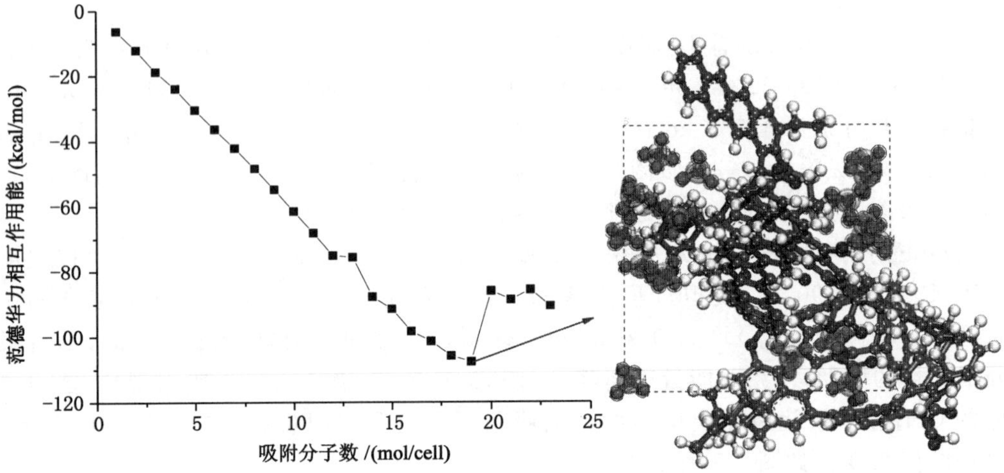


(c) 温度 70 ℃

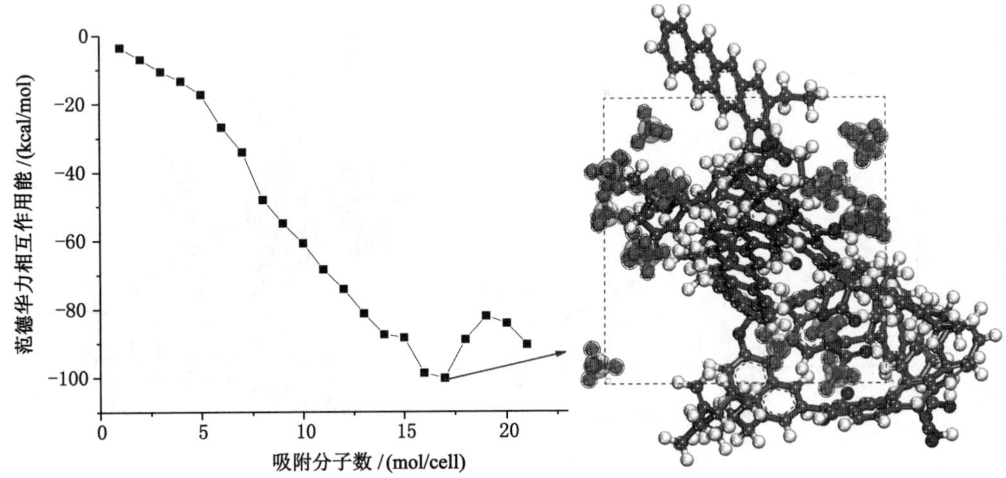


(d) 温度 90 ℃

图 5-7(续)

由图5-7可以看出，温度30 ℃、50 ℃、70 ℃、90 ℃时，镜质组分子分别吸附24个、22个、19个、17个$CH_4$分子后达到吸附饱和状态。由不同温度下的能量变化情况可知，吸附过程中吸附体系的共价键能保持不变，表明吸附过程为物理吸附；而范德华力相互作用能不断变化，说明甲烷分子与长焰煤镜质组大分子之间的吸附过程主要是范德华力发生作用。

# 5.5　基于分子模拟的温度对甲烷扩散系数的影响

## 5.5.1　自扩散、校正和传递扩散系数

传递扩散系数也称为菲克扩散系数，是宏观实验中学者们经常研究的，浓度梯度作为主要动力驱使气体在多孔材料中扩散。Pan等研究发现，扩散通量与扩散过程的浓度梯度呈负相关关系，如式(5-21)：

$$J = -D^{t} \cdot \nabla C \tag{5-21}$$

式中　$C$——浓度，$mol/m^3$；

$D^{t}$——传递扩散系数，$m^2/s$。

Wei等从热力学研究考虑，化学势梯度是扩散过程的驱动力，扩散通量与化学势梯度呈负相关关系，如式(5-22)：

$$J = -D^{c} \cdot \nabla \mu \tag{5-22}$$

式中　$\mu$——化学势，J/mol；

$D^{c}$——Maxwell-Stefan扩散系数或校正扩散系数，$m^2/s$。

Jobic等发现Maxwell-Stefan扩散理论将单组分气体的校正扩散系数表示为：

$$D^{c} = \frac{1}{3VC}\int_{0}^{\infty}\langle v_i(t) \cdot v_i(0)\rangle \mathrm{d}t \tag{5-23}$$

式(5-23)可以通过计算速度自相关函数求得；$V$为体积，$m^3$。

为了建立传递扩散系数与校正扩散系数的关系，Liu等将浓度梯度转化为化学势梯度，此时定义热动力学因子$\Gamma$，如式(5-24)：

$$\Gamma = \frac{\partial \ln f}{\partial \ln C} \tag{5-24}$$

式中　$f$——逸度，与压力同量纲。

利用式(5-24)可将单组分气体的压力转化为逸度。

$$\ln\frac{f}{P} = Z - 1 - \ln(Z-b) - \frac{a}{2\sqrt{2}b}\ln\left[\frac{Z+(1+\sqrt{2})b}{Z+(1-\sqrt{2})b}\right] \tag{5-25}$$

式中，$P$表示压力，Pa；$a$，$b$，$Z$三个参数可通过Peng等提出的Peng-Robinson状态方程计算得到。

相建华等研究发现，孔隙中物质的扩散行为与其分子质心的均方位移成正比，Einstein发现与分子运动直接相关的微观自扩散系数可由Einstein扩散定律得到，即

$$D^{s} = \lim_{t\to\infty}\frac{1}{6Nt}\langle \sum_{i=1}^{N}\left|[r_i(t) - r_i(0)]\right\rangle^2 \tag{5-26}$$

式中　$D^{s}$——自扩散系数，$m^2/s$；

$N$——扩散粒子的数目；

$r_i(t)$——分子在 $i$ 时刻的质心位置；

$t$——统计时间间隔。

则校正扩散系数与自扩散系数的关系为：

$$D^c = \frac{2}{VC} D^s \tag{5-27}$$

根据上述理论可知，可以采用分子动力学模拟方法得到自扩散系数 $D^s$，根据式(5-27)可将自扩散系数 $D^s$ 转化为校正扩散系数 $D^c$，然后按照式(5-24)计算得到热动力学因子，最终可得出宏观的传递扩散系数。

### 5.5.2 分子模拟结果

甲烷在长焰煤镜质组中扩散的分子模拟在 30 ℃、50 ℃、70 ℃、90 ℃时的自扩散系数由 Forcite 模块中的 Dynamics 任务项完成，其基本参数设置如下：计算质量（Quality）设置为 Fine，系综（Ensemble）选择为 NVE，初始速度（Initial Velocities）为 Random，时间步长为 1.0 fs，总模拟时间为 1 000 ps，总步数为 1 000 000 步，能量偏差为 50 000 kcal/mol，分子力场和电荷转移量计算方法分别为 Dreiding 和 Use Current，模拟方法中的 Electrostatic 和 Vander Waals 均设置为 Atom Based 方法。温度为 30 ℃、50 ℃、70 ℃、90 ℃时的计算过程中的 $CH_4$ 均方位移随模拟时间的变化曲线如图 5-8 所示。

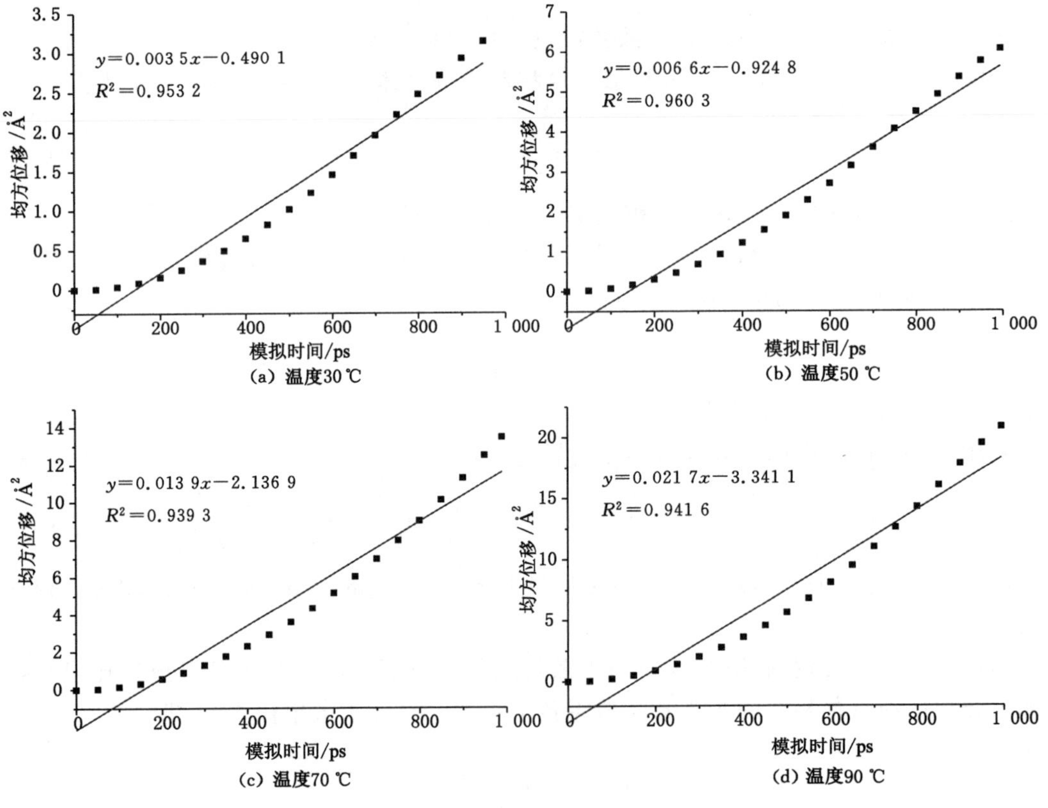


图 5-8 甲烷均方位移随模拟时间的变化曲线

根据5.5.1节的理论模型，分别计算了甲烷在30 ℃、50 ℃、70 ℃、90 ℃下的自扩散系数、校正扩散系数和传递扩散系数，三种扩散系数与温度的变化关系如图5-9所示。

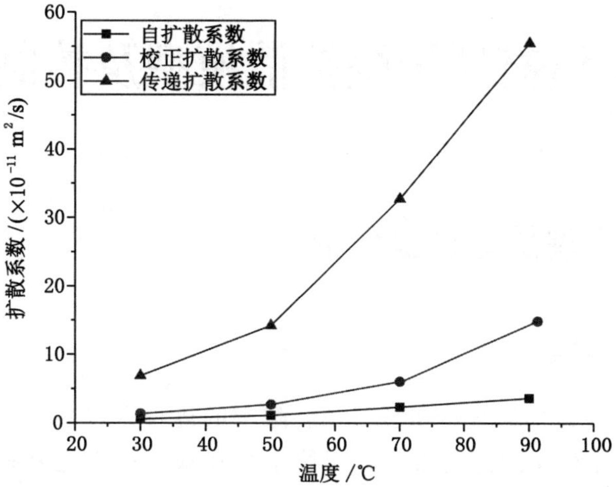


图5-9 甲烷三种扩散系数随温度的变化关系

由图5-9可以看出，温度为30 ℃、50 ℃、70 ℃、90 ℃时，甲烷自扩散系数分别为$5.8\times10^{-12}$ $m^2/s$、$1.1\times10^{-11}$ $m^2/s$、$2.32\times10^{-11}$ $m^2/s$和$3.62\times10^{-11}$ $m^2/s$，甲烷校正扩散系数分别为$1.34\times10^{-11}$ $m^2/s$、$2.69\times10^{-11}$ $m^2/s$、$6.05\times10^{-11}$ $m^2/s$和$1.004\times10^{-10}$ $m^2/s$，甲烷传递扩散系数分别为$6.87\times10^{-11}$ $m^2/s$、$1.42\times10^{-10}$ $m^2/s$、$3.272\times10^{-10}$ $m^2/s$和$5.548\times10^{-10}$ $m^2/s$。三种扩散系数均随着温度的升高而增大，与实验测试获得的规律一致，但二者在数值上有所差别。究其原因是，实验煤样由镜质组、黏土矿物、有机质、石英等组成，其中镜质组吸附甲烷能力最强，其他组分吸附甲烷能力弱，实验测试获得的数据包括镜质组在内的多组分物质扩散效应，而模拟时采用的煤大分子结构主要依据镜质组构建，未考虑黏土矿物、有机质、石英等物质，因而分子模拟数据要大于实验测试数据。

温度升高加剧了甲烷分子热运动，分子平均自由程增加，另外温度升高原有孔隙产生热膨胀效应，使得大孔隙总量增加，因此自扩散系数和校正扩散系数增大。传递扩散系数与热动力学因子和校正扩散系数有关，热动力学因子表示气体逸度与浓度对数的变化率，升高相同温度时，浓度的相对变化率要远高于气体逸度的相对变化率，所以传递扩散系数也逐渐增大。

# 6 高温高压甲烷扩散模型及控制机理

## 6.1 均质煤粒甲烷扩散模型分析

### 6.1.1 均质煤粒甲烷扩散模型

甲烷在煤基质中的运移与气体在裂缝或裂隙中的运移存在较大差异，不能用达西定律对甲烷在纳米级孔隙中的运移进行描述。尽管甲烷在煤粒中的运移模式还存在争议，但是大多数学者认为甲烷在煤基质中的运移符合菲克扩散定律。对于煤这种多孔介质来说，甲烷通过不同类型的裂隙和孔隙的流动过程，需要很长一段时间。在浓度差的作用下，甲烷由高浓度向低浓度的空间进行扩散，最终浓度达到平衡时扩散停止。甲烷在煤粒中流动的过程可看作在多孔介质中的扩散，涌出规律符合菲克扩散定律，即

$$J = -D\frac{\partial C}{\partial x} \tag{6-1}$$

式中 $J$——流体通过单位面积的扩散速度，g/(s·m$^2$)；

$D$——扩散系数，m$^2$/s；

$\frac{\partial C}{\partial x}$——沿扩散方向的浓度梯度；

$C$——扩散流体的浓度，g/cm$^3$。

该方程为菲克扩散第一定律。根据连续性原理和质量守恒定律导出菲克扩散第二定律，即

$$\frac{\partial C}{\partial x} = D\left(\frac{\partial^2 C}{\partial x^2} + \frac{\partial^2 C}{\partial y^2} + \frac{\partial^2 C}{\partial z^2}\right) \tag{6-2}$$

式中 $\frac{\partial C}{\partial x}$——沿扩散方向的浓度梯度；

$C$——扩散流体的浓度，g/cm$^3$；

$D$——扩散系数，m$^2$/s。

当煤体内的气体浓度与坐标无关时，即各个时间点的浓度相同，称为拟稳态扩散，用菲克扩散第一定律描述；当煤体内的气体浓度与时间和空间同时改变时，称为非稳态扩散，用菲克扩散第二定律描述。

(1) 拟稳态扩散

傅雪海等认为煤基质中的甲烷随时间的变化率和气体浓度差成正比时，称为拟稳态扩散，可以写成：

$$\frac{\mathrm{d}C}{\mathrm{d}t}=D\sigma_s(C_i-C_f) \tag{6-3}$$

式中　$C$——煤基质中甲烷摩尔浓度，$\mathrm{mol/m^3}$；

$D$——扩散系数，$\mathrm{m^2/s}$；

$\sigma_s$——形状系数，$\mathrm{m^{-2}}$；

$C_i$——煤基质中甲烷平均摩尔浓度，$\mathrm{mol/m^3}$；

$C_f$——煤基质与裂隙边界的动态平衡甲烷摩尔浓度，$\mathrm{mol/m^3}$。

Warren 等对拟稳态扩散方程的不同基质形状的几何因子和形状因子进行了研究，并给出了相应的取值，如表 6-1 所示。

**表 6-1　基质岩块几何因子和形状因子**

| 基质形状 | 示意图 | 特征长度 | 形状因子 $\sigma_g$ | 几何因子 $\sigma_s$ |
|---|---|---|---|---|
| 正方体 | 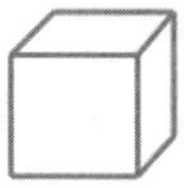 | 厚度，$2h$ | 2 | $(\frac{\pi}{2h})^2$ |
| 球体 | 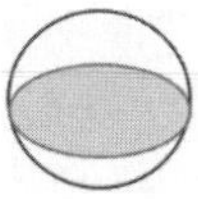 | 球体半径，$r$ | 6 | $(\frac{\pi}{r})^2$ |
| 圆柱体 |  | 圆柱体半径，$r$ | 4 | $\frac{5.783\ 2}{r^2}$ |

(2) 非稳态扩散

煤基质中的气体扩散方式更符合非稳态扩散。对于非稳态扩散，往往假定煤基质体为柱状、球状或块状等简单的形状，如图 6-1 所示。对于这样简化而来的模型，可以用非克扩散第二定律描述气体从煤基质体内向微裂隙的扩散。煤基质中的气体浓度 $C$ 是时间和空间的函数，即在某一时间段内，从煤基质中心到边缘的甲烷浓度是不断变化的。

根据菲克扩散第二定律，Sevenster 推导出了煤粒的均质球形甲烷扩散数学模型，即

$$\frac{\partial C}{\partial t}=\frac{D}{r^2}\cdot\frac{\partial}{\partial r}(r^2\frac{\partial C}{\partial r})=D\cdot(\frac{\partial^2 C}{\partial r^2}+\frac{2}{r}\frac{\partial C}{\partial r}) \tag{6-4}$$

式中　$C$——吸附浓度，$\mathrm{mol/m^3}$；

$t$——扩散时间，s；

$D$——扩散系数，$\mathrm{m^2/s}$；

$r$——半径，m。

该模型被认为是经典均质煤粒甲烷扩散模型，其假设条件是：① 煤屑由球形颗粒构成；② 煤屑为均质、各向同性体；③ 甲烷流动遵从连续性原理和质量守恒定律；④ 扩散系数与浓度、坐标和时间无关；⑤ 煤屑甲烷扩散在等温等压条件下进行。

Airey、Crank、杨其銮等学者研究表明，甲烷扩散量与扩散时间呈级数解的关系：

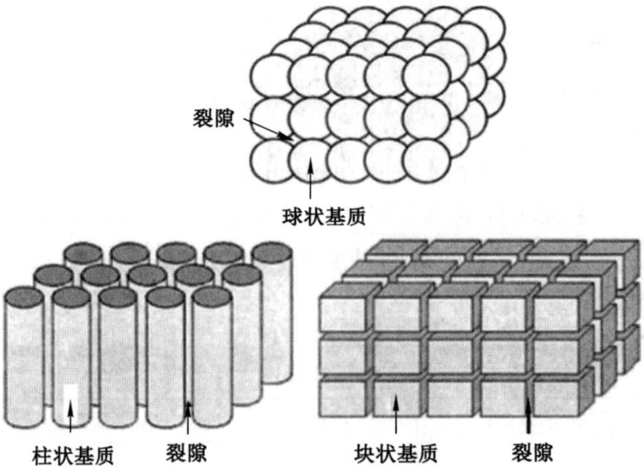


图 6-1　基质的不同形状

$$\frac{Q_t}{Q_\infty} = 1 - \frac{6}{\pi^2}\sum_{n=1}^{\infty}\frac{1}{n^2}e^{-\frac{n^2\pi^2 Dt}{r^2}},(n=1,2,3,\cdots) \tag{6-5}$$

### 6.1.2　均质煤粒甲烷扩散模型存在的问题

经典均质煤粒甲烷扩散模型的问题主要在于其基本假设煤粒为均质的，这与煤体的孔隙结构严重不符，会与甲烷在煤粒中的扩散规律产生较大差异；甲烷在煤中的扩散，其扩散系数是逐渐减小的，而经典模型的假设前提是扩散系数恒定不变。

本书等温扩散实验结果表明，煤粒甲烷扩散量随时间的延长而增加，扩散速度随时间的延长而衰减，扩散系数随时间的延长而减小。在煤样甲烷扩散初期，扩散系数较大，随着扩散时间的延长，扩散系数逐渐减小，也就是在煤粒甲烷扩散前期扩散系数大于平均扩散系数，后期扩散系数小于平均扩散系数。不同实验条件下得到的甲烷扩散系数并非恒定值，都具有随时间的延长而减小的变化规律，并且降低的幅度比较大；而采用经典模型计算得到的扩散系数是整个实验周期内的平均甲烷扩散系数。

第 4 章有关不同条件下煤粒甲烷扩散系数的计算结果实际上是前 120 min 内的平均扩散系数。对 $\ln(1-Q_t/Q_\infty)$-$t$ 曲线进行拟合得出，甲烷扩散系数会随所取拟合时间区段的不同而不同。下面以 YJL 煤、ZXZ 煤、YX 煤和 DS 煤在 50 ℃、12 MPa条件下甲烷扩散实验为例，设置不同的扩散时间段(0～3 min、3～10 min、10～30 min、30～60 min 及 60～120 min)，计算各自的甲烷扩散系数，对比分析 0～120 min 内甲烷扩散系数的差异。在求取各时间段的甲烷扩散系数时，仍然采用各时间段的 $\ln(1-Q_t/Q_\infty)$-$t$ 进行拟合的方法，各时间段甲烷扩散系数计算结果如表 6-2 所示，根据计算结果绘制了不同时间段甲烷扩散系数拟合曲线(图 6-2)。

通过对表 6-2 中的不同时间段的扩散系数的分析，绘制了 YJL 煤、ZXZ 煤、YX 煤和 DS 煤在 50 ℃、12 MPa 条件下不同时间段的甲烷扩散系数散点图(图 6-3)。

**表 6-2　不同时间段扩散系数计算结果**

| 煤种 | 时间段/min | 拟合公式 | $D$/(cm$^2$/s) | $R^2$ |
| --- | --- | --- | --- | --- |
| YJL 煤 | 0～3 | $\ln(1-Q_t/Q_\infty)=-0.049\,4t-0.001\,5$ | 9.64E−09 | 0.999 2 |
| | 3～10 | $\ln(1-Q_t/Q_\infty)=-0.036\,4t-0.055\,6$ | 7.10E−09 | 0.950 2 |
| | 10～30 | $\ln(1-Q_t/Q_\infty)=-0.013\,5t-0.271\,2$ | 2.63E−09 | 0.994 0 |
| | 30～60 | $\ln(1-Q_t/Q_\infty)=-0.006\,0t-0.500\,2$ | 1.17E−09 | 0.979 8 |
| | 60～120 | $\ln(1-Q_t/Q_\infty)=-0.001\,1t-0.794\,5$ | 2.14E−10 | 0.909 2 |
| | 0～120 | $\ln(1-Q_t/Q_\infty)=-0.005\,3t-0.337\,9$ | 1.07E−09 | 0.746 3 |
| ZXZ 煤 | 0～3 | $\ln(1-Q_t/Q_\infty)=-0.049\,1t-0.002\,9$ | 9.58E−09 | 0.997 7 |
| | 3～10 | $\ln(1-Q_t/Q_\infty)=-0.032\,0t-0.069\,4$ | 6.24E−09 | 0.990 4 |
| | 10～30 | $\ln(1-Q_t/Q_\infty)=-0.012\,6t-0.262\,4$ | 2.45E−09 | 0.993 8 |
| | 30～60 | $\ln(1-Q_t/Q_\infty)=-0.005\,6t-0.476\,8$ | 1.09E−09 | 0.979 6 |
| | 60～120 | $\ln(1-Q_t/Q_\infty)=-0.001\,0t-0.749\,0$ | 1.95E−10 | 0.910 1 |
| | 0～120 | $\ln(1-Q_t/Q_\infty)=-0.004\,9t-0.409\,3$ | 9.56E−10 | 0.744 7 |
| YX 煤 | 0～3 | $\ln(1-Q_t/Q_\infty)=-0.051\,1t-0.003\,8$ | 9.97E−09 | 0.997 2 |
| | 3～10 | $\ln(1-Q_t/Q_\infty)=-0.018\,2t-0.161\,4$ | 3.55E−09 | 0.874 2 |
| | 10～30 | $\ln(1-Q_t/Q_\infty)=-0.008\,4t-0.248\,6$ | 1.63E−09 | 0.998 2 |
| | 30～60 | $\ln(1-Q_t/Q_\infty)=-0.005\,5t-0.339\,2$ | 1.07E−09 | 0.994 6 |
| | 60～120 | $\ln(1-Q_t/Q_\infty)=-0.001\,3t-0.542\,5$ | 2.53E−10 | 0.969 9 |
| | 0～120 | $\ln(1-Q_t/Q_\infty)=-0.004\,8t-0.319\,6$ | 9.36E−10 | 0.877 7 |
| DS 煤 | 0～3 | $\ln(1-Q_t/Q_\infty)=-0.068\,4t-0.005\,7$ | 1.33E−08 | 0.995 0 |
| | 3～10 | $\ln(1-Q_t/Q_\infty)=-0.028\,8t-0.174\,2$ | 5.62E−09 | 0.931 2 |
| | 10～30 | $\ln(1-Q_t/Q_\infty)=-0.011\,8t-0.264\,8$ | 1.87E−09 | 0.999 2 |
| | 30～60 | $\ln(1-Q_t/Q_\infty)=-0.007\,2t-0.339\,2$ | 1.40E−09 | 0.997 5 |
| | 60～120 | $\ln(1-Q_t/Q_\infty)=-0.003\,8t-0.558\,0$ | 7.41E−10 | 0.981 4 |
| | 0～120 | $\ln(1-Q_t/Q_\infty)=-0.006\,4t-0.327\,7$ | 1.24E−09 | 0.928 6 |

由表 6-2 和图 6-3 可以看出，随着扩散时间的延长，不同时间段的甲烷扩散系数是逐渐减小的，扩散前 10 min 甲烷扩散系数衰减得相对较快，并且 YX 煤和 DS 煤较 YJL 煤和 ZXZ 煤的扩散系数随时间的衰减现象更为明显。这充分说明了在煤样甲烷扩散过程中，甲烷扩散系数并非定值，而是随着扩散时间的延长逐渐衰减的。

《岩石中烃类气体扩散系数测定方法》(SY/T 6129—2016)给出了岩石中烃类气体扩散系数的计算公式。由计算公式可以看出，扩散系数随着时间的变化而变化，这也证实了扩散系数具有动态变化的特点。

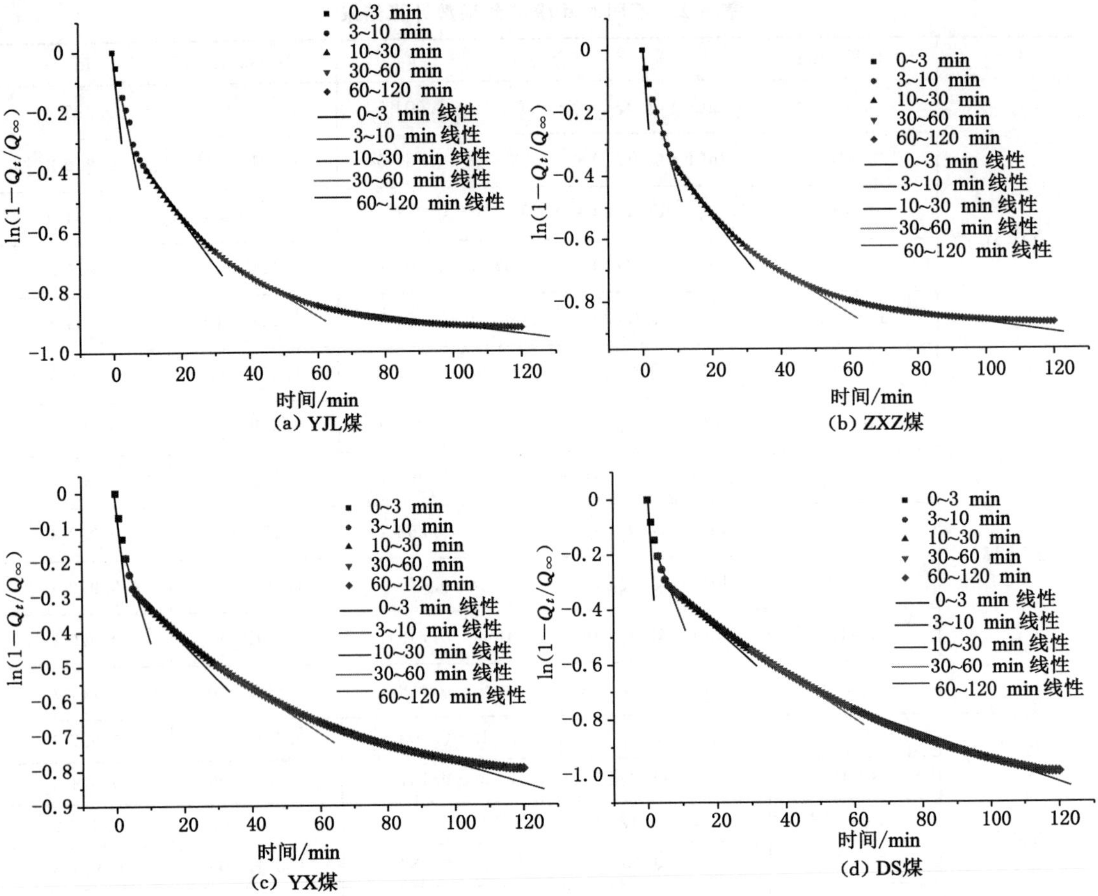


图 6-2　不同时间段甲烷扩散系数拟合曲线

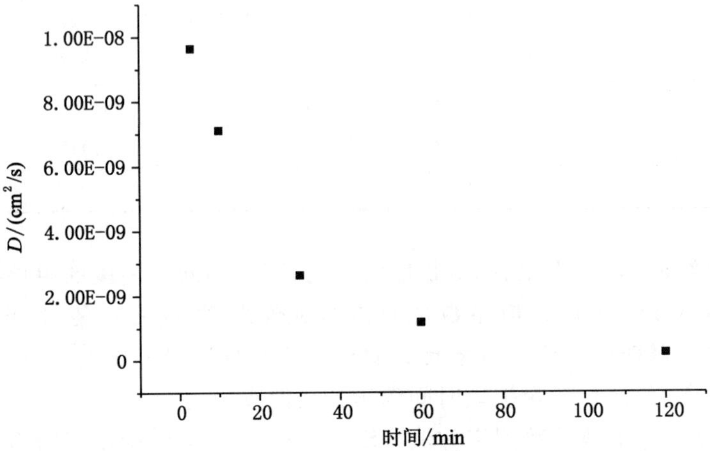


(a) YJL煤

图 6-3　扩散时间与扩散系数关系散点图

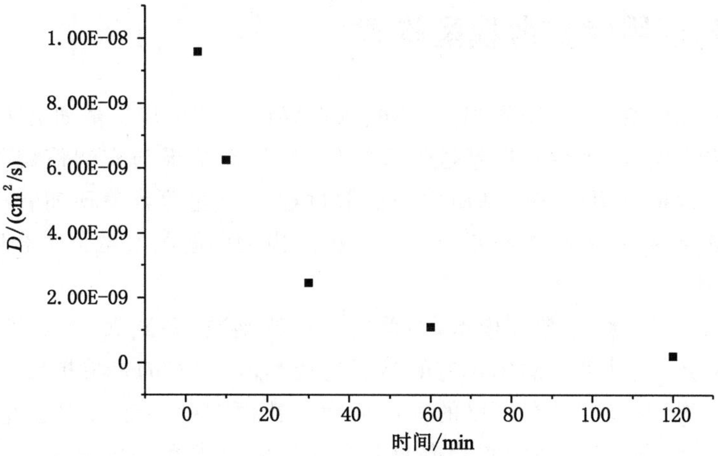


(b) ZXZ煤

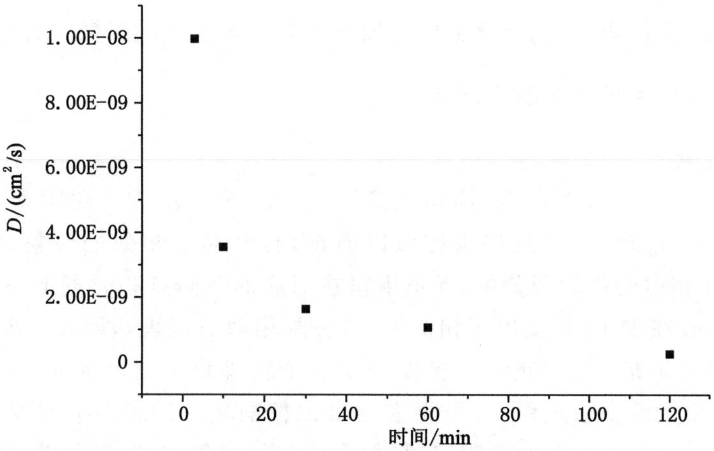


(c) YX煤

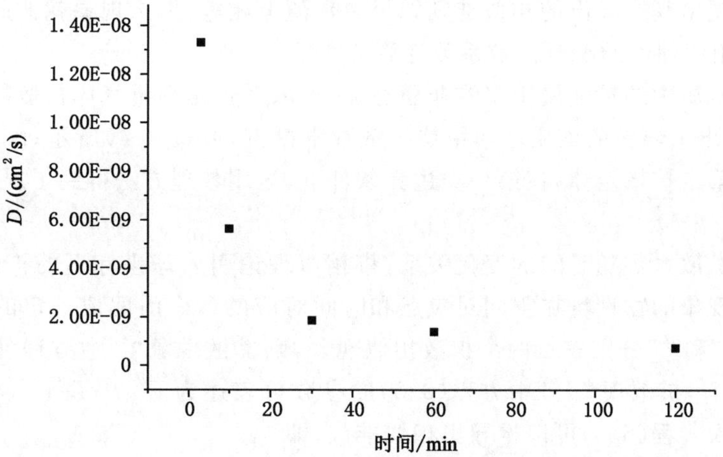


(d) DS煤

图 6-3(续)

## 6.2 高温高压甲烷扩散模型构建

刘彦伟、聂百胜、袁军伟、李志强、任建刚等在煤粒中的甲烷扩散研究方面取得了丰硕的成果。研究成果表明,将甲烷扩散系数看作定值时,计算结果与实测值偏差较大,得到的经典模型不能较好地描述甲烷在煤基质中的扩散过程。上述学者发现随着扩散时间延长,甲烷扩散系数逐渐衰减,引入变扩散系数后甲烷扩散模型的解与实测值吻合度较高,且形式简单,相关参数较少。

学者们提出了动扩散系数新模型,如采用负指数函数、幂函数、负幂函数等来描述扩散系数与时间的关系,这种关系的确定有的是通过猜测得到,有的是将扩散系数实验数据按扩散时间分段拟合得到,没有进行严格的理论证明。新模型中的参数均通过数值方法反算得到,计算过程较为复杂,且以往的实验模型都是在较低压力和较低温度下建立的,是否适用高温高压条件下的扩散还有待研究。本节将采用相似理论构建煤粒高温高压甲烷扩散模型,并求取对应的解析解,以期能够更好地描述甲烷在煤粒中的扩散全过程。

### 6.2.1 高温高压甲烷扩散模型的建立

(1) 相似理论

相似理论包括三个基本定理,即相似第一、第二、第三定理。法国人 Bertrand 在 1848 年提出了相似第一定理,也就是现象相似性质定理,即对于相似的现象,相似指标等于 1。仵锋锋等发现在相似的物理现象中,无量纲量在对应的空间点和时刻上,$\pi$ 项数值相等。美国人 Buckingham 在 1914 年提出了相似第二定理(相似 $\pi$ 定理),即某现象有 $n$ 个物理量和 $k$ 个物理量的量纲是相互独立的。徐挺发现这 $n$ 个物理量可表示为 $n-k$ 个 $\pi$ 项之间的函数关系,在建立相似模型的过程中,先要推导出无量纲量。1930 年苏联人基尔皮契夫提出了相似第三定理,即现象相似的判定定理,如系统的几何条件、边界条件、介质的物理性质等相似。王丰发现由其推导出的相似准则如果在数值上相等,那么现象就彼此相似。

(2) 基于相似理论的瞬时扩散系数计算方法

甲烷在煤基质中的扩散属于多维非稳态流,扩散系数是衡量气体扩散能力的重要参数。Sevenster 推导出了煤粒的均质球形甲烷扩散数学模型,如式(6-4)所示;Airey、Crank、杨其銮等根据菲克第二扩散定律,在第一类边界条件下,运用数理方法得到了煤粒甲烷扩散规律的解析解,见式(6-5)。

为了探讨扩散系数随时间的变化关系,将相似理论引入球坐标下的扩散定律中。史广山等发现相似现象的物理量在空间对应点和时间对应的各个瞬间成一定的比例,根据相似第一定理,以“′”和“″”分别表示两个扩散相似现象,则扩散现象“′”中方程(6-3)的参数可表述为 $C'$、$t'$、$D'$、$r'$,扩散现象“″”中方程(6-3)的参数可表述为 $C''$、$t''$、$D''$、$r''$,将两种相似的扩散现象参数代入方程(6-3)可以推导出相似准数,即

$$\frac{\partial C'}{\partial t'}=D'\left(\frac{\partial^2 C'}{\partial r'^2}+\frac{2}{r'}\frac{\partial C'}{\partial r'}\right) \tag{6-6}$$

$$\frac{\partial C''}{\partial t''}=D''\left(\frac{\partial^2 C''}{\partial r''^2}+\frac{2}{r''}\frac{\partial C''}{\partial r''}\right) \tag{6-7}$$

依据相似理论可得：

$$\frac{C'}{C''}=C_c,\ \frac{t'}{t''}=C_t,\ \frac{D'}{D''}=C_d,\ \frac{r'}{r''}=C_r \tag{6-8}$$

式中，$C_c$，$C_t$，$C_d$，$C_r$ 均为相似常数。把式(6-8)代入式(6-7)并作相似变换，可得：

$$\frac{\partial C''}{\partial t''}=\frac{C_t C_d}{C_r^2}D''\left(\frac{\partial^2 C''}{\partial r''^2}+\frac{2}{r''}\frac{\partial C''}{\partial r''}\right) \tag{6-9}$$

要使式(6-9)与式(6-7)一致，则：

$$\frac{C_t C_d}{C_r^2}=C=1 \tag{6-10}$$

$C$ 就是相似指标，表征现象相似。将式(6-8)代入式(6-10)可得：

$$\frac{D't'}{r'^2}=\frac{D''t''}{r''^2}\ 或\ \lambda=\frac{Dt}{r^2} \tag{6-11}$$

式中，$\frac{Dt}{r^2}$为不变量，反映了相似的数量特征，也就是相似准则。这里提到的不变量 $\lambda$ 并非常量，对于相似准则综合数群来说，只是在对应空间点和时间点上的数值。$\lambda$ 表示的是煤粒中甲烷的扩散能力与时间和扩散空间的关系。

由式(6-5)可以看出，不变量 $\lambda$ 与 $Q_t/Q_\infty$ 存在一一对应的关系，只要给出式(6-11)中的 $D$、$t$、$r$ 三个参数，便可以得到 $\lambda$ 与 $Q_t/Q_\infty$ 的离散关系，从而确定其函数关系。根据相似第一定理我们知道，$D$、$t$、$r$ 三个参数的取值不会影响不变量 $\lambda$，也就是在两个相似现象中一定会存在同样的不变量 $\lambda$。

利用上述方法，给定参数 $D=1\times10^{-9}\ \mathrm{cm^2/s}$，$r=0.01\ \mathrm{cm}$，$n=100$，由式(6-5)分别计算出 $\ln\lambda$、$\ln(Q_t/Q_\infty)$，绘制两者之间的散点图(图 6-4)。$\ln\lambda$ 和 $\ln(Q_t/Q_\infty)$ 符合如下关系式：

$$\ln\lambda=-0.298\ 7e^{-\frac{\ln(Q_t/Q_\infty)}{0.438}}-2.073\ 1 \tag{6-12}$$

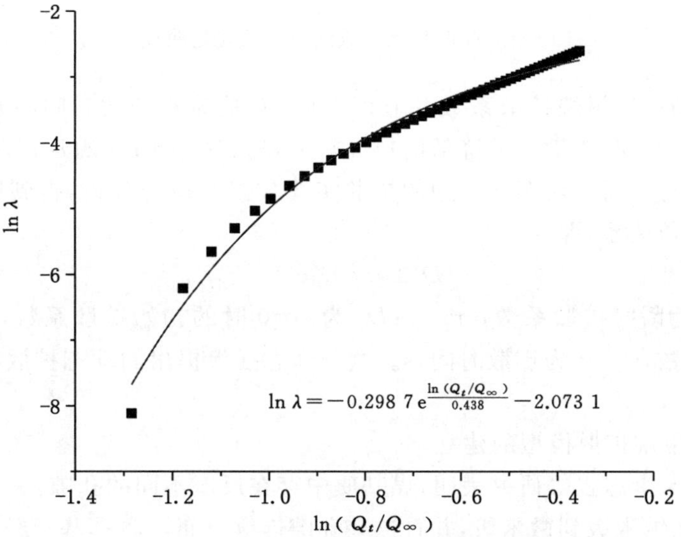


图 6-4　$\ln\lambda$ 和 $\ln(Q_t/Q_\infty)$的对应关系

对于相似准则这一综合数群，在甲烷扩散现象空间对应点和对应的时刻数值相等，也就是 $\lambda$ 为不变量。根据式(6-11)和式(6-12)可以得到扩散系数的计算公式：

$$D = \frac{r^2}{t} e^{-0.298\,7 e^{-\frac{\ln(Q_t/Q_\infty)}{0.438}} - 2.073\,1} \tag{6-13}$$

式中　$r$——煤粒的平均半径，cm；

　　　$t$——扩散时间，s。

为了研究扩散系数随时间的变化关系，根据第 5 章高温高压实验中的不同煤样在不同条件下测试的扩散率 $Q_t/Q_\infty$ 数据，分析了扩散系数随时间的变化规律。现以 DS 煤样为例，在绘制 70 ℃、6 MPa 条件下的瞬时扩散系数与时间的关系图（图 6-5）基础上展开相关分析。

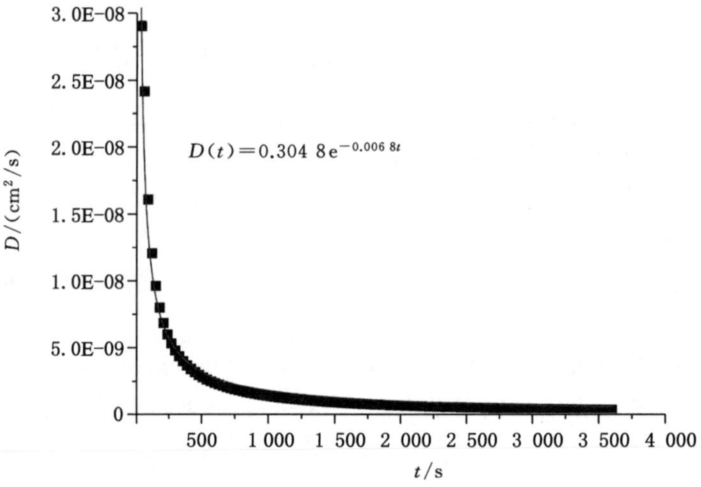


图 6-5　瞬时扩散系数随时间的变化曲线

由图 6-5 可以看出，甲烷扩散系数并非恒定值，而是随着扩散时间的延长而逐渐减小的；在煤样甲烷扩散初期，扩散系数降低的速度较大，随着扩散时间的延长，扩散系数降幅逐渐减小最后趋于稳定。通过对图 6-5 中的扩散实验数据的拟合分析，得到甲烷扩散系数与时间符合负指数函数关系，即

$$D(t) = D_0 e^{-\varepsilon t} \tag{6-14}$$

式(6-14)中，$D(t)$ 为瞬时扩散系数，$\text{cm}^2/\text{s}$；$D_0$ 为 $t=0$ 时的初始扩散系数，$\text{cm}^2/\text{s}$；$\varepsilon$ 为瞬时扩散系数的衰减系数，$\text{s}^{-1}$；$t$ 为扩散时间，s。这与李志强等提出的动态扩散系数的假想函数关系一致。

(3) 高温高压甲烷扩散模型的建立

王晟、Sakurovs、李志强等研究表明，煤基质中存在尺度不同的孔隙，大尺寸孔隙达到毫米级，小尺寸孔隙从纳米级到微米级，并且这些孔隙连续分布。本书基于经典模型中的单孔隙模型考虑孔隙结构的思路，以瞬时扩散系数与时间关系来构建数学模型。根据前人的研究成果，针对煤粒高温高压甲烷扩散模型作如下假设：① 煤粒为各向同性的球体；② 煤基质孔隙结构由非均质多级孔隙构成，孔隙逐级减小且连续分布；③ 甲烷流动遵从质量守恒定律和连续性原理；④ 甲烷扩散在等温条件下进行；⑤ 甲烷扩散系数与时间、温度和压力有关，与坐标无关。

根据以上假设，煤粒高温高压甲烷扩散模型在球坐标下的方程可以写成：

$$\begin{cases}\dfrac{\partial C}{\partial t}=D(t)\left(\dfrac{\partial^2 C}{\partial r^2}+\dfrac{2}{r}\dfrac{\partial C}{\partial r}\right)\\ \dfrac{\partial C}{\partial r}\Big|_{r=0}=0,(r=0,t\geqslant 0)\\ C|_{r=r_0}=C_a,(r=r_0,t>0)\\ C|_{t=0}=C_0,(t=0,0\leqslant r\leqslant r_0)\end{cases}\tag{6-15}$$

式中　$C$——煤粒中甲烷质量浓度，$g/cm^3$；

$t$——扩散时间，s；

$D(t)$——瞬时扩散系数，$cm^2/s$；

$r$——煤粒半径，cm；

$C_0$——吸附平衡时的初始质量浓度，$g/cm^3$；

$C_a$——表面的甲烷浓度，$g/cm^3$。

令 $u=(C-C_a)r$，代入式(6-15)得：

$$\begin{cases}\dfrac{\partial u}{\partial t}=D(t)\dfrac{\partial^2 u}{\partial r^2}\\ u|_{r=0}=0,(r=0,t\geqslant 0)\\ u|_{r=r_0}=0,(r=r_0,t>0)\\ u|_{t=0}=(C_0-C_a)r,(t=0,0\leqslant r\leqslant r_0)\end{cases}\tag{6-16}$$

采用分离变量法，令：

$$u=R(r)T(t)\tag{6-17}$$

将式(6-17)代入式(6-16)得：

$$R(r)T'(t)=D(t)T(t)R''(r)\tag{6-18}$$

将式(6-18)分离变量，并令：

$$\frac{T'(t)}{T(t)D(t)}=\frac{R''(r)}{R(r)}=-\mu^2\tag{6-19}$$

其中，$\mu$ 为分离常数，将式(6-14)代入式(6-19)，则有：

$$R''(r)+\mu^2R(r)=0\tag{6-20}$$

$$T'(t)+\mu^2T(t)D_0e^{-\varepsilon t}=0\tag{6-21}$$

解式(6-20)并考虑式(6-16)中的两个边界条件，可得：

$$\begin{cases}R(r)=A\sin(\mu r)+B\cos(\mu r)\\ R(0)=R(r_0)=0\end{cases}\tag{6-22}$$

解式(6-21)可得：

$$T(t)=K\exp\left(\frac{\mu^2D_0e^{-\varepsilon t}}{\varepsilon}\right)\tag{6-23}$$

式(6-22)、式(6-23)中，$A$、$B$、$K$、$\mu$ 为待定常数。将式(6-22)第 2 式的两个边界条件代

入第 1 式,可得:

$$\begin{cases} R(0) = A\sin 0 + B\cos 0 = 0 \\ R(r_0) = A\sin(\mu r_0) + B\cos(\mu r_0) = 0 \end{cases} \tag{6-24}$$

由式(6-24)可知:

$$\begin{cases} A \neq 0, B = 0 \\ \sin(\mu r_0) = 0 \Rightarrow \mu = \dfrac{n\pi}{r_0}, (n = 1,2,3,\cdots) \end{cases} \tag{6-25}$$

将式(6-25)中的 $A$、$B$、$\mu$ 代入式(6-22)、式(6-23),再代入式(6-17),可得到其第 $n$ 项特解:

$$u_n = c_n \sin\left(\frac{n\pi}{r_0}r\right)\exp\left[\left(\frac{n\pi}{r_0}\right)^2 \frac{D_0 e^{-\varepsilon t}}{\varepsilon}\right] \tag{6-26}$$

式中,$c_n = A_n K_n$,$A_n$、$K_n$ 为积分常数,按叠加原理,式(6-26)的通解为:

$$u = \sum_{n=1}^{\infty} c_n \sin\left(\frac{n\pi}{r_0}r\right)\exp\left[\left(\frac{n\pi}{r_0}\right)^2 \frac{D_0 e^{-\beta t}}{\beta}\right] \tag{6-27}$$

将式(6-16)的初始条件代入式(6-27)得:

$$(C_0 - C_a)r = \sum_{n=1}^{\infty} c_n \sin\left(\frac{n\pi}{r_0}r\right)\exp\left[\left(\frac{n\pi}{r_0}\right)^2 \frac{D_0}{\varepsilon}\right] \tag{6-28}$$

将式(6-28)两边同乘以 $\sin\left(\frac{m\pi}{r_0}r\right)$,根据三角函数的正交性,从 0 到 $r_0$ 积分,得:

$$\begin{aligned} c_n &= \frac{(C_0 - C_a)\int_0^{r_0} r\sin\left(\frac{n\pi}{r_0}r\right)\mathrm{d}r}{\exp\left[\left(\frac{n\pi}{r_0}\right)^2 \frac{D_0}{\varepsilon}\right]\int_0^{r_0} \sin^2\left(\frac{n\pi}{r_0}r\right)\mathrm{d}r} \\ &= \frac{-2r_0(-1)^n(C_0 - C_a)}{n\pi\exp\left[\left(\frac{n\pi}{r_0}\right)^2 \frac{D_0}{\varepsilon}\right]} \end{aligned} \tag{6-29}$$

将式(6-29)代入式(6-26),并整理成原变量 $C$ 的表达式,得:

$$\frac{C - C_a}{C_0 - C_a} = \frac{-2r_0}{\pi r}\sum_{n=1}^{\infty} \frac{(-1)^n}{n}\sin\left(\frac{n\pi r}{r_0}\right)\exp\left[-\left(\frac{n\pi}{r_0}\right)^2 \frac{D_0(1 - e^{-\varepsilon t})}{\varepsilon}\right] \tag{6-30}$$

由式(6-30)可得:

$$\begin{aligned} \frac{\partial C}{\partial r} = (C_0 - C_a)\sum_{n=1}^{\infty} (-1)^n \frac{2r_0}{n\pi}\exp\left[-\left(\frac{n\pi}{r_0}\right)^2 \frac{D_0(1 - e^{-\varepsilon t})}{\varepsilon}\right] \cdot \\ \left[\frac{1}{r^2}\sin\left(\frac{n\pi r}{r_0}\right) - \frac{1}{r}\frac{n\pi}{r_0}\cos\left(\frac{n\pi r}{r_0}\right)\right] \end{aligned} \tag{6-31}$$

当 $r = r_0$ 时式(6-31)可化简成:

$$\frac{\partial C}{\partial r}\Big|_{r=r_0} = -\frac{2(C_0 - C_a)}{r_0}\sum_{n=1}^{\infty} \exp\left[-\left(\frac{n\pi}{r_0}\right)^2 \frac{D_0(1 - e^{-\varepsilon t})}{\varepsilon}\right] \tag{6-32}$$

式(6-32)即煤基质的浓度梯度。

将式(6-30)两边同乘以 $-1$ 再加 1,得:

$$\frac{C_0 - C}{C_0 - C_a} = 1 + \frac{2r_0}{\pi r}\sum_{n=1}^{\infty} \frac{(-1)^n}{n}\sin\left(\frac{n\pi r}{r_0}\right)\exp\left[-\left(\frac{n\pi}{r_0}\right)^2 \frac{D_0(1 - e^{-\varepsilon t})}{\varepsilon}\right] \tag{6-33}$$

对式(6-33)两边在球坐标体积上积分,可得到从 0 时刻到 $t$ 时刻的甲烷累计扩散量 $Q_t$:

$$
\begin{aligned}
Q_t &= \iiint_V (C_0 - C)\mathrm{d}V \\
&= \iiint_V (C_0 - C) r^2 \sin\varphi \mathrm{d}\theta \mathrm{d}\varphi \mathrm{d}r \\
&= \int_0^{2\pi} \mathrm{d}\theta \int_0^{\pi} \sin\varphi \mathrm{d}\varphi \int_0^{r_0} (C_0 - C) r^2 \mathrm{d}r \\
&= \frac{4\pi r_0^3}{3}(C_0 - C_a)\left\{1 - \frac{6}{\pi^2}\sum_{n=1}^{\infty}\frac{1}{n^2}\exp\left[-\frac{n^2\pi^2 D_0}{r_0^2\varepsilon}(1 - \mathrm{e}^{-\varepsilon t})\right]\right\}
\end{aligned}
\tag{6-34}
$$

煤粒甲烷的极限扩散量 $Q_\infty$ 为:

$$
Q_\infty = \frac{4\pi r_0^3}{3}(C_0 - C_a) \tag{6-35}
$$

则 $t$ 时刻的甲烷扩散率为:

$$
\frac{Q_t}{Q_\infty} = 1 - \frac{6}{\pi^2}\sum_{n=1}^{\infty}\frac{1}{n^2}\exp\left[-\frac{n^2\pi^2 D_0}{r_0^2\varepsilon}(1 - \mathrm{e}^{-\varepsilon t})\right] \tag{6-36}
$$

式中　$Q_t$——$t$ 时刻的甲烷累计扩散量,$\mathrm{cm^3/g}$;

$Q_\infty$——甲烷极限扩散量,$\mathrm{cm^3/g}$;

$Q_t/Q_\infty$——$t$ 时刻的甲烷扩散率。

式(6-36)是煤粒高温高压甲烷扩散模型,同时包含传统的经典模型。将瞬时扩散系数 $D(t)$ 在整个扩散时间 $t$ 内积分,可得平均扩散系数 $D$,即

$$
D = \frac{\int_0^t D(t)\mathrm{d}t}{t} = \frac{D_0(1 - \mathrm{e}^{-\varepsilon t})}{\varepsilon t} \tag{6-37}
$$

$$
Dt = \frac{D_0(1 - \mathrm{e}^{-\varepsilon t})}{\varepsilon} \tag{6-38}
$$

将式(6-38)代入式(6-36),得:

$$
\frac{Q_t}{Q_\infty} = 1 - \frac{6}{\pi^2}\sum_{n=1}^{\infty}\frac{1}{n^2}\mathrm{e}^{\frac{-n^2\pi^2 Dt}{r^2}} \tag{6-39}
$$

式(6-39)即经典均质煤粒甲烷扩散模型,是高温高压甲烷扩散模型的一个特例。

### 6.2.2　高温高压甲烷扩散模型的验证

为了验证高温高压甲烷扩散模型的准确性和适应性,同时采用经典均质煤粒甲烷扩散模型式(6-4)和高温高压甲烷扩散模型式(6-36)进行拟合,级数取 $n=100$,并与第 5 章的实验扩散率实测曲线进行对比,分析不同实验条件下扩散系数的变化规律。本小节分别进行了 YJL 煤、ZXZ 煤、YX 煤和 DS 煤在不同实验条件下的实验结果与模型拟合结果验证,如图 6-6 至图 6-9所示。

由图 6-6 至图 6-9 可以看出,四种不同变质程度的煤样在不同的实验条件下,高温高压甲烷扩散模型理论曲线与实验点几乎重合,模型拟合度远高于经典模型,解决了经典模型在数学物理模型和算法两方面的不足,并能准确描述高、中、低等各煤阶煤的甲烷扩散全过程。

### 6.2.3　扩散参数与压力和温度的关系

高温高压甲烷扩散模型式(6-36)中有两个扩散参数,即初始扩散系数 $D_0$ 和衰减系数

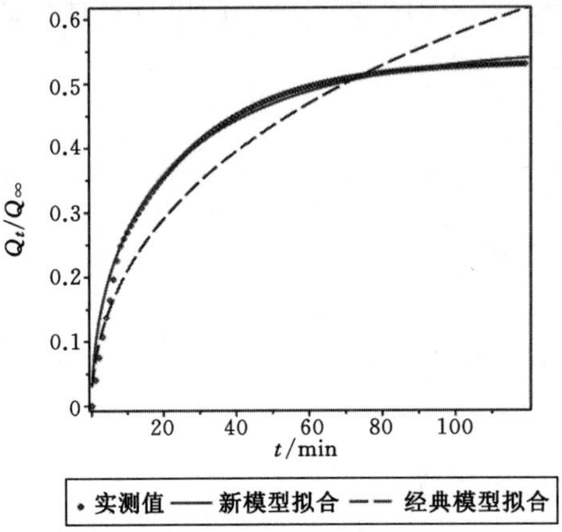


(a) 30 ℃-12 MPa

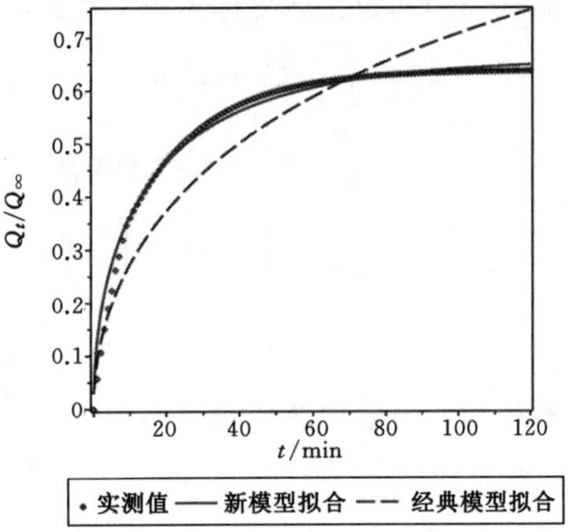


(b) 70 ℃-6 MPa

图 6-6　YJL 煤两种扩散模型拟合曲线对比

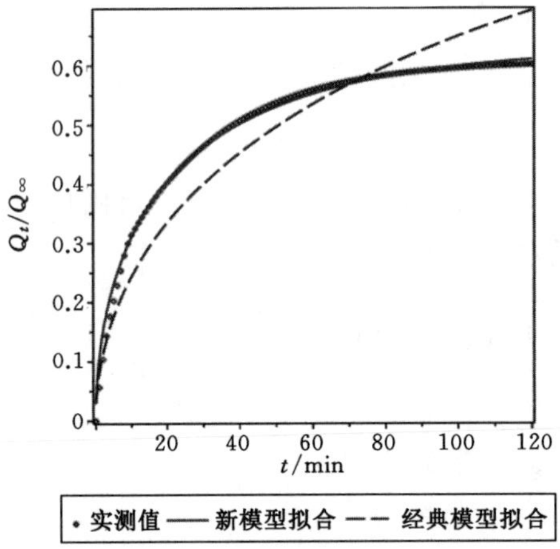


(a) 50 ℃-20 MPa

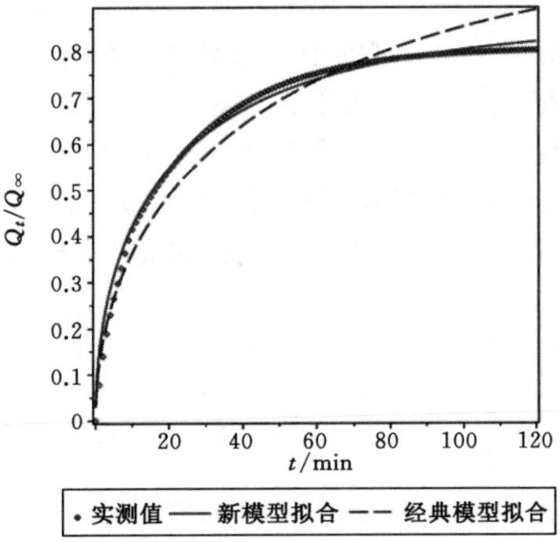


(b) 90 ℃-12 MPa

图 6-7　ZXZ 煤两种扩散模型拟合曲线对比

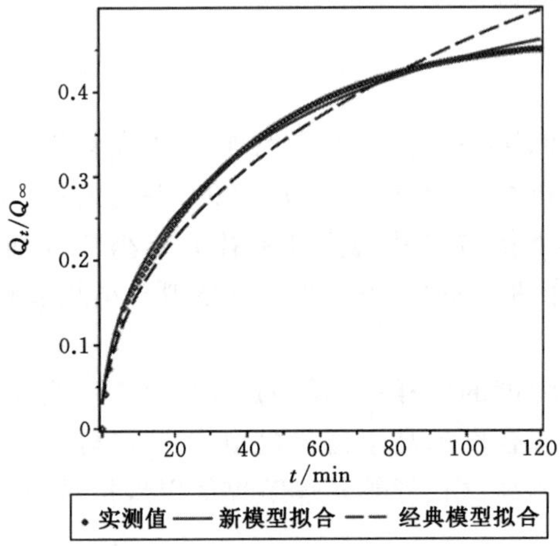


(a)　50 ℃-2 MPa

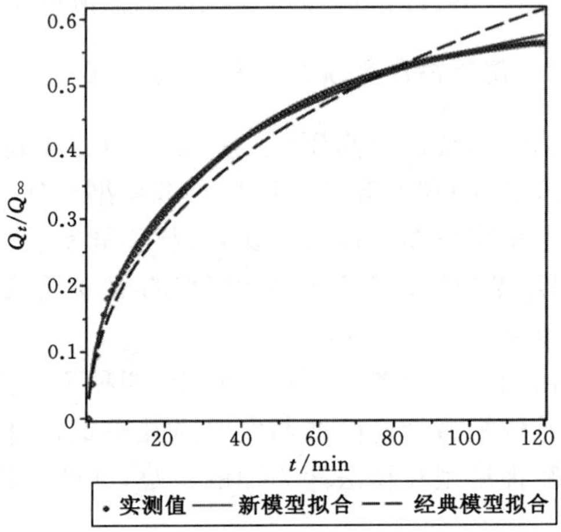


(b) 70 ℃-6 MPa

图 6-8　YX 煤两种扩散模型拟合曲线对比

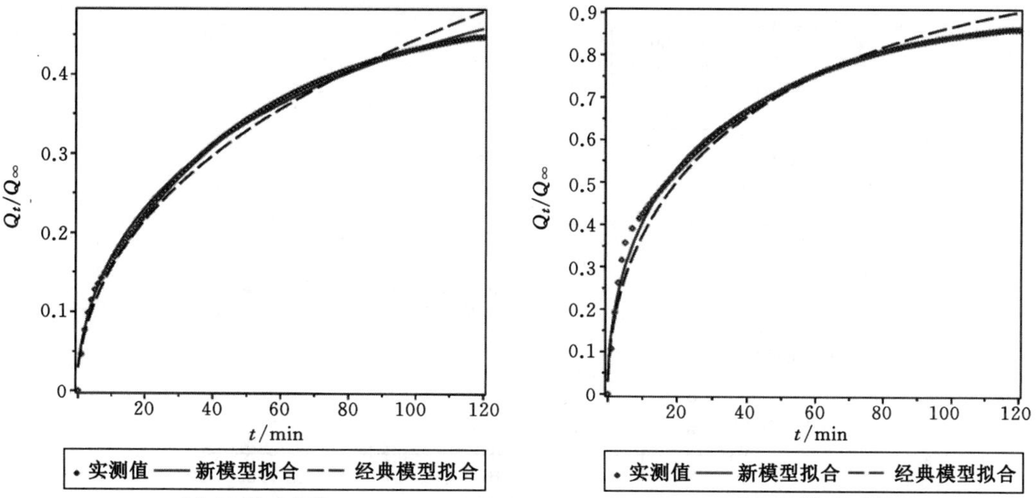


(a) 30 ℃-2 MPa　　(b) 90 ℃-20 MPa

图 6-9　DS 煤两种扩散模型拟合曲线对比

$\varepsilon$，物理意义明确。为了考察扩散参数与压力和温度的关系，以 YX 煤为例，在不同实验条件下采用高温高压甲烷扩散模型计算了各自的扩散参数，结果如表 6-3 所示。

**表 6-3　不同温压条件下的扩散参数**

| 压力/MPa | 初始扩散系数 $D_0$/(cm²/s) | | | | 衰减系数 $\varepsilon$/s⁻¹ | | | |
|---|---|---|---|---|---|---|---|---|
| | 30 ℃ | 50 ℃ | 70 ℃ | 90 ℃ | 30 ℃ | 50 ℃ | 70 ℃ | 90 ℃ |
| 2 | 4.33E−10 | 6.76E−10 | 9.73E−10 | 1.56E−09 | 8.97E−03 | 9.47E−03 | 6.87E−03 | 5.47E−03 |
| 6 | 5.82E−10 | 8.35E−10 | 1.11E−09 | 1.65E−09 | 9.94E−03 | 1.06E−02 | 8.75E−03 | 2.21E−03 |
| 12 | 9.05E−10 | 1.48E−09 | 1.67E−09 | 2.74E−09 | 1.50E−02 | 1.74E−02 | 1.18E−02 | 8.95E−03 |
| 20 | 1.13E−09 | 1.50E−09 | 2.08E−09 | 3.14E−09 | 1.67E−02 | 1.56E−02 | 1.41E−02 | 1.05E−02 |

通过对表 6-3 中的初始扩散系数 $D_0$ 和衰减系数 $\varepsilon$ 的分析，绘制了 YX 煤在不同温度条件下甲烷扩散参数与压力关系的变化图(图 6-10)。

由图 6-10(a)可以看出，同温不同压力条件下的初始扩散系数 $D_0$ 均随着压力的增加呈现逐渐增大的趋势。在 30 ℃条件下，压力由 2 MPa 增大至 6 MPa、12 MPa、20 MPa 时，初始扩散系数由 $4.33\times10^{-10}$ cm²/s 分别增加至 $5.82\times10^{-10}$ cm²/s、$9.05\times10^{-10}$ cm²/s、$1.13\times10^{-9}$ cm²/s。其他温度条件下亦有类似的变化规律。

由图 6-10(b)可以看出，30 ℃、70 ℃条件下衰减系数 $\varepsilon$ 随着压力的增加呈现逐渐增大的趋势。在 30 ℃条件下，压力由 2 MPa 增大至 6 MPa、12 MPa、20 MPa 时，衰减系数由 $8.97\times10^{-3}$ s$^{-1}$分别增加至 $9.94\times10^{-3}$ s$^{-1}$、$1.50\times10^{-2}$ s$^{-1}$、$1.67\times10^{-2}$ s$^{-1}$。70 ℃条件下亦有类似的变化规律。50 ℃条件下衰减系数 $\varepsilon$ 随着压力的增加呈现先增大后减小的趋势。压力由2 MPa增大至 6 MPa、12 MPa 时，衰减系数由 $9.47\times10^{-3}$ s$^{-1}$分别增加至 $1.06\times10^{-2}$ s$^{-1}$、$1.74\times10^{-2}$ s$^{-1}$；压力由 12 MPa 增大至 20 MPa 时，衰减系数由 $1.74\times10^{-2}$ s$^{-1}$减小至 $1.56\times10^{-2}$ s$^{-1}$。90 ℃条件下衰减系数 $\varepsilon$ 随着压力的增加呈现先减小后增大的趋势。压力由 2 MPa 增大至 6 MPa 时，

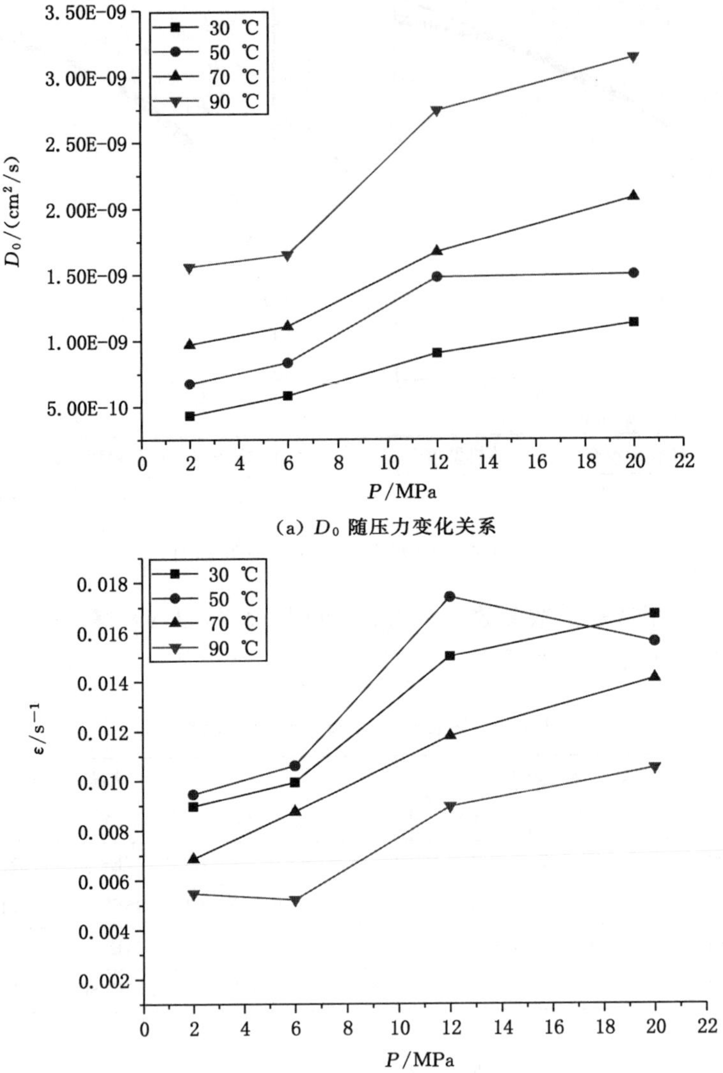


(a) $D_0$ 随压力变化关系



(b) ε 随压力变化关系

图 6-10　扩散参数随压力的变化关系

衰减系数由 $5.47\times10^{-3}\ s^{-1}$减小至 $2.21\times10^{-3}\ s^{-1}$；压力由6 MPa增大至 12 MPa、20 MPa时，衰减系数由 $2.21\times10^{-3}\ s^{-1}$增加至 $8.95\times10^{-3}\ s^{-1}$、$1.05\times10^{-2}\ s^{-1}$。

由图 6-11(a)可以看出，同压不同温度条件下的初始扩散系数 $D_0$ 均随着温度的升高呈现逐渐增大的趋势。在 2 MPa 条件下，温度由 30 ℃升高至 50 ℃、70 ℃、90 ℃时，初始扩散系数由 $4.33\times10^{-10}\ cm^2/s$ 分别增加至 $6.76\times10^{-10}\ cm^2/s$、$9.73\times10^{-10}\ cm^2/s$、$1.56\times10^{-9}\ cm^2/s$。其他压力条件下亦有类似的变化规律。

由图 6-11(b)可以看出，2 MPa、6 MPa、12 MPa 条件下衰减系数 ε 随着温度的升高呈现先增大后减小的趋势。在 2 MPa 条件下，温度由 30 ℃升高至 50 ℃时，衰减系数由 $8.97\times10^{-3}\ s^{-1}$增加至 $9.47\times10^{-3}\ s^{-1}$；温度由 50 ℃升高至 70 ℃、90 ℃时，衰减系数由 $9.47\times10^{-3}\ s^{-1}$分别减小至 $6.87\times10^{-3}\ s^{-1}$、$5.47\times10^{-3}\ s^{-1}$。6 MPa、12 MPa 条件下亦有同

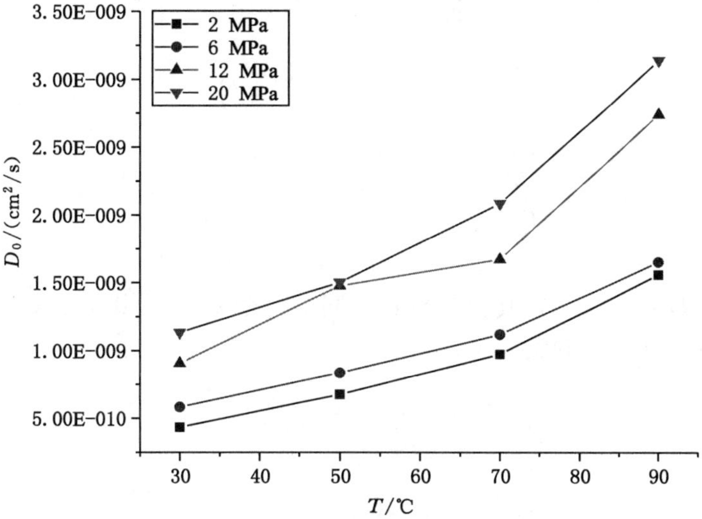


(a) $D_0$ 随温度变化关系

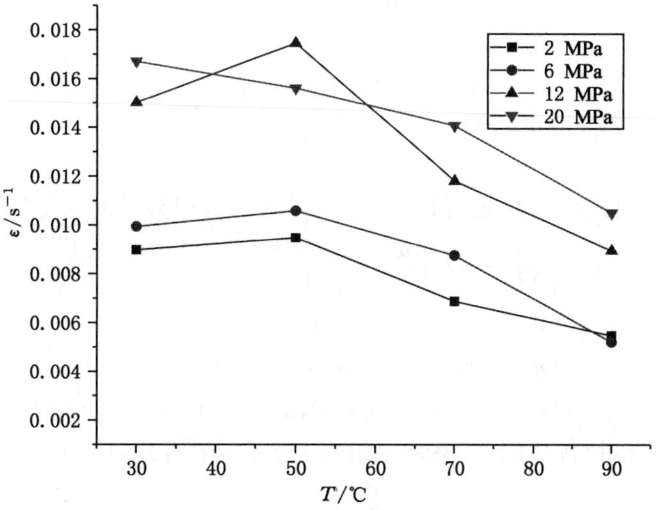


(b) ε 随温度变化关系

图 6-11　扩散参数随温度的变化关系

样的变化规律。20 MPa 条件下衰减系数 ε 随着温度的升高呈现逐渐减小的趋势。温度由 30 ℃升高至 50 ℃、70 ℃、90 ℃时，衰减系数由 $1.67\times10^{-2}\ s^{-1}$ 分别减小至 $1.56\times10^{-2}\ s^{-1}$、$1.41\times10^{-2}\ s^{-1}$、$1.05\times10^{-2}\ s^{-1}$。

# 6.3　高温高压甲烷扩散模型解算与验证

### 6.3.1　新模型的解算

考虑新模型中带有无穷级数项，在扩散系数计算、后续数据处理、现场应用方面均不方便，因而下文拟采用拉普拉斯变换法解算出一个较为简洁且方便应用的简化算法。

如前所述,高温高压甲烷扩散模型的原式如下:

$$\begin{cases}\dfrac{\partial C}{\partial t}=D(t)\left(\dfrac{\partial^2 C}{\partial r^2}+\dfrac{2}{r}\dfrac{\partial C}{\partial r}\right)\\ \dfrac{\partial C}{\partial r}\Big|_{r=0}=0,(r=0,t\geqslant 0)\\ C\big|_{r=a}=C_a,(r=a,t>0)\\ C\big|_{t=0}=C_0,(t=0,0\leqslant r\leqslant a)\end{cases} \tag{6-40}$$

其中,$D(t)=D_0\exp(-\varepsilon t)$,其他参数意义同前。令 $u=Cr$,其中 $u$、$C$ 均为 $r$、$t$ 的函数。将 $u=Cr$ 代入式(6-40),得到式(6-41):

$$\begin{cases}\dfrac{\partial u}{\partial t}=D_0\exp(-\varepsilon t)\dfrac{\partial^2 u}{\partial r^2}\\ u\big|_{r=0}=0,(r=0,t\geqslant 0)\\ u\big|_{r=a}=rC_a,(r=a,t>0)\\ u\big|_{t=0}=rC_0,(t=0,0\leqslant r\leqslant a)\end{cases} \tag{6-41}$$

令:

$$\begin{cases}T=\exp(-\varepsilon t)\\ D=-\dfrac{D_0}{\varepsilon}\end{cases} \tag{6-42}$$

利用式(6-42)对式(6-41)进行代换处理,得到式(6-43),即

$$\begin{cases}\dfrac{\partial u}{\partial T}=D\dfrac{\partial^2 u}{\partial r^2}\\ u\big|_{r=0}=0,(r=0,t\geqslant 0)\\ u\big|_{r=a}=rC_a,(r=a,t>0)\\ u\big|_{t=0}=rC_0,(t=0,T=1,0\leqslant r\leqslant a)\end{cases} \tag{6-43}$$

对式(6-41)进行拉普拉斯变换得到式(6-44),$U=U(r)=L(u(r,t))$。

$$\begin{cases}sU-u(r,0)=D\dfrac{\mathrm{d}^2 U}{\partial r^2}\\ U\big|_{r=0}=0,(r=0,t\geqslant 0)\\ U\Big|_{r=a}=\dfrac{rC_a}{s},(r=a,t>0)\\ U\big|_{t=0}=\dfrac{rC_0}{s},(t=0,T=1,0\leqslant r\leqslant a)\end{cases} \tag{6-44}$$

利用式(6-44)中的初始条件,整理得:

$$\begin{cases}\dfrac{\mathrm{d}^2 U}{\partial r^2}-\dfrac{s}{D}U=-\dfrac{rC_0}{D}\\ U\big|_{r=0}=0,(r=0,t\geqslant 0)\\ U\Big|_{r=a}=\dfrac{aC_a}{s},(r=a,t>0)\\ U\big|_{t=0}=\dfrac{rC_0}{s},(t=0,T=1,0\leqslant r\leqslant a)\end{cases} \tag{6-45}$$

据式(6-45)的第1式及第2、3式两个边界条件求解微分方程式,可得到 $U$ 的表达式:

$$U=-\frac{e^{\frac{\sqrt{s}r}{\sqrt{D}}}a(C_0-C_a)}{s(e^{\frac{\sqrt{s}a}{\sqrt{D}}}-e^{-\frac{\sqrt{s}a}{\sqrt{D}}})}+\frac{e^{-\frac{\sqrt{s}r}{\sqrt{D}}}a(C_0-C_a)}{s(e^{\frac{\sqrt{s}a}{\sqrt{D}}}-e^{-\frac{\sqrt{s}a}{\sqrt{D}}})}+\frac{C_0r}{s} \tag{6-46}$$

将式(6-46)等号右边的前两项表达为双曲函数的形式,即

$$-\frac{e^{\frac{\sqrt{s}r}{\sqrt{D}}}a(C_0-C_a)}{s(e^{\frac{\sqrt{s}a}{\sqrt{D}}}-e^{-\frac{\sqrt{s}a}{\sqrt{D}}})}+\frac{e^{-\frac{\sqrt{s}r}{\sqrt{D}}}a(C_0-C_a)}{s(e^{\frac{\sqrt{s}a}{\sqrt{D}}}-e^{-\frac{\sqrt{s}a}{\sqrt{D}}})}=-\frac{\left[-I\sinh\left(-\frac{\sqrt{s}r}{\sqrt{D}}\right)+\frac{I\pi}{2}+\sinh\left(\frac{\sqrt{s}r}{\sqrt{D}}\right)\right]a(C_0-C_a)}{2s\sinh\left(\frac{\sqrt{s}a}{\sqrt{D}}\right)}+$$

$$\frac{\left[-I\sinh\left(-\frac{\sqrt{s}r}{\sqrt{D}}\right)+\frac{I\pi}{2}-\sinh\left(\frac{\sqrt{s}r}{\sqrt{D}}\right)\right]a(C_0-C_a)}{2s\sinh\left(\frac{\sqrt{s}a}{\sqrt{D}}\right)} \tag{6-47}$$

化简式(6-47),得:

$$-\frac{e^{\frac{\sqrt{s}r}{\sqrt{D}}}a(C_0-C_a)}{s(e^{\frac{\sqrt{s}a}{\sqrt{D}}}-e^{-\frac{\sqrt{s}a}{\sqrt{D}}})}+\frac{e^{-\frac{\sqrt{s}r}{\sqrt{D}}}a(C_0-C_a)}{s(e^{\frac{\sqrt{s}a}{\sqrt{D}}}-e^{-\frac{\sqrt{s}a}{\sqrt{D}}})}=\frac{a(C_1-C_0)\sinh(\sqrt{\frac{s}{D}}r)}{s\sinh\left(\sqrt{\frac{s}{D}}a\right)} \tag{6-48}$$

将式(6-48)代入式(6-46),得到以双曲函数表达的 $U$ 的解,即

$$U=a(C_1-C_0)\frac{\sinh\left(\sqrt{\frac{s}{D}}r\right)}{s\sinh\left(\sqrt{\frac{s}{D}}a\right)}+\frac{C_0r}{s} \tag{6-49}$$

根据 $u=Cr$,可得到 $L(u(r,t))=L(C(r,t))=r\cdot\overline{C(r,t)}$,则有:

$$\overline{C(r,t)}=\frac{U}{r}=\frac{a(C_1-C_0)}{rs}\frac{\sinh\left(\sqrt{\frac{s}{D}}r\right)}{\sinh\left(\sqrt{\frac{s}{D}}a\right)}+\frac{C_0}{s} \tag{6-50}$$

令 $q=\sqrt{\frac{s}{D}}$,展开双曲函数项 $\frac{\sinh\left(\sqrt{\frac{s}{D}}r\right)}{\sinh\left(\sqrt{\frac{s}{D}}a\right)}$,即

$$\frac{\sinh\left(\sqrt{\frac{s}{D}}r\right)}{\sinh\left(\sqrt{\frac{s}{D}}a\right)}=\frac{e^{qr}-e^{-qr}}{e^{qa}-e^{-qa}}=\frac{e^{qr}-e^{-qr}}{e^{qa}(1-e^{-2qa})}=\frac{e^{q(r-a)}-e^{-q(r+a)}}{1-e^{-2qa}} \tag{6-51}$$

利用广义牛顿二项式定理,将式(6-51)的分母进行处理,可得:

$$\frac{\sinh\left(\sqrt{\frac{s}{D}}r\right)}{\sinh\left(\sqrt{\frac{s}{D}}a\right)}=\frac{e^{q(r-a)}-e^{-q(r+a)}}{1-e^{-2qa}}$$

$$=[e^{q(r-a)}-e^{-q(r+a)}]\sum_{n=0}^{\infty}e^{-2nqa}$$

$$= \sum_{n=0}^{\infty} \left[ \mathrm{e}^{-q[(2n+1)a-r]} - \mathrm{e}^{-q[(2n+1)a+r]} \right] \tag{6-52}$$

将式(6-52)代入式(6-50)可得：

$$\overline{C(r,t)} = \frac{C_0}{s} + \frac{a(C_1 - C_0)}{r} \sum_{n=0}^{\infty} \left[ \frac{\mathrm{e}^{-q[(2n+1)a-r]} - \mathrm{e}^{-q[(2n+1)a+r]}}{s} \right] \tag{6-53}$$

查拉普拉斯变换变换表，得：

$$L(\mathrm{erfc}(\frac{a}{2\sqrt{t}})) = \frac{1}{s}\exp(-a\sqrt{s}) \tag{6-54}$$

利用式(6-54)对式(6-53)进行拉普拉斯逆变换，可求得 $C(r,t)$ 的表达式，即

$$C(r,t) = C = C_0 + \frac{a(C_a - C_0)}{r} \sum_{n=0}^{\infty} \left[ \mathrm{erfc}(\frac{(2n+1)a - r}{2\sqrt{DT}}) - \mathrm{erfc}(\frac{(2n+1)a + r}{2\sqrt{DT}}) \right] \tag{6-55}$$

进一步整理可得：

$$\frac{C_0 - C}{C_0 - C_a} = \frac{a}{r} \sum_{n=0}^{\infty} \left[ \mathrm{erfc}(\frac{(2n+1)a - r}{2\sqrt{DT}}) - \mathrm{erfc}(\frac{(2n+1)a + r}{2\sqrt{DT}}) \right] \tag{6-56}$$

对式(6-56)在球体积内积分，得到累计扩散量，即

$$\begin{aligned}
Q_t &= \iiint_V (C_0 - C)\mathrm{d}V \\
&= \iiint_V (C_0 - C) r^2 \sin\varphi \mathrm{d}\theta \mathrm{d}\varphi \mathrm{d}r \\
&= \int_0^{2\pi} \mathrm{d}\theta \int_0^{\pi} \sin\varphi \mathrm{d}\varphi \int_0^a (C_0 - C) r^2 \mathrm{d}r \\
&= 4\pi a \int_0^a \frac{1}{r}(C_0 - C_a) r^2 \sum_{n=0}^{\infty} \left[ \mathrm{erfc}(\frac{(2n+1)a - r}{2\sqrt{DT}}) - \mathrm{erfc}(\frac{(2n+1)a + r}{2\sqrt{DT}}) \right] \mathrm{d}r \\
&= 4\pi a (C_0 - C_a) \int_0^a r \sum_{n=0}^{\infty} \left[ \mathrm{erfc}(\frac{(2n+1)a - r}{2\sqrt{DT}}) - \mathrm{erfc}(\frac{(2n+1)a + r}{2\sqrt{DT}}) \right] \mathrm{d}r
\end{aligned} \tag{6-57}$$

当内部质量浓度与边界质量浓度相等时，此时内部的质量浓度为 $C_a$，则甲烷的极限扩散量 $Q_\infty$ 为：

$$\begin{aligned}
Q_\infty &= \iiint_V (C_0 - C_a)\mathrm{d}V \\
&= \iiint_V (C_0 - C_a) r^2 \sin\varphi \mathrm{d}\theta \mathrm{d}\varphi \mathrm{d}r \\
&= \int_0^{2\pi} \mathrm{d}\theta \int_0^{\pi} \sin\varphi \mathrm{d}\varphi \int_0^a (C_0 - C_a) r^2 \mathrm{d}r \\
&= \frac{4\pi a^3}{3}(C_0 - C_a)
\end{aligned} \tag{6-58}$$

用式(6-57)除以式(6-58)则得到累计甲烷扩散率：

$$\begin{aligned}
\frac{Q_t}{Q_\infty} &= \frac{3}{a^2} \int_0^a r \sum_{n=0}^{\infty} \left[ \mathrm{erfc}(\frac{(2n+1)a - r}{2\sqrt{DT}}) - \mathrm{erfc}(\frac{(2n+1)a + r}{2\sqrt{DT}}) \right] \mathrm{d}r \\
&= \frac{3}{a^2} \sum_{n=0}^{\infty} \left\{ -2an\sqrt{\frac{DT}{\pi}} \mathrm{e}^{-(\frac{(n+1)a}{\sqrt{DT}})^2} + 2na^2(n+1) \left[ \mathrm{erf}(\frac{an}{\sqrt{DT}}) - \mathrm{erf}(\frac{a(n+1)}{\sqrt{DT}}) \right] \right\}
\end{aligned} \tag{6-59}$$

取式(6-59)的线性主部，即 $n=0$ 时，为该式的第 1 项，为最简化的结果，即

$$\frac{Q_t}{Q_\infty}=\frac{-3DT\sqrt{\pi}\,\mathrm{erf}\left(\frac{a}{\sqrt{DT}}\right)+6a\sqrt{DT}}{a^2\sqrt{\pi}}$$

$$=\frac{-3DT+6a\sqrt{\frac{DT}{\pi}}}{a^2}$$

$$=\frac{6}{a}\sqrt{\frac{DT}{\pi}}-\frac{3DT}{a^2} \tag{6-60}$$

将式(6-42)的变量代回式(6-60)，并考虑 $T$ 是一个 $0\sim t$ 的有界函数，可得：

$$\frac{Q_t}{Q_\infty}=\frac{6}{a}\sqrt{\frac{D_0(1-\mathrm{e}^{-\varepsilon t})}{\varepsilon\pi}}-\frac{3D_0(1-\mathrm{e}^{-\varepsilon t})}{\varepsilon a^2} \tag{6-61}$$

式(6-61)即高温高压甲烷扩散模型的简化算法。

### 6.3.2 新模型简化算法的验证

为了验证新模型简化算法的准确性，采用式(6-61)和高温高压甲烷扩散模型(6-36)进行拟合，并与扩散率实测曲线进行对比。本小节分别进行了 YJL 煤、ZXZ 煤、YX 煤和 DS 煤在不同实验条件下的实验结果与模型拟合结果验证，如图 6-12 至图 6-15 所示。

由图 6-12 至图 6-15 可以看出，四种不同变质程度的煤样在不同的实验条件下，新模型的简化算法拟合曲线与新模型拟合曲线几乎重合，并且与实验测试点也比较吻合，总体上具有较高的拟合度，新模型的简化算法具有很好的稳定性和准确性。

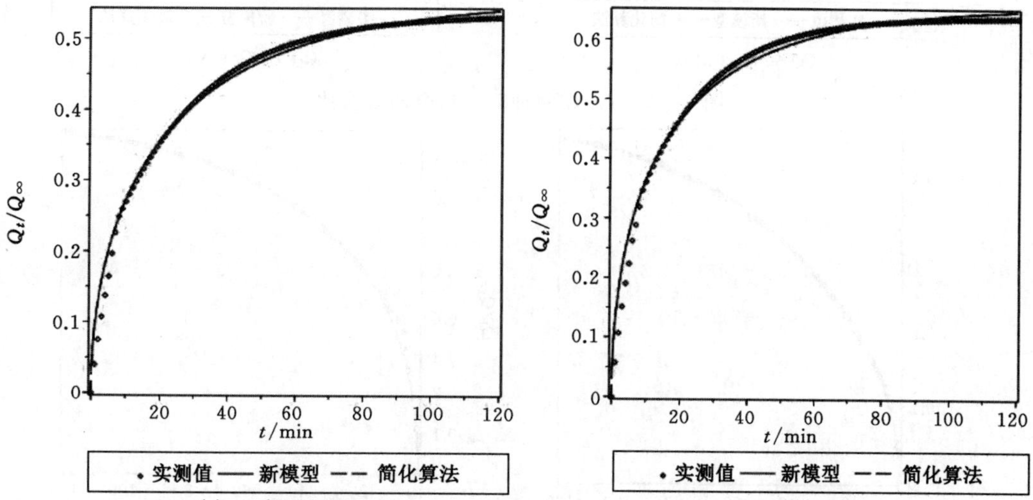

(a) 30 ℃-12 MPa　　(b) 70 ℃-6 MPa

图 6-12　YJL 煤两种算法拟合曲线对比

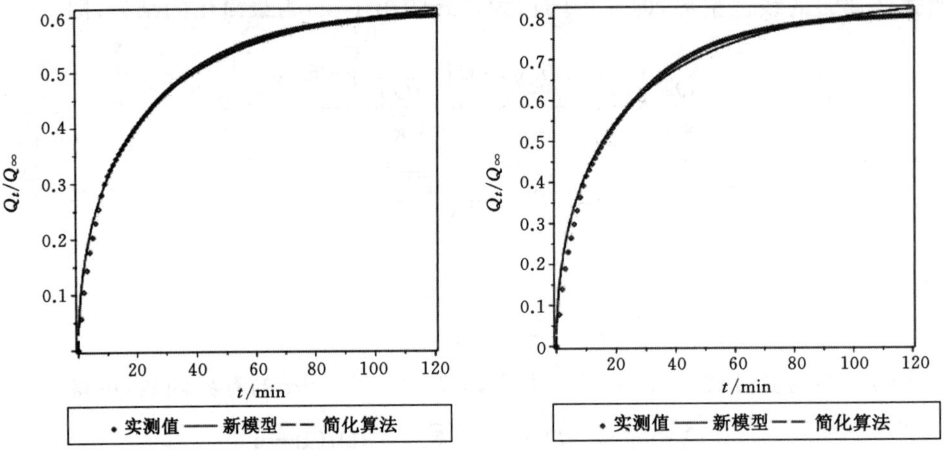


(a) 50 ℃-20 MPa (b) 90 ℃-12 MPa

图 6-13 ZXZ 煤两种算法拟合曲线对比

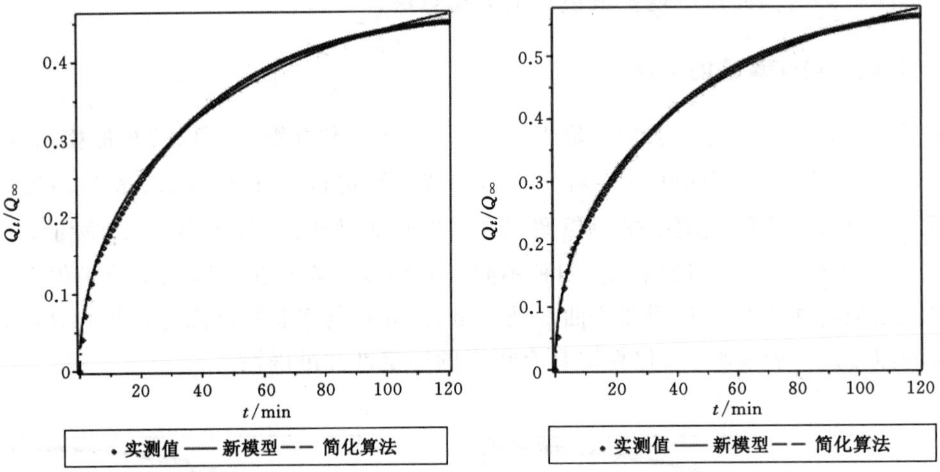


(a) 50 ℃-2 MPa (b) 70 ℃-6 MPa

图 6-14 YX 煤两种算法拟合曲线对比

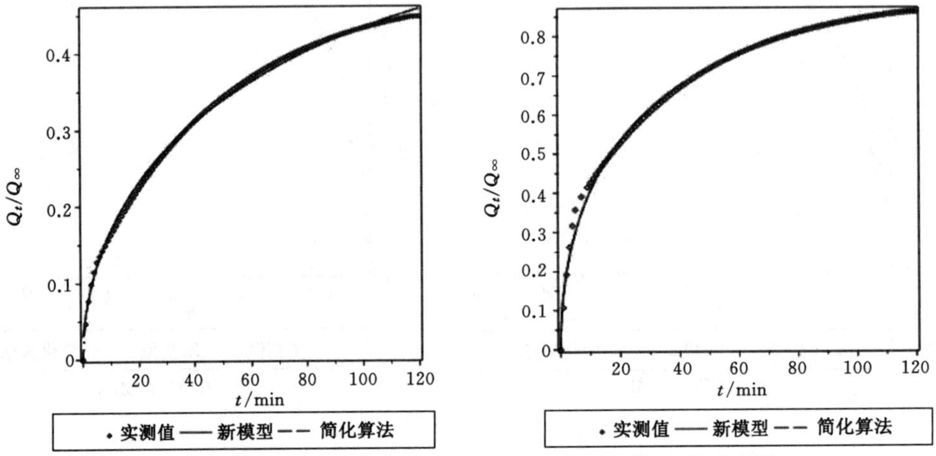


(a) 30 ℃-2 MPa (b) 90 ℃-20 MPa

图 6-15 DS 煤两种算法拟合曲线对比

## 6.4 煤粒甲烷扩散控制机理

周世宁、Yi、Sze 等学者研究认为煤层的甲烷放散过程包括解吸-扩散-渗流过程，而杨其銮等认为煤粒的甲烷放散过程包括解吸-扩散过程。近藤精一、何学秋等认为甲烷在煤中的吸附属于物理吸附，解吸过程用时大约 $10^{-10}\sim10^{-5}$ s，可瞬间完成，相对渗流和扩散该过程可忽略不计。甲烷在煤粒中的流动过程还存在较大争议，有的学者认为甲烷在煤基质中流动过程主要包括解吸、扩散和渗透三个过程，而有的学者认为甲烷在煤基质中流动过程主要包括解吸和扩散两个过程，争议主要是煤基质中是否存在渗透的流动方式，目前还无定论。

煤是一种多孔基质，孔隙系统发育。按照霍多特的分类方法，煤基质内的孔隙可以分为可见孔及裂隙、大孔、中孔、小孔、微孔。甲烷在煤体内流动是一个极其复杂的过程，一般认为渗流发生在煤层中，甲烷在煤体大孔隙或裂隙系统中的流动符合达西(Darcy)流动定律；甲烷解吸过程主要发生在孔隙表面，可以瞬间完成，解吸时间相对扩散时间来说可以忽略；甲烷扩散过程主要发生在煤粒表面和孔隙内，浓度梯度作为主要动力驱使甲烷流动，煤基质微孔体系中的扩散过程很长，决定着煤的宏观解吸，此过程符合菲克扩散定律。甲烷在煤体的中孔、大孔中的流动速度要比在小孔和微孔中的扩散速度快很多，在大孔和中孔中很难形成压力梯度，尤其对于煤粒而言，渗透的力学条件不具备。综合国内外研究成果认为，甲烷在煤粒中的流动是由扩散过程控制的。

### 6.4.1 孔隙结构对甲烷扩散的控制机理

煤体内的孔隙系统发育且结构复杂多样，孔隙是煤体内气体运移扩散的主要通道，不同煤孔隙的差异在宏观上表现为气体扩散速率和扩散系数的不同，因此，煤的孔隙结构是影响气体扩散特性的重要因素。图 6-16 为不同变质程度煤与甲烷扩散系数和 BET 比表面积的关系。

由图 6-16 可以看出，随着煤变质程度升高，甲烷扩散系数和 BET 比表面积都呈现先减小再增大的规律。YJL 煤和 DS 煤的 BET 比表面积明显大于 ZXZ 煤和 YX 煤，使得相同条件下的 YJL 煤和 DS 煤的吸附量也高于其他两种煤，孔隙内表现为甲烷分子排列密度较高，当甲烷开始扩散时，孔隙内与外部间的浓度梯度大，因此甲烷扩散系数也高于 ZXZ 煤和YX 煤。

YJL 煤的 BET 比表面积大于 DS 煤，扩散系数却小于 DS 煤，究其原因，BET 比表面积主要是小孔和微孔贡献的。由图 3-15 可知，YJL 煤孔隙中小孔孔容占总孔容 20.57%，微孔孔容占总孔容 40.07%；DS 煤孔隙中小孔孔容占总孔容 44.14%，微孔孔容占总孔容 28.83%。DS 煤小孔孔容分布明显高于 YJL 煤，宏观上表现为 DS 煤的甲烷扩散系数大于 YJL 煤。

图 6-17 为不同变质程度煤与扩散系数和分形维数的关系。从图 6-17 中可以看出，随着煤变质程度升高，甲烷扩散系数和分形维数都呈现先减小再增大的规律。其中，DS 煤的扩散系数和分形维数最大，其次为 YJL 煤，ZXZ 煤和 YX 煤较小。分析原因主要是，DS 煤的小孔和微孔发育，煤基质吸附空间增加，相比中等和低变质程度的煤样来说吸附能力更强，煤样具有较长的扩散时间；YJL 煤在煤岩演化过程中，受压实程度低，天然裂缝、大孔和中孔较为发育。

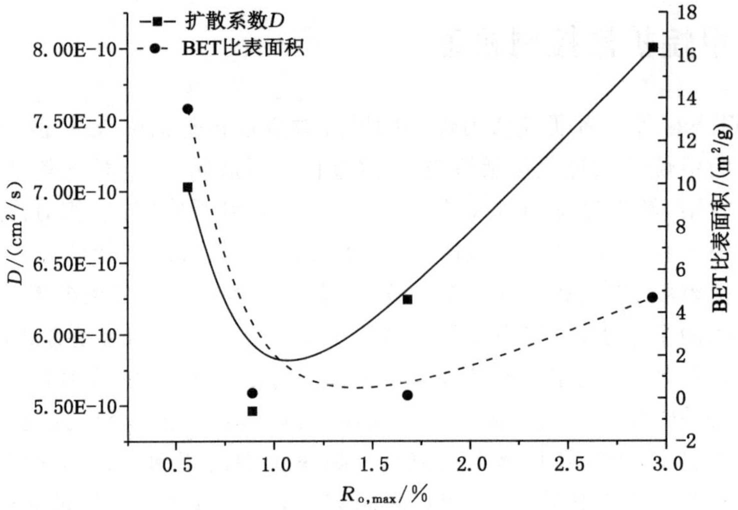


(a) 30 ℃-2 MPa

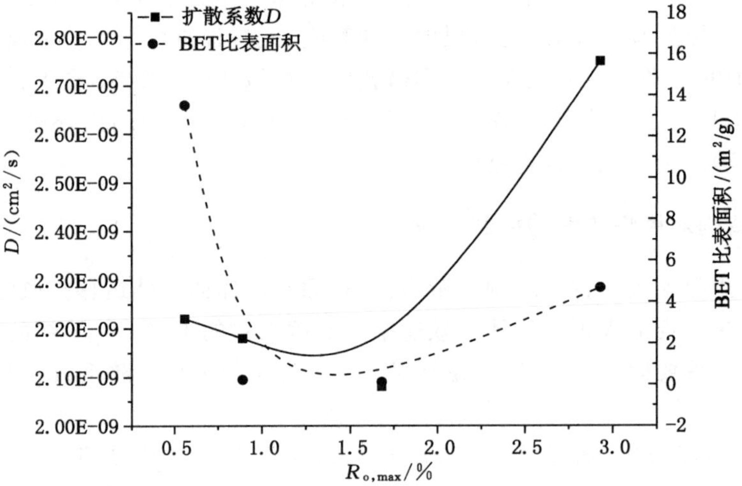


(b) 90 ℃-20 MPa

图 6-16　不同变质程度煤与扩散系数和 BET 比表面积关系

图 6-18 为扩散系数和分形维数的关系。从图 6-18 中可知，随着分形维数的增大，甲烷扩散系数总体呈现增加的趋势，两者呈正相关关系。这说明煤的孔隙结构越复杂，表面越粗糙，对甲烷扩散系数的影响也就越大。

### 6.4.2　压力对甲烷扩散的控制机理

马东民等研究发现，气体压力越高，甲烷分子在孔隙表面赋存的密度也就越高，煤基质吸附甲烷量越大，从而使吸附在煤基质表面的甲烷分子脱离转化为自由气体，吸附剂表面浓度梯度增大，宏观表现为扩散初期甲烷扩散量和扩散速度越大，也就是煤粒甲烷扩散系数较大。随着扩散时间的延长，吸附剂表面的浓度梯度与外界环境的浓度梯度逐渐减小，甲烷扩散系数不断降低，宏观表现为甲烷扩散量和扩散速度不断减小。

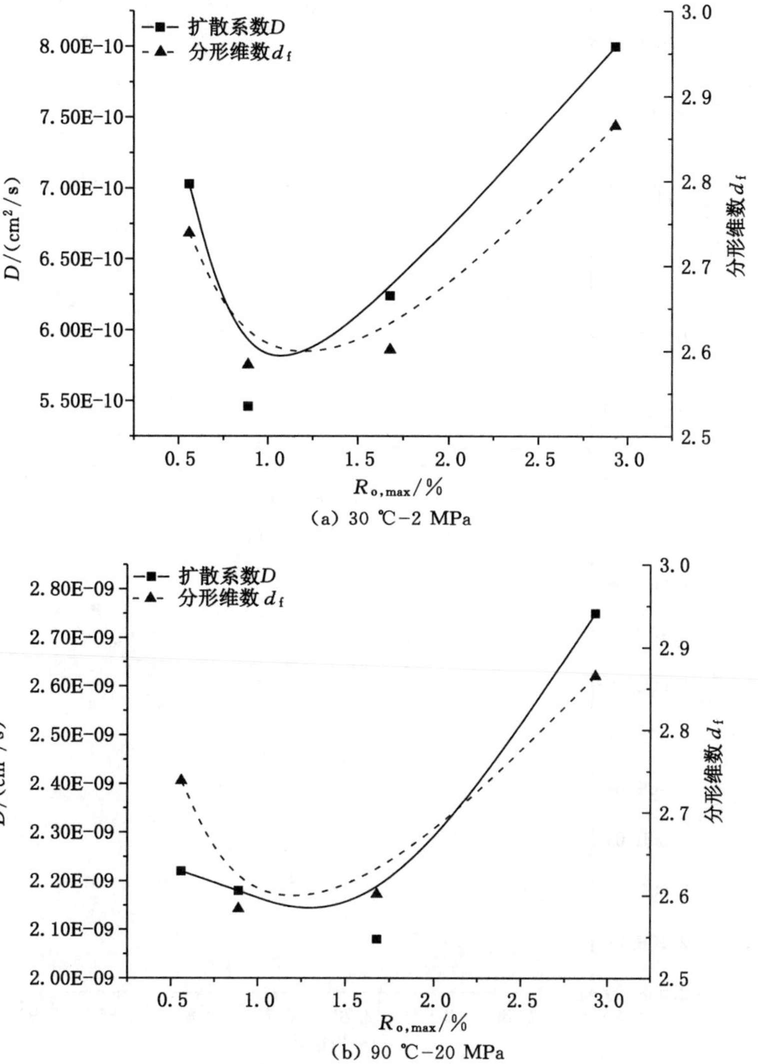


图 6-17 不同变质程度煤与扩散系数和分形维数关系

根据分子运动学理论可知,气体压力对甲烷扩散的控制主要表现在气体分子之间的无规则剧烈碰撞强度上。在较高的气体压力驱动作用下,微观上表现为甲烷分子碰撞概率增大,分子运动增强,甲烷分子从煤基质中脱离概率增大,即甲烷扩散系数增大;同时,较高的气体压力使煤基质发生膨胀作用,孔隙逐渐变大,扩散阻力随之减小,这在一定程度上促进了甲烷的扩散。

### 6.4.3 温度对甲烷扩散的控制机理

王绍亭等基于统计热力学理论和气体分子运动学理论研究得出,温度对甲烷扩散的影响主要表现在气体分子平均自由程和气体分子平均动能的改变。甲烷在煤中的吸附主要是物理吸附,甲烷分子与煤分子之间的吸附作用会导致甲烷分子自由能降低,这部分能量以热

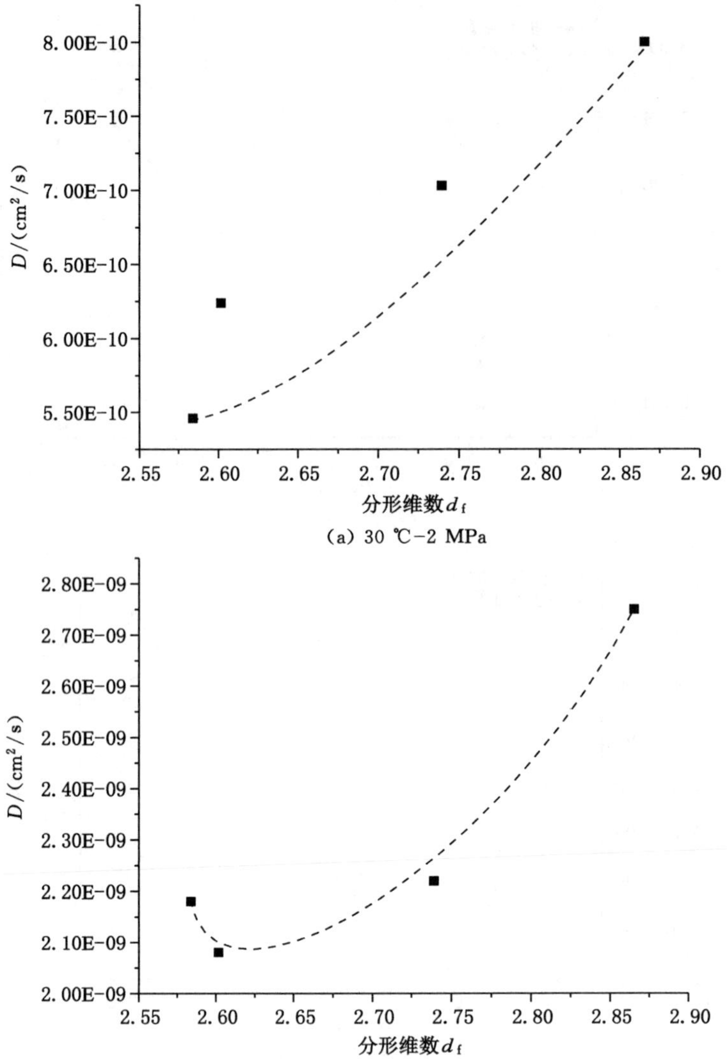


图 6-18　扩散系数和分形维数关系

量形式释放出来，温度越高越不利于热量释放，越有利于甲烷在煤体上的扩散。Chapman、张帅等根据统计热力学理论得出气体分子的平均自由程 λ：

$$\lambda = \frac{k\mu}{P}\sqrt{\frac{\pi RT}{8M}} \tag{6-62}$$

式中　$\mu$——气体的动力黏度，Pa·s；

$k$——数值因子；

$T$——绝对温度，K；

$R$——摩尔气体常数，J/(mol·K)；

$P$——气体压力，Pa；

$M$——甲烷气体的摩尔质量，g/mol。

气体分子之间的吸引力很小，气体黏性主要是气体在不同流速层间做无规则运动时动量交换引起的。温度越高，甲烷分子的热运动越剧烈，气体分子动力黏度就越大，平均自由程增加，宏观表现为甲烷的扩散量、扩散速度和扩散系数增大；温度降低，气体分子的动力黏度降低，气体分子平均自由程减小，甲烷分子不易脱离煤粒表面，宏观表现为甲烷吸附量增加，扩散量减少。

温度对甲烷扩散的影响是通过改变分子平均动能来实现的，煤基质的温度越高，甲烷气体分子的热运动越剧烈，从中获取能量使吸附在煤基质表面的甲烷分子脱离，转化为自由气体，吸附剂表面浓度梯度增大，扩散过程动力增加，发生扩散的概率就越大。吴世跃根据气体分子运动学理论得出气体分子的平均动能$\bar{\varepsilon}_k$：

$$\bar{\varepsilon}_k = \frac{1}{2}m\bar{v}^2 = \frac{3}{2}k_B T \tag{6-63}$$

式中 $\bar{\varepsilon}_k$——气体分子的平均动能，J；

$m$——分子摩尔质量，kg/mol；

$\bar{v}$——分子平均运动速度，m/s；

$k_B$——玻尔兹曼常数；

$T$——绝对温度，K。

由气体分子运动理论可知，温度升高，可以提高甲烷分子的振动幅度和频率，气体分子运动加快，动能随之增加，煤基质对甲烷的吸附能力减弱，从而导致甲烷分子在煤粒孔隙表面滞留时间缩短，宏观表现为甲烷吸附量减少，扩散量增加，扩散系数增大。

另外，温度对甲烷扩散系数的影响主要表现在孔隙结构的变化方面。张玉涛、王晓波等学者研究表明，煤粒内部随着温度的升高，原有孔隙周边的有机质产生热膨胀效应，孔隙逐渐变大，并且孔隙分形特征变得明显，小孔隙受热膨胀的影响大于中孔和大孔，最终大孔隙总量增加。同时温度的升高引起煤基质中的部分物质被氧化，不断产生新的孔隙，从而使甲烷更容易扩散。

### 6.4.4 甲烷扩散系数衰减特性的控制机理

煤作为一种多孔性的岩石，具有裂隙-孔隙双重孔隙结构，煤粒中的甲烷扩散系数不仅与甲烷在煤粒中的排布不均匀的扩散模式有关，而且取决于煤基质的不同孔隙结构的分布、各孔隙的连通性和结构迂曲度等。在煤粒不同孔隙结构中，甲烷运移所受的阻力不同，表现出的扩散系数也就不同。即大孔中的甲烷经裂隙或可见孔直接扩散至煤基质表面，中孔中的甲烷经大孔、可见孔扩散至煤基质表面，小孔、微孔中的甲烷经中孔、大孔和可见孔扩散至煤基质表面，甲烷扩散过程经历的路径和所受的阻力都不相同，致使煤粒甲烷的扩散系数不同，甲烷在孔径大且路径短的位置先扩散出来，在孔径小、路径长的位置扩散速度比较缓慢，最终表现出煤粒中甲烷扩散系数随时间衰减的特征。

在扩散过程的初始阶段，煤粒大孔隙和裂隙中的游离甲烷瞬时解吸出去，大孔隙和裂隙表面的甲烷直接释放出来。随着扩散时间的延长，扩散甲烷主要为小孔、微孔中吸附的甲烷；随着煤基质中甲烷分子浓度梯度的降低，甲烷从小孔和微孔等孔隙内扩散出来。由于这些孔隙内的甲烷到达煤粒表面的路径长，所受的运移阻力较大，所需要的扩散时间就长，尤其是在扩散后期，扩散阻力逐渐加大，路径逐渐延长，扩散系数逐渐减小。

刘志勇等研究表明，气体分子的有效扩散系数 $D_{eff}$ 为：

$$D_{eff} = \frac{D\varphi}{\zeta} \tag{6-64}$$

式中 $D_{eff}$——有效扩散系数，$cm^2/s$；

$\varphi$——孔隙率，%；

$D$——扩散系数，$cm^2/s$；

$\zeta$——弯曲因子。

由式(6-64)可知，对于煤粒扩散介质而言，甲烷分子的有效扩散系数 $D_{eff}$ 与多孔介质的孔隙率 $\varphi$ 成正比，与孔隙弯曲因子 $\zeta$ 成反比。

王佑安、刘延保等研究发现，煤基质吸附甲烷后发生膨胀变形，孔隙受压也相应发生改变，最终影响孔隙弯曲因子 $\zeta$。扩散初期孔隙内的甲烷分子到达煤粒表面的路径短，弯曲因子 $\zeta$ 小，则扩散系数大；扩散后期孔隙内的甲烷分子到达煤粒表面的路径长，弯曲因子 $\zeta$ 大，则扩散系数小，最终导致甲烷扩散系数衰减。

在煤粒甲烷扩散系统中，除了扩散介质本身复杂的孔隙结构影响扩散系数外，扩散相气体的性质和外界环境的温度和气压、粒径、煤变质程度等因素也会对扩散系数造成影响，这些因素的综合作用致使甲烷扩散系数呈现随时间的延长而逐渐衰减的特性。

# 参考文献


[1] 曹垚林,仇海生.碎屑状煤芯瓦斯解吸规律研究[J].中国矿业,2007,16(12):119-123.

[2] 曹运兴,柴学周,刘同吉,等.潞安矿区山西组3#煤储层低压特征及控制因素研究[J].天然气地球科学,2016,27(11):2077-2085.

[3] 车长波,杨虎林,李富兵,等.我国煤层气资源勘探开发前景[J].中国矿业,2008,17(5):1-4.

[4] 陈刚,秦勇,胡宗全,等.不同煤阶深煤层含气量差异及其变化规律[J].高校地质学报,2015,21(2):274-279.

[5] 陈敏伯.计算化学:从理论化学到分子模拟[M].北京:科学出版社,2009.

[6] 陈萍,唐修义.低温氮吸附法与煤中微孔隙特征的研究[J].煤炭学报,2001,26(5):552-556.

[7] 陈向军,程远平,王林.外加水分对煤中瓦斯解吸抑制作用试验研究[J].采矿与安全工程学报,2013,30(2):296-301.

[8] 陈向军,贾东旭,王林.煤解吸瓦斯的影响因素研究[J].煤炭科学技术,2013,41(6):50-53.

[9] 陈正隆,徐为人,汤立达.分子模拟的理论与实践[M].北京:化学工业出版社,2007.

[10] 程小庆,王兆丰,李志强.动扩散系数新模型下不同粒径构造煤的瓦斯扩散特征[J].中国安全生产科学技术,2016,12(6):88-93.

[11] 迟雷雷,王启飞,王菲茵,等.煤的瓦斯解吸扩散规律实验研究[J].煤矿安全,2013,44(12):1-3.

[12] 渡边伊温,辛文.关于煤的瓦斯解吸特征的几点考察[J].煤矿安全,1985,16(4):52-60.

[13] 樊九林,钱泽兵.深部开采煤层自燃危险性规律及防治技术[J].煤矿安全,2009,40(12):24-26.

[14] 弗兰科尔.分子模拟入门[M].2版.北京:世界图书出版公司,2010.

[15] 傅雪海,秦勇,张万红,等.基于煤层气运移的煤孔隙分形分类及自然分类研究[J].科学通报,2005,50(增刊1):51-55.

[16] 傅雪海,秦勇,韦重韬.煤层气地质学[M].徐州:中国矿业大学出版社,2007.

[17] 格雷格.吸附、比表面与孔隙率[M].高敬琮,刘希尧,译.北京:化学工业出版社,1989.

[18] 顾惕人,朱玻瑶,李外郎,等.表面化学[M].北京:科学出版社,1994.

[19] 郭立稳,肖藏岩,刘永新.煤孔隙结构对煤层中CO扩散的影响[J].中国矿业大学学报,2007,36(5):636-640.

[20] 郝琦.煤的显微孔隙形态特征及其成因探讨[J].煤炭学报,1987,12(4):51-56.

[21] 何科荣，李县法，李华. 活性炭孔吸附过程的巨正则系综 Monte Carlo 模拟[J]. 新疆大学学报(自然科学版)，2007，24(2)：184-190.
[22] 何学秋. 含瓦斯煤岩流变动力学[M]. 徐州：中国矿业大学出版社，1995.
[23] 何学秋，薛二龙，聂百胜，等. 含瓦斯煤岩流变特性研究[J]. 辽宁工程技术大学学报，2007，26(2)：201-203.
[24] 胡彪，程远平，王亮. 原生结构煤与构造煤孔隙结构与瓦斯扩散特性研究[J]. 煤炭科学技术，2018，46(3)：103-107.
[25] 胡赓祥，蔡珣，戎咏华. 材料科学基础[M]. 3 版. 上海：上海交通大学出版社，2010.
[26] 霍多特. 煤与瓦斯突出[M]. 宋士钊，王佑安，译. 北京：中国工业出版社，1966：49-55.
[27] 霍永忠. 煤储层的气体解吸特性研究[J]. 天然气工业，2004，24(5)：24-26.
[28] 简星，关平，张巍. 煤中 $CO_2$ 的吸附和扩散：实验与建模[J]. 中国科学：地球科学，2012，42(4)：492-504.
[29] 姜波，琚宜文. 构造煤结构及其储层物性特征[J]. 天然气工业，2004，24(5)：27-29.
[30] 蒋晓芸，徐明瑜. 分形介质分数阶反常守恒扩散模型及其解析解[J]. 山东大学学报(理学版)，2003，38(5)：29-32.
[31] 近藤精一，石川达雄，安部郁夫. 吸附科学[M]. 2 版. 李国希，译. 北京：化学工业出版社，2006.
[32] 荆雯. 甲烷在构造煤中吸附和扩散的分子模拟[D]. 太原：太原理工大学，2010.
[33] 琚宜文. 构造煤结构演化与储层物性特征及其作用机理[D]. 徐州：中国矿业大学，2002.
[34] 琚宜文，姜波，侯泉林，等. 煤岩结构纳米级变形与变质变形环境的关系[J]. 科学通报，2005，50(17)：1884-1892.
[35] 康博. 低温环境煤的瓦斯解吸特性研究[D]. 焦作：河南理工大学，2013.
[36] 兰学芳，赵瑞玉，赵愉生，等. 分子筛晶内扩散系数测定方法的研究进展[J]. 化工进展，2012，31(1)：62-68.
[37] 蓝航，陈东科，毛德兵. 我国煤矿深部开采现状及灾害防治分析[J]. 煤炭科学技术，2016，44(1)：39-46.
[38] 李冰. 煤层甲烷扩散物理模拟实验及其机理研究[D]. 焦作：河南理工大学，2014.
[39] 李红阳，朱耀武，易继承. 淮南矿区地温变化规律及其异常因素分析[J]. 煤矿安全，2007，38(11)：68-71.
[40] 李希建，尹鑫，李维维，等. 页岩对甲烷高温高压等温吸附的热力学特性[J]. 煤炭学报，2018，43(增刊 1)：229-235.
[41] 李小彦，解光新. 孔隙结构在煤层气运移过程中的作用：以沁水盆地为例[J]. 天然气地球科学，2004，15(4)：341-344.
[42] 李晓泉，尹光志. 不同性质煤的微观特性及渗透特性对比试验研究[J]. 岩石力学与工程学报，2011，30(3)：500-508.
[43] 李晓伟，蒋承林. 温度对瓦斯放散初速度测定的影响研究[J]. 煤矿安全，2009，40(1)：1-3.
[44] 李一波，郑万成，王凤双. 煤样粒径对煤吸附常数及瓦斯放散初速度的影响[J]. 煤矿安

全,2013,44(1):5-8.

[45] 李云波,张玉贵,张子敏,等.构造煤瓦斯解吸初期特征实验研究[J].煤炭学报,2013,38(1):15-20.

[46] 李志强,段振伟,景国勋.不同温度下煤粒瓦斯扩散特性试验研究与数值模拟[J].中国安全科学学报,2012,22(4):38-42.

[47] 李志强,王登科,宋党育.新扩散模型下温度对煤粒瓦斯动态扩散系数的影响[J].煤炭学报,2015,40(5):1055-1064.

[48] 李志强,刘勇,许彦鹏,等.煤粒多尺度孔隙中瓦斯扩散机理及动扩散系数新模型[J].煤炭学报,2016,41(3):633-643.

[49] 李志强,成墙,段正鹏,等.不同温压下柱状煤芯瓦斯吸附饱和度和进扩散时间的确定[J].中国安全生产科学技术,2017,13(7):92-99.

[50] 林柏泉,周世宁.煤样瓦斯渗透率的实验研究[J].中国矿业学院学报,1987(1):24-31.

[51] 林晨,贾天让,周市伟,等.颗粒煤甲烷吸附过程扩散特征[J].煤田地质与勘探,2018,46(4):44-49.

[52] 刘成林,朱杰,车长波,等.新一轮全国煤层气资源评价方法与结果[J].天然气工业,2009,29(11):130-132.

[53] 刘高峰.高温高压三相介质煤吸附瓦斯机理与吸附模型[D].焦作:河南理工大学,2011.

[54] 刘军,王兆丰.煤变质程度对瓦斯放散初速度的影响[J].辽宁工程技术大学学报(自然科学版),2013,32(6):745-748.

[55] 刘丽民,苏现波,李金海.河南省煤层气储层压力特征及其形成机制[J].煤田地质与勘探,2009,37(5):23-27.

[56] 刘鹏.双重孔隙煤体瓦斯多尺度流动机理及数值模拟[D].北京:中国矿业大学(北京),2018.

[57] 刘瑞安,权继民.地温测井资料在勘探中的应用[J].陕西煤炭,2007,26(5):53-54.

[58] 刘文宝,陈金玉,孙京凯.千米深井热害研究与治理技术[J].煤矿开采,2008,13(5):97-99.

[59] 刘小辉.阜康矿区煤储层压力特征研究[J].西部探矿工程,2014,26(8):95-97.

[60] 刘延保,曹树刚,李勇,等.煤体吸附瓦斯膨胀变形效应的试验研究[J].岩石力学与工程学报,2010,29(12):2484-2491.

[61] 刘炎杰,郭靖,范延昌,等.煤中甲烷扩散特性影响因素实验研究[J].煤炭技术,2015,34(11):182-185.

[62] 刘彦伟.煤粒瓦斯放散规律、机理与动力学模型研究[D].焦作:河南理工大学,2011.

[63] 刘彦伟,魏建平,何志刚,等.温度对煤粒瓦斯扩散动态过程的影响规律与机理[J].煤炭学报,2013,38(增刊1):100-105.

[64] 刘志勇,孙伟,周新刚.混凝土气体扩散系数测试方法理论研究[J].混凝土,2005(11):3-5.

[65] 卢平,朱德信.解吸法测定煤层瓦斯压力和瓦斯含量的实验研究[J].淮南矿业学院学报,1995,15(4):34-40.

[66] 陆小华. 材料化学工程中的热力学与分子模拟研究[M]. 北京:科学出版社,2011.
[67] 马东民. 煤储层的吸附特征实验综合分析[J]. 北京科技大学学报,2003,25(4):291-294.
[68] 马东民. 煤层气吸附解吸机理研究[D]. 西安:西安科技大学,2008.
[69] 马东民,韦波,蔡忠勇. 煤层气解吸特征的实验研究[J]. 地质学报,2008,82(10):1432-1436.
[70] 孟伟杰. 页岩气吸附的分子模拟及实验研究:以鄂尔多斯盆地X页岩气藏为例[D]. 成都:西南石油大学,2016.
[71] 牟俊惠,程远平,刘辉辉. 注水煤瓦斯放散特性的研究[J]. 采矿与安全工程学报,2012,29(5):746-749.
[72] 聂百胜,王恩元,郭勇义,等. 煤粒瓦斯扩散的数学物理模型[J]. 辽宁工程技术大学学报(自然科学版),1999,18(6):582-585.
[73] 聂百胜,何学秋,王恩元. 瓦斯气体在煤层中的扩散机理及模式[J]. 中国安全科学学报,2000,10(6):24-28.
[74] 聂百胜,郭勇义,吴世跃,等. 煤粒瓦斯扩散的理论模型及其解析解[J]. 中国矿业大学学报,2001,30(1):19-22.
[75] 聂百胜,杨涛,李祥春,等. 煤粒瓦斯解吸扩散规律实验[J]. 中国矿业大学学报,2013,42(6):975-981.
[76] 戚灵灵,王兆丰,杨宏民,等. 基于低温氮吸附法和压汞法的煤样孔隙研究[J]. 煤炭科学技术,2012,40(8):36-39,87.
[77] 戚灵灵. 基于煤孔隙特征的焦作矿区二$_1$煤层瓦斯吸附/解吸响应特性研究[D]. 焦作:河南理工大学,2013.
[78] 秦勇,徐志伟,张井. 高煤级煤孔径结构的自然分类及其应用[J]. 煤炭学报,1995,20(3):266-271.
[79] 秦勇. 国外煤层气成因与储层物性研究进展与分析[J]. 地学前缘,2005,12(3):289-298.
[80] 秦勇,申建,王宝文,等. 深部煤层气成藏效应及其耦合关系[J]. 石油学报,2012,33(1):48-54.
[81] 秦勇,申建. 论深部煤层气基本地质问题[J]. 石油学报,2016,37(1):125-136.
[82] 秦跃平,郝永江,王亚茹,等. 基于两种数学模型的煤粒瓦斯放散数值解算[J]. 中国矿业大学学报,2013,42(6):923-928.
[83] 任建刚. 华北中南部中高煤级构造煤瓦斯扩散规律及控制机理研究[D]. 焦作:河南理工大学,2016.
[84] 桑树勋,朱炎铭,张井,等. 煤吸附气体的固气作用机理(Ⅱ):煤吸附气体的物理过程与理论模型[J]. 天然气工业,2005,25(1):16-18.
[85] 史广山,白鹏飞,张玉贵. 不同条件煤粒瓦斯瞬时扩散系数变化特征试验[J]. 中国安全科学学报,2017,27(8):102-107.
[86] 史政. 松辽盆地北部石炭—二叠系构造—热演化史与生烃史的关系研究[D]. 西安:西北大学,2010.

[87] 苏现波,张丽萍.煤层气储层压力预测方法[J].天然气工业,2004,24(5):88-90.
[88] 孙迎新.微孔—介孔材料中气体吸附、扩散及催化转化过程的分子模拟研究[D].上海:上海交通大学,2011.
[89] 谭静强,琚宜文,侯泉林,等.淮北煤田宿临矿区现今地温场分布特征及其影响因素[J].地球物理学报,2009,52(3):732-739.
[90] 王晟,马正飞,姚虎卿.多孔材料分形扩散模型的 Fourier-Bessel 级数算法及其应用[J].计算物理,2008,25(3):289-295.
[91] 王丰.相似理论及其在传热学中的应用[M].北京:高等教育出版社,1990.
[92] 王海宁.中国煤炭资源分布特征及其基础性作用新思考[J].中国煤炭地质,2018,30(7):5-9.
[93] 王玲玲,王兆丰,霍肖肖,等.高温高压下煤孔隙结构的变化对瓦斯吸附特性的影响[J].中国安全生产科学技术,2018,14(12):97-101.
[94] 王绍亭,陈涛.动量、热量与质量传递[M].天津:天津科学技术出版社,1986.
[95] 王晓波,陈践发,李剑,等.高温高压致密气藏岩石扩散系数测定及影响因素[J].中国石油大学学报(自然科学版),2014,38(3):25-31.
[96] 王佑安,杨思敬.煤和瓦斯突出危险煤层的某些特征[J].煤炭学报,1980(1):47-53.
[97] 王佑安,陶玉梅,王魁军,等.煤的吸附变形与吸附变形力[J].煤矿安全,1993(6):19-26.
[98] 王兆丰.空气、水和泥浆介质中煤的瓦斯解吸规律与应用研究[D].徐州:中国矿业大学,2001.
[99] 韦忙忙.陕西省煤炭资源赋存规律及其信息管理系统研究[D].西安:西安科技大学,2016.
[100] 吴俊,金奎励,童有德,等.煤孔隙理论及在瓦斯突出和抽放评价中的应用[J].煤炭学报,1991(3):86-95.
[101] 吴世跃.煤层气与煤层耦合运动理论及其应用的研究:具有吸附作用的气固耦合理论[D].沈阳:东北大学,2006.
[102] 吴世跃.煤层中的耦合运动理论及其应用:具有吸附作用的气固耦合运动理论[M].北京:科学出版社,2009.
[103] 仵锋锋,曹平,万琳辉.相似理论及其在模拟试验中的应用[J].采矿技术,2007,7(4):64-65.
[104] 相建华,曾凡桂,梁虎珍,等.$CH_4/CO_2/H_2O$ 在煤分子结构中吸附的分子模拟[J].中国科学:地球科学,2014,44(7):1418-1428.
[105] 肖永洲,刘殿元,孔祥周,等.龙凤井田 9 煤地温特征及影响因素分析[J].中国煤炭地质,2009,21(1):45-47.
[106] 肖知国.煤层注水抑制瓦斯解吸效应实验研究与应用[D].焦作:河南理工大学,2010.
[107] 解有波.地形复杂地区煤层地温等值线绘制方法初探[J].科学技术与工程,2009,9(9):2432-2436.
[108] 谢和平.分形力学研究进展[J].力学与实践,1996,18(2):10-18.
[109] 谢和平,高峰,鞠杨,等.深部开采的定量界定与分析[J].煤炭学报,2015,40(1):

1-10.
[110] 谢和平."深部岩体力学与开采理论"研究构想与预期成果展望[J].工程科学与技术,2017,49(2):1-16.
[111] 谢克昌.煤的结构与反应性[M].北京:科学出版社,2002.
[112] 徐乐华,蒋承林.煤的挥发分与瓦斯放散初速度的关系研究[J].煤矿安全,2011,42(7):21-22,27.
[113] 徐挺.相似方法及其应用[M].北京:机械工业出版社,1995.
[114] 闫宝珍,王延斌,倪小明.地层条件下基于纳米级孔隙的煤层气扩散特征[J].煤炭学报,2008,33(6):657-660.
[115] 杨其銮.煤屑瓦斯放散随时间变化规律的初步探讨[J].煤矿安全,1986(4):3-11.
[116] 杨其銮,王佑安.煤屑瓦斯扩散理论及其应用[J].煤炭学报,1986,11(3):87-94.
[117] 杨其銮.关于煤屑瓦斯放散规律的试验研究[J].煤矿安全,1987(2):9-16.
[118] 杨其銮,王佑安.瓦斯球向流动的数学模拟[J].中国矿业学院学报,1988(3):55-61.
[119] 杨思敬,杨福蓉,高照祥.煤的孔隙系统和突出煤的空隙特征[C]//佚名.第二届国际采矿科学技术讨论会论文集.徐州:中国矿业大学出版社,1991.
[120] 杨涛.煤体瓦斯吸附解吸过程温度变化实验研究及机理分析[D].北京:中国矿业大学(北京),2014.
[121] 姚有利,秦跃平,于海春.煤中瓦斯解吸渗透理论及实验研究[J].辽宁工程技术大学学报(自然科学版),2009,28(5):701-703.
[122] 叶建平,秦勇,林大扬.中国煤层气资源[M].徐州:中国矿业大学出版社,1998.
[123] 叶振华.化工吸附分离过程[M].北京:中国石化出版社,1992.
[124] 易俊,姜永东,鲜学福,等.超声热效应促进煤层瓦斯解吸扩散数值模拟[J].重庆建筑大学学报,2008,30(4):99-104.
[125] 俞凌杰,范明,陈红宇,等.富有机质页岩高温高压重量法等温吸附实验[J].石油学报,2015,36(5):557-563.
[126] 俞启香.矿井瓦斯防治[M].徐州:中国矿业大学出版社,1992.
[127] 袁军伟,王兆丰,杨宏民.变压力条件下水介质中煤芯瓦斯解吸理论方程探讨[J].煤炭工程,2010,42(1):75-76.
[128] 袁军伟.颗粒煤瓦斯扩散时效特性研究[D].北京:中国矿业大学(北京),2014.
[129] 岳高伟,王兆丰,康博.低温环境煤的瓦斯扩散系数时变特性[J].中国安全科学学报,2014,24(2):107-112.
[130] 曾社教,马东民,王鹏刚.温度变化对煤层气解吸效果的影响[J].西安科技大学学报,2009,29(4):449-453.
[131] 张道勇,朱杰,赵先良,等.全国煤层气资源动态评价与可利用性分析[J].煤炭学报,2018,43(6):1598-1604.
[132] 张登峰,崔永君,李松庚,等.甲烷及二氧化碳在不同煤阶煤内部的吸附扩散行为[J].煤炭学报,2011,36(10):1693-1698.
[133] 张国华,梁冰,毕业武.水锁对含瓦斯煤体的瓦斯解吸的影响[J].煤炭学报,2012,37(2):253-258.

[134] 张慧.煤孔隙的成因类型及其研究[J].煤炭学报,2001,26(1):40-44.
[135] 张凯.沁水盆地大宁区块煤层气赋存规律及其构造控制作用[D].徐州:中国矿业大学,2017.
[136] 张宁,朱杰,王遂正,等.全国煤层气资源勘查开采有利区优选[J].中国煤炭地质,2015,27(7):48-51.
[137] 张培河.影响我国煤层气可采性主要储层参数特征[J].天然气地球科学,2007,18(6):880-884.
[138] 张启仁.统计力学[M].北京:科学出版社,2004.
[139] 张庆浩,贾天让,李松林,等.含水率对构造煤煤粒瓦斯扩散的影响研究[J].中国安全生产科学技术,2018,14(8):117-122.
[140] 张群,崔永君,钟玲文,等.煤吸附甲烷的温度-压力综合吸附模型[J].煤炭学报,2008,33(11):1272-1278.
[141] 张时音,桑树勋.不同煤级煤层气吸附扩散系数分析[J].中国煤炭地质,2009,21(3):24-27.
[142] 张帅,宋鹏云.基于维里系数的实际气体分子平均自由程近似计算[J].润滑与密封,2015,40(7):46-50.
[143] 张新民.中国煤层气地质与资源评价[M].北京:科学出版社,2002.
[144] 张玉涛,王德明,仲晓星.煤孔隙分形特征及其随温度的变化规律[J].煤炭科学技术,2007,35(11):73-76.
[145] 张占存,马丕梁.水分对不同煤种瓦斯吸附特性影响的实验研究[J].煤炭学报,2008,33(2):144-147.
[146] 张志刚.煤粒中瓦斯时变扩散规律的解析研究[J].煤矿开采,2012,17(2):8-11.
[147] 赵爱红,廖毅,唐修义,等.离散分形布朗增量随机场模型在煤微结构定量分析中的应用[J].电子显微学报,1998,17(6):748-751.
[148] 赵东,冯增朝,赵阳升.煤层瓦斯解吸影响因素的试验研究[J].煤炭科学技术,2010,38(5):43-46.
[149] 赵俊龙,汤达祯,许浩,等.煤基质甲烷扩散系数测试及其影响因素分析[J].煤炭科学技术,2016,44(10):77-82,145.
[150] 赵丽娟,秦勇,GEOFF W,等.高温高压条件下深部煤层气吸附行为[J].高校地质学报,2013,19(4):648-654.
[151] 赵庆波,张公明.煤层气评价重要参数及选区原则[J].石油勘探与开发,1999,26(2):23-24.
[152] 赵兴龙,汤达祯,许浩,等.煤变质作用对煤储层孔隙系统发育的影响[J].煤炭学报,2010,35(9):1506-1511.
[153] 赵永亮,冯妍卉,张欣欣.二氧化碳/甲烷在煤微孔中传递扩散特性的分子模拟研究[C]//高等教育学会工程热物理专业委员会第二十一届全国学术会议论文集:传热传质学专辑,2015.
[154] 赵振国.吸附作用应用原理[M].北京:化学工业出版社,2005.
[155] 钟玲文.中国煤储层压力特征[J].天然气工业,2003,23(5):132-134.

[156] 周健,陆小华,王延儒,等.气体在水中的分子动力学模拟[J].高校化学工程学报,2000,14(1):1-6.
[157] 周世宁,孙辑正.煤层瓦斯流动理论及其应用[J].煤炭学报,1965(1):24-36.
[158] 周世宁.瓦斯在煤层中流动的机理[J].煤炭学报,1990(1):15-24.
[159] 朱冠宇.宿东矿区构造煤分布规律及构造控制机理[D].徐州:中国矿业大学,2017.
[160] 朱兴珊.煤层孔隙特征对抽放煤层气影响[J].中国煤层气,1996(1):37-39.
[161] AIREY E M. Gas emission from broken coal: an experimental and theoretical investigation[J]. International Journal of Rock Mechanics and Mining Sciences & Geomechanics Abstracts,1968,5(6):475-494.
[162] AMARASEKERA G, SCARLETT M J, MAINWARING D E. Micropore size distributions and specific interactions in coals[J]. Fuel,1995,74(1):115-118.
[163] BHATIA S K, NICHOLSON D. Adsorption and diffusion of methane in silica nanopores: a comparison of single-site and five-site models[J]. The Journal of Physical Chemistry C,2012,116(3):2344-2355.
[164] BIELICKI R, PERKINS J, KISSELL F. Methane diffusion parameters for sized coal particles: a measuring apparatus and some preliminary results[M]. [S. l. : s. n. ],1972.
[165] CAI Y D, PAN Z J, LIU D M, et al. Effects of pressure and temperature on gas diffusion and flow for primary and enhanced coalbed methane recovery[J]. Energy Exploration & Exploitation,2014,32(4):601-619.
[166] CAO D P, WANG W C, SHEN Z G, et al. Determination of pore size distribution and adsorption of methane and $CCl_4$ on activated carbon by molecular simulation[J]. Carbon,2002,40(13):2359-2365.
[167] CHAPMAN S, COWLING T G. The mathematical theory of non-uniform gases: an account of the kinetic theory of viscosity, thermal conduction, and diffusion in gases [J]. Mathematical Gazette,1952,38(323):431-64.
[168] CHARRIÈRE D, POKRYSZKA Z, BEHRA P. Effect of pressure and temperature on diffusion of $CO_2$ and $CH_4$ into coal from the Lorraine Basin (France) [J]. International Journal of Coal Geology,2010,81(4):373-380.
[169] CHEN X J, LI L Y, WANG L, et al. The current situation and prevention and control countermeasures for typical dynamic disasters in kilometer-deep mines in China[J]. Safety Science,2019,115:229-236.
[170] CLARKSON C R, BUSTIN R M. The effect of pore structure and gas pressure upon the transport properties of coal: a laboratory and modeling study. 2. Adsorption rate modeling[J]. Fuel,1999,78(11):1345-1362.
[171] CRANK J. The mathematics of diffusion [M]. London: Oxford University Press,1979.
[172] CUI X J, BUSTIN R M, DIPPLE G. Selective transport of $CO_2$, $CH_4$, and $N_2$ in coals: insights from modeling of experimental gas adsorption data[J]. Fuel,2004,83(3):293-303.

[173] DIAMOND W P, LEVINE J R. Direct method determination the methane content of coal[R]. US Bureau of Mines Report of Investigations, 1981.

[174] DO D D, WANG K. A new model for the description of adsorption kinetics in heterogeneous activated carbon[J]. Carbon, 1998, 36(10): 1539-1554.

[175] DO D D, DO H D. Evaluation of 1-site and 5-site models of methane on its adsorption on graphite and in graphitic slit pores[J]. The Journal of Physical Chemistry B, 2005, 109(41): 19288-19295.

[176] DUDA J T, KWIATKOWSKI M, MILEWSKA-DUDA J. Application of clustering based gas adsorption models to analysis of microporous structure of carbonaceous materials[J]. Applied Surface Science, 2010, 256(17): 5243-5248.

[177] DUTTA P, BHOWMIK S, DAS S. Methane and carbon dioxide sorption on a set of coals from India[J]. International Journal of Coal Geology, 2011, 85(3/4): 289-299.

[178] EHRBURGER-DOLLE F, LAVANCHY A, STOECKLI F. Determination of the surface fractal dimension of active carbons by mercury porosimetry[J]. Journal of Colloid and Interface Science, 1994, 166(2): 451-461.

[179] FLETCHER A J, UYGUR Y, THOMAS K M. Role of surface functional groups in the adsorption kinetics of water vapor on microporous activated carbons[J]. The Journal of Physical Chemistry C, 2007, 111(23): 8349-8359.

[180] FUJIOKA M, YAMAGUCHI S, NAKO M. $CO_2$-ECBM field tests in the Ishikari Coal Basin of Japan[J]. International Journal of Coal Geology, 2010, 82(3/4): 287-298.

[181] GAN H, NANDI S P, JR WALKER P L. Nature of the porosity in American coals [J]. Fuel, 1972, 51(4): 272-277.

[182] GENSTERBLUM Y, MERKEL A, BUSCH A, et al. High-pressure $CH_4$ and $CO_2$ sorption isotherms as a function of coal maturity and the influence of moisture[J]. International Journal of Coal Geology, 2013, 118: 45-57.

[183] GRAY P G, DO D D. A graphical method for determining pore and surface diffusivities in adsorption systems [J]. Industrial & Engineering Chemistry Research, 1992, 31(4): 1176-1182.

[184] GUO C, QIN Y, MA D M, et al. Prediction of geotemperatures in coal-bearing strata and implications for coal bed methane accumulation in the Bide-Santang Basin, western Guizhou, China [J]. International Journal of Mining Science and Technology, 2020, 30(2): 235-242.

[185] HAN F S, BUSCH A, KROOSS B M, et al. $CH_4$ and $CO_2$ sorption isotherms and kinetics for different size fractions of two coals[J]. Fuel, 2013, 108: 137-142.

[186] HOUST Y F, WITTMANN F H. Influence of porosity and water content on the diffusivity of $CO_2$ and $O_2$ through hydrated cement paste[J]. Cement and Concrete Research, 1994, 24(6): 1165-1176.

[187] JOBIC H, THEODOROU D N. Quasi-elastic neutron scattering and molecular

dynamics simulation as complementary techniques for studying diffusion in zeolites [J]. Microporous and Mesoporous Materials, 2007, 102(1/2/3): 21-50.

[188] JU Y W, JIANG B, HOU Q L, et al. Behavior and mechanism of the adsorption/desorption of tectonically deformed coals[J]. Chinese Science Bulletin, 2009, 54(1): 88-94.

[189] KARACAN C O, OKANDAN E. Adsorption and gas transport in coal microstructure: investigation and evaluation by quantitative X-ray CT imaging[J]. Fuel, 2001, 80(4): 509-520.

[190] KIM C, JANG H, LEE J. Experimental investigation on the characteristics of gas diffusion in shale gas reservoir using porosity and permeability of nanopore scale [J]. Journal of Petroleum Science and Engineering, 2015, 133: 226-237.

[191] KURNIAWAN Y, BHATIA S K, RUDOLPH V. Simulation of binary mixture adsorption of methane and $CO_2$ at supercritical conditions in carbons[J]. AIChE Journal, 2006, 52(3): 957-967.

[192] LI X C, SONG H, WANG Q, et al. Experimental study on drying and moisture re-adsorption kinetics of an Indonesian low rank coal[J]. Journal of Environmental Sciences, 2009, 21: S127-S130.

[193] LIM S Y, TSOTSIS T T, SAHIMI M. Molecular simulation of diffusion and sorption of gases in an amorphous polymer[J]. The Journal of Chemical Physics, 2003, 119(1): 496-504.

[194] LIU L C, FU J, SUN H. Prediction of adsorption of small molecules in porous materials based on ab initio force field method[J]. Science in China Series B: Chemistry, 2008, 51(8): 760-767.

[195] LIU S, TONG D K. The pseudosteady state flow problem of coalbed gas in deformed media with double porosity[J]. Natural Gas Geoscience, 2004, 15(6): 669-572.

[196] LIU S W, LEI X, FENG C G, et al. Estimation of subsurface formation temperature in the Tarim Basin, northwest China: implications for hydrocarbon generation and preservation[J]. International Journal of Earth Sciences, 2016, 105(5): 1329-1351.

[197] LIU X, SCHNELL S K, SIMON J M, et al. Diffusion coefficients from molecular dynamics simulations in binary and ternary mixtures[J]. International Journal of Thermophysics, 2013, 34(7): 1169-1196.

[198] MASTALERZ M, SOLANO-ACOSTA W, SCHIMMELMANN A, et al. Effects of coal storage in air on physical and chemical properties of coal and on gas adsorption [J]. International Journal of Coal Geology, 2009, 79(4): 167-174.

[199] MCMAHON P J, SNOOK I K, TREIMER W. The pore structure in processed Victorian brown coal[J]. Journal of Colloid and Interface Science, 2002, 252(1): 177-183.

[200] MELNICHENKO Y B, HE L L, SAKUROVS R, et al. Accessibility of pores in coal to methane and carbon dioxide[J]. Fuel, 2012, 91(1): 200-208.

[201] MENG Y,LI Z P. Experimental study on diffusion property of methane gas in coal and its influencing factors[J]. Fuel,2016,185:219-228.

[202] METZLER R, GLÖCKLE W G, NONNENMACHER T F. Fractional model equation for anomalous diffusion[J]. Physica A: Statistical Mechanics and Its Applications,1994,211(1):13-24.

[203] MEYERS R. Coal structure[M]. Cambridge:Academic Press,1982.

[204] MILEWSKA-DUDA J,DUDA J,NODZEŃSKI A,et al. Absorption and adsorption of methane and carbon dioxide in hard coal and active carbon[J]. Langmuir,2000,16(12):5458-5466.

[205] MOFFAT D H,WEALE K E. Sorption by coal of methane at high pressure[J]. Fuel,1955,34:449-462.

[206] NANDI S P,JR WALKER P L. Activated diffusion of methane in coal[J]. Fuel,1970,49(3):309-323.

[207] NANDI S P,JR WALKER P L. Activated diffusion of methane from coals at elevated pressures[J]. Fuel,1975,54(2):81-86.

[208] NEIMARK A V. Calculating surface fractal dimensions of adsorbents[J]. Adsorption Science & Technology,1990,7(4):210-219.

[209] NODZEŃSKI A. Sorption and desorption of gases($CH_4$,$CO_2$) on hard coal and active carbon at elevated pressures[J]. Fuel,1998,77(11):1243-1246.

[210] OKOLO G N,EVERSON R C,NEOMAGUS H W J P,et al. Comparing the porosity and surface areas of coal as measured by gas adsorption,mercury intrusion and SAXS techniques[J]. Fuel,2015,141:293-304.

[211] O'SHAUGHNESSY B. Analytical solutions for diffusion on fractal objects[J]. Physical Review Letters,1985,54(5):455-458.

[212] PAN Z J,CONNELL L D,CAMILLERI M,et al. Effects of matrix moisture on gas diffusion and flow in coal[J]. Fuel,2010,89(11):3207-3217.

[213] PANDEY G N,TEK M R,KATZ D L. Diffusion of fluids through porous media with implications in petroleum geology[J]. AAPG Bulletin,1974,58:291-303.

[214] PENG D Y,ROBINSON D B. A new two-constant equation of state[J]. Industrial & Engineering Chemistry Fundamentals,1976,15(1):59-64.

[215] PFEIFER P,AVNIR D. Chemistry in noninteger dimensions between two and three. I. Fractal theory of heterogeneous surfaces[J]. The Journal of Chemical Physics,1983,79(7):3558-3565.

[216] PILLALAMARRY M,HARPALANI S,LIU S M. Gas diffusion behavior of coal and its impact on production from coalbed methane reservoirs[J]. International Journal of Coal Geology,2011,86(4):342-348.

[217] PINI R,OTTIGER S,BURLINI L,et al. Sorption of carbon dioxide,methane and nitrogen in dry coals at high pressure and moderate temperature[J]. International

Journal of Greenhouse Gas Control,2010,4(1):90-101.
[218] RANI S,PRUSTY B K,PAL S K. Methane adsorption and pore characterization of Indian shale samples[J]. Journal of Unconventional Oil and Gas Resources,2015,11:1-10.
[219] RUCKENSTEIN E, VAIDYANATHAN A S, YOUNGQUIST G R. Sorption by solids with bidisperse pore structures[J]. Chemical Engineering Science, 1971, 26(9):1305-1318.
[220] SAGHAFI A,FAIZ M,ROBERTS D. $CO_2$ storage and gas diffusivity properties of coals from Sydney Basin,Australia[J]. International Journal of Coal Geology,2007,70(1/2/3):240-254.
[221] SAKUROVS R, HE L L, MELNICHENKO Y B, et al. Pore size distribution and accessible pore size distribution in bituminous coals[J]. International Journal of Coal Geology,2012,100:51-64.
[222] SCHUELLER B S, YANG R T. Ultrasound enhanced adsorption and desorption of phenol on activated carbon and polymeric resin[J]. Industrial & Engineering Chemistry Research,2001,40(22):4912-4918.
[223] SEVENSTER P G. Diffusion of gases through coal[J]. Fuel,1958,38(9):403-418.
[224] SHAO X H,WANG W C,ZHANG X J. Experimental measurements and computer simulation of methane adsorption on activated carbon fibers[J]. Carbon, 2007, 45(1):188-195.
[225] SMITH D M, WILLIAMS F L. A new technique for determination the methane content of coal[C]//Proceedings of the 16th Intersociety Energy of Conversion Engineering Conference,1981:1267-1272.
[226] SMITH D M,WILLIAMS F L. Diffusional effects in the recovery of methane from coalbeds[J]. Society of Petroleum Engineers Journal,1984,24(5):529-535.
[227] SMITH D M, WILLIAMS F L. Diffusion models for gas production from coal: determination of diffusion parameters[J]. Fuel,1984,63(2):256-261.
[228] SONG Y, ZHU Y M, LI W. Macromolecule simulation and $CH_4$ adsorption mechanism of coal vitrinite[J]. Applied Surface Science,2017,396:291-302.
[229] STAIB G,SAKUROVS R,GRAY E M A. A pressure and concentration dependence of $CO_2$ diffusion in two Australian bituminous coals[J]. International Journal of Coal Geology,2013,116/117:106-116.
[230] SUN Q L,LI W,LI B Q. The synergistic effect between macerals during pyrolysis [J]. Fuel,2002,81(7):973-974.
[231] SZE M F F, MCKAY G. An adsorption diffusion model for removal of Para-chlorophenol by activated carbon derived from bituminous coal[J]. Environmental Pollution,2010,158(5):1669-1674.
[232] TAKANOHASHI T,NAKAMURA K,IINO M. Computer simulation of methanol swelling of coal molecules[J]. Energy & Fuels,1999,13(4):922-926.

[233] THAKUR P C, DAVIS J G. How to plan for methane control in underground coal mines[J]. Mining Engineering, 1977, 29(10): 41-45.

[234] THAKUR P C, SCHATZEL S, AMINIAN K. Coalbed methane: from prospect to pipeline[M]. [S. l.: s. n.], 2014.

[235] TODA Y, TOYODA S. Application of mercury porosimetry to coal[J]. Fuel, 1972, 51(3): 199-201.

[236] VAN WAGENINGEN W F C, WENTINCK H M, OTTO C. Report and modeling of the MOVECBM field tests in Poland and Slovenia[J]. Energy Procedia, 2009, 1(1): 2071-2078.

[237] WANG C Y, HAO S X, SUN W J, et al. Fractal dimension of coal particles and their $CH_4$ adsorption[J]. International Journal of Mining Science and Technology, 2012, 22(6): 855-858.

[238] WANG G D, WANG K, REN T X. Improved analytic methods for coal surface area and pore size distribution determination using 77 K nitrogen adsorption experiment [J]. International Journal of Mining Science and Technology, 2014, 24(3): 329-334.

[239] WANG K, ZANG J, FENG Y F, et al. Effects of moisture on diffusion kinetics in Chinese coals during methane desorption[J]. Journal of Natural Gas Science and Engineering, 2014, 21: 1005-1014.

[240] WANG L, JIANG B. Experimental study of the effect of static water on imbibition gas recovery in coalbed methane reservoirs[J]. Journal of Natural Gas Science and Engineering, 2016, 35: 1284-1292.

[241] WANG X L, HE R, CHEN Y L. Evolution of porous fractal properties during coal devolatilization[J]. Fuel, 2008, 87(6): 878-884.

[242] WANG Z F, TANG X, YUE G W, et al. Physical simulation of temperature influence on methane sorption and kinetics in coal: benefits of temperature under 273. 15 K [J]. Fuel, 2015, 158: 207-216.

[243] WARREN J E, ROOT P J. The behavior of naturally fractured reservoirs[J]. Society of Petroleum Engineers Journal, 1963, 3(3): 245-255.

[244] WEI X R, WANG G X, MASSAROTTO P, et al. Modeling gas displacement kinetics in coal with Maxwell-Stefan diffusion theory[J]. AIChE Journal, 2007, 53(12): 3241-3252.

[245] YANG R. Gas separation by adsorption processes [J]. Chemical Engineering Science, 1988, 43(4): 985.

[246] YAO Y B, LIU D M, TANG D Z, et al. Fractal characterization of adsorption-pores of coals from North China: an investigation on $CH_4$ adsorption capacity of coals[J]. International Journal of Coal Geology, 2008, 73(1): 27-42.

[247] YI J, AKKUTLU I Y, KARACAN C Ö, et al. Gas sorption and transport in coals: a poroelastic medium approach [J]. International Journal of Coal Geology, 2009, 77(1/2): 137-144.

[248] YU H G, JING R X, WANG P P, et al. Preferential adsorption behaviour of $CH_4$ and $CO_2$ on high-rank coal from Qinshui Basin, China [J]. International Journal of Mining Science and Technology, 2014, 24(4): 491-497.

[249] ZHANG Q L. Adsorption mechanism of different coal ranks under variable temperature and pressure conditions[J]. Journal of China University of Mining and Technology, 2008, 18(3): 395-400.

[250] ZHAO W, CHENG Y P, JIANG H N, et al. Modeling and experiments for transient diffusion coefficients in the desorption of methane through coal powders [J]. International Journal of Heat and Mass Transfer, 2017, 110: 845-854.

[251] ZHAO Y, JIANG C F, CHU W. Methane adsorption behavior on coal having different pore structures [J]. International Journal of Mining Science and Technology, 2012, 22(6): 757-761.

[252] ZHONG L, ZHANG H, YUN Z, et al. Influence of specific pore area and pore volume of coal on adsorption capacity [J]. Coal Geology and Exploration, 2002, 30(3): 26-29.